David Armando
Zavaleta Villanueva

Matemática Básica

Editora Ciência Moderna

Matemática Básica

Editor: Paulo André P. Marques
Produção Editorial: Dilene Sandes Pessanha
Capa: Daniel Jara
Diagramação: Daniel Jara
Copidesque: Equipe Ciência Moderna

FICHA CATALOGRÁFICA

VILLANUEVA, David Armando Zavaleta.

Matemática Básica

Rio de Janeiro: Editora Ciência Moderna Ltda., 2025.

1. Matemática
I — Título

ISBN: 978-65-5842-461-1 CDD 510

Editora Ciência Moderna Ltda.
R. Alice Figueiredo, 46 – Riachuelo
Rio de Janeiro, RJ – Brasil CEP: 20.950-150
Tel: (21) 2201-6662/ Fax: (21) 2201-6896
E-MAIL: LCM@LCM.COM.BR
WWW.LCM.COM.BR **05/25**

Prefácio

Este livro foi escrito pensando nos alunos do ensino médio que precisam fortalecer a base da matemática elementar para encarar um futuro ingresso à universidade com o intuito de seguir um curso na área de ciências exatas e Engenharias e também para alunos que já estão nas universidades federais nos cursos de graduação em Matemática e diferentes cursos de Engenharias, que cursam as disciplinas de pré-cálculo, cálculo I, álgebra linear, cálculo II e inclusive cálculo III.

A ideia do livro "Matemática Básica", surgiu nos anos 80 do século XX, quando fui estudar matemática na Universidade estadual "Lomonosov" de Moscou, MSU, capital da antiga União Soviética, "CCCP", onde verdadeiramente me deparei com o formalismo lógico da matemática. Quando jovem, ainda aluno do ensino médio da educação pública peruana, eu me considerava um bom aluno em matemática, pois de certa forma "sabia" resolver certos problemas de aritmética, álgebra, geometria e trigonometria, usando as respectivas fórmulas e identidades, mas, na hora de resolver equações, usando algumas técnicas ou transformações não estava preparado para superar dificuldades lógicas tais como perda de raízes ou aparição de raízes estranhas.
Após o terceiro dia de minha chegada a Moscou, o professor da faculdade preparatória da MSU, nos chamou para um teste de boas-vindas, haviam alunos de quase todos os lugares do mundo, da África, da América Latina, da Asia, e da Europa oriental. Fomos a uma sala grande, onde o Professor Nikolai, ainda lembro o nome dele, distribuiu para todos nós, uma folha com 10 questões. Tamanha foi minha surpresa ao ver a folha com as questões. Para começar, tinham símbolos matemáticos que nunca tinha visto na minha vida e não sabia o que fazer, queria chorar. Me senti insignificante. E agora?, muitos pensamentos passaram pela minha cabeça, entre eles, será que vão me mandar de volta para o Peru?. Fiquei 30 minutos, admirando e não entendendo

as questões. Desculpe professsor, não consegui fazer nenhuma questão, falei para Nikolai ao entregar meu teste. Grande foi minha agradável surpesa com a resposta de professor, após me dar umas palmadas nos ombros,"não te preocupes, a grande maioria dos alunos não consegue resolver estas questões, mas, agora você sabe o que te espera na faculdade de matemática. Agora é com você, vamos estudar redobrado." As questões no teste eram perguntas relacionadas a limite de funções, derivadas e integrais indefinidas, assuntos que somente se estudam aqui no Brasil, nos cursos de cálculo I.

O livro "Matemática Básica", além de ser uma continuação natural do ensino médio na escola pública é dar um enfoque mais prático dos assuntos mais delicados do ensino médio. O suporte deste projeto foi fundamentado na minha experiência como aluno da faculdade preparatória de Matemática, MSU, como docente na Universidade Federal do Rio Grande do Norte, ministrando as disciplinas de Matemática Básica, Cálculo I, Álgebra Linear, Cálculo II e Cálculo III para os alunos de graduação, tanto nos cursos de Matemática como nos Cursos de Engenharia, observando a grande dificuldade dos alunos egressados das escolas de ensino médio ao lidar com a disciplina de Cálculo I. As dificuldades que o aluno tem na hora de resolver algum problema elementar em matemática, dificulta seu caminho universitário, por isso, cabe ao professor identificar o x da questão, a precária e frágil base em matemática do aluno, para que o mesmo crie estratégias com a finalidade de dirimir estas dificuldades que o aluno apresenta no primeiro ano na universidade. Foi justamente isto que me incentivou a escrever um livro onde o aluno consiga tirar suas dúvidas e ir aprendendo com ele. Não pretendemos que este trabalho substitua a grande massa de bons livros já existentes nesta área, mas sim, que seja um livro de texto complementar na aprendizagem das noções básicas em matemática.

Os temas apresentados neste livro têm uma concatenação natural, sendo escritos numa linguagem clara, simples e concisa. Em todos os assuntos, ilustramos os resultados com muitos exemplos, e em outros, o rigor matemático é aplicado, de tal forma que permita ao leitor obter um sólido suporte em matemática básica e descobrir um mundo cheio de objetivos e desafios nas matemáticas superiores, tais como, limites, continuidade, derivadas, integração de funções trigonométricas, etc.

O presente livro divide-se em 8 capítulos, todos eles estreitamente ligados, isto é, cada capítulo é necessário para o entendimento do próximo capítulo.

No começo de cada capítulo apresentamos as definições necessárias e uma breve teoria. O material teórico ilustra-se com um grande número de exemplos e problemas de diferentes dificuldades. No possível, os tipos de exercícios, problemas e métodos de sua solução são sistematizados para facilitar a compreensão. Em cada final de capítulo propõe-se uma série de exercícios que servem para facilitar o entendimento, esclarecer dúvidas e complementar o texto teórico e que podem ser resolvidos usando os métodos apresentados anteriormente.

Uma menção especial para escrita do presente livro é a influência dos livros, "Matemática Elementar" da célebre editora CIÊNCIA, sob a redação de B.B. Zaitzev e B.B. Rishkov e "Exercícios de Matemática e Princípios de Análise" da editora CIÊNCIA, sob a redação de B.B. Babilov e I.I. Mielnikov que nortearam a escolha e confecção de um grande número de exemplos e exercícios propostos.

Assim, no capítulo 1, faremos um breve estudo sobre conjuntos e as operações definidas neles. Daremos importância às definições de conjuntos finitos e infinitos. As ferramentas necessárias na teoria de conjuntos serão utilizadas sistematicamente nos capítulos seguintes, pois conjunto é uma das primeiras definições elementares.

No capítulo 2, apresentaremos e construiremos o conjunto dos números reais ($\mathbb{R}$). Primeiramente, definiremos de forma axiomática o conjunto dos números naturais, mediante os axiomas de Peano. Em posse dos números naturais, definimos números primos, máximo comum divisor, mínimo comum múltiplo de números. Logo estenderemos este conjunto para um conjunto maior, o conjunto dos números inteiros ($\mathbb{Z}$). O conjunto dos números racionais surge de uma forma natural quando queremos estender o conjunto dos inteiros, mas o conjunto dos racionais também possui algumas deficiências, como por exemplo, o quadrado de um número racional não pode ser igual a 2, nem todo conjunto limitado superiormente em $\mathbb{Q}$ possui supremo em $\mathbb{Q}$, etc. Desta forma precisamos construir um conjunto maior onde possam valer todas as operações em $\mathbb{Q}$ e além disso, as deficiências apontadas em $\mathbb{Q}$ possam ser resolvidas. Assim, podemos apresentar o conjunto dos números reais $\mathbb{R}$ como um corpo ordenado completo.

No capítulo 3 desenvolveremos a teoria de análise combinatória, incluindo binômio de Newton, das sequências aritméticas e geométricas.

No capítulo 4, estudaremos de forma extensa a noção de função, e com ela, as suas propriedades mais importantes. Introduziremos as definições e propriedades das funções elementares. Aprenderemos a construir os gráficos de algumas funções elementares valendo-nos das propriedades das funções: paridade, limitação, periodicidade, concavidade, etc. Cabe mencionar que os gráficos construídos aqui representam uma boa aproximação do gráfico real, pois os gráficos reais são construídos no curso de cálculo I com o auxílio da derivada de uma função. É muito recomendável que o leitor use alguns programas matemáticos, como por exemplo, MATLAB, MATEMÁTICA, GEOGEBRA, MAPLE, etc., para visualisar de forma exata os gráficos das funções desejadas.

No capítulo 5, vamos estudar alguns métodos de resoluções

de equações de primeiro grau lineares, sistemas de equações lineares, equações quadráticas e alguns tipos de inequações, de uma incógnita apenas, de primeiro e segundo grau.

No capítulo 6, estudaremos funções trigonométricas junto com suas importantes propriedades que nos permitirão relacionar os lados e ângulos de um triângulo retângulo. Essas funções são amplamente utilizadas em uma variedade de campos da ciência. À medida que a matemática se desenvolveu, a definição de funções trigonométricas foi expandida, no sentido moderno, cujo argumento é um número real.

No capítulo 7, vamos considerar alguns métodos de resolução de equações e inequações trigonométricas.

Finalmente, no capítulo 8, estudaremos números complexos. Historicamente os números complexos apareceram na matemática no século XVI como raízes de equações quadráticas com discriminante negativo. No início, tais raízes foram descartadas como "impossíveis", "imaginárias" e sua aparência foi considerado um sinal da falta de solução para problemas envolvendo equações quadráticas. Sendo assim, o assunto mais importante neste capítulo será o estudo de extração de raízes de um número complexo.

No final do livro elencamos uma seleta bibliografia de livros de matemática básica que permitirão fundamentar e aprofundar a teoria desenvolvida aqui.

Sinceramente, espero que você, aluno, professor, encontre no conteúdo deste livro, muitas respostas para suas dúvidas nos assuntos abordados, pois, assim, eu terei a satisfação de saber que meu livro ajudou alguém de alguma forma.

Finalmente, considero muito importante expressar meus sinceros agradecimentos a alguns Professores do Departamento de

Matemática do CCET-UFRN, por terem lido toda a minha obra inicial, oferecendo sugestões e correções praticamente em todos os capítulos do livro.

Natal, 07 de Janeiro de 2025

David Zavaleta Villanueva

Sumário

Lista de Figuras

Capítulo 1

Teoria de Conjuntos

1.1 Introdução

Para fundamentar as bases da ciência Matemática precisamos que todas as definições usadas sejam exatas. Cada definição, exatamente descreve e caracteriza determinado conhecimento (I) com ajuda de outra definição (II), que pode ser considerado conhecido ou mais simples que (I). Também, a definição (II) deve ser estritamente definida e sua definição contém a definição (III), mais simples que (II) e assim por diante. Por isso, é claro que para a construção de uma teoria matemática, com definições exatas é necessário possuir um "conjunto" de definições "mais simples" e "mais elementares" possíveis, que sirvam de base para definir as outras definições e não precisem ser definidas. Justamente conjunto é uma primeira definição elementar.

Assim, com relação à noção de conjunto, podemos dizer que a ideia de conjunto, além de ser um ponto inicial para elaboração de teorias matemáticas, desempenha um papel importante na matemática. Há muitos séculos a noção de conjunto considerava-se como alguma coisa"inerente"e algo natural e por tal motivo, não era capaz de receber uma estrutura propriamente dita. A ciência matemática só conseguiu superar esse ponto de vista no século XIX, graças aos excelentes trabalhos de Cantor[1] e Dedekind[2] que elaboraram e desenvolveram a teoria moderna dos conjuntos.

Figura 1.1: Georg Cantor e Richard Dedekind

Georg Cantor, o autor da teoria dos conjuntos, definiu um conjunto como "a unificação em um todo de objetos que são bem determinados por nossa intuição ou nosso pensamento".

A ideia de conjunto é intuitiva e tão ampla que é impossível dar uma definição exata, motivo pelo qual é comum associar a palavra "conjunto"com expresões do tipo: coleção, classe, sistema, etc. Assim, podemos dizer que um conjunto é uma coleção de objetos, de natureza arbitrária. Esses objetos chamam-se elementos do conjunto.

É comum designar os conjuntos com letras maiúsculas: $A, B, C, \ldots$ e seus elementos com letras minúsculas: $a, b, c, \ldots$. Dizer que o elemento a pertence ao conjunto A, significa que a é um elemento de A, e denota-se por $a \in A$, e se o elemento a não pertence ao conjunto A, o denotamos por $a \notin A$.

Dependendo da natureza, propriedades e quantidades dos elementos de um conjunto, podemos escrever um conjunto explicitamente, elencando todos seus elementos, se o conjunto possui um

[1] Georg Ferdinand Ludwig Philipp Cantor (1845-1918), grande matemático russo de origem alemã

[2] Richard Dedekind (1831-1916), matemático alemão

determinado número de elementos ou termos. Se os elementos de um conjunto são infinitos, podemos escrever o conjunto destacando a característica principal de todos seus termos. Para representar os conjuntos vamos usar o sinal de coleção de chaves, $\{\}$ e ponto e vírgula ;, para determinar a propriedade comum de seus elementos.

Observação 1.1 *É impossível separar o estudo de conjuntos e sistemas numéricos, pois eles são conceitos indivisíveis, por isso, quando se fizer menção aos números naturais, números inteiros, números reais, etc., convidamos ao leitor para consultar o capítulo* 2, *onde serão desenvolvidos e estudados estes sistemas numéricos.*

Antes de considerarmos alguns exemplos para esclarecer estas explicações, introduzimos a definição de cardinalidade de um conjunto.

Definição 1.1 *Definimos cardinalidade de um conjunto qualquer, como sendo o número de elementos deste conjunto.*

Notação: A notação que usaremos ao longo deste livro para determinar a cardinalidade de um conjunto, será $n(A)$, em que A é um conjunto arbitrário.

Exemplo 1.1 *O conjunto A representa a coleção de todos os números pares compreendidos entre os números* 1 *e* 11. *Matematicamente podemos escrevê-lo da seguinte forma*

$$A = \{2, 4, 6, 8, 10\}.$$

Veja, é fácil dizer que o número de elementos do Conjunto A é igual a 5, por isso, $n(A) = 5$.

Exemplo 1.2 *O conjunto B formado de todas as letras da palavra américa:*

$$B = \{a, m, e, r, i, c\} = \{a, e, m, i, c, r\} = \{m, a, r, i, c, e\}.$$

Neste exemplo observamos que a ordem de aparecimento dos elementos do conjunto B é irrelevante e também não podemos repetir um mesmo elemento do conjunto mais de uma vez, pois

$$B = \{a, m, e, r, i, c, a\} = \{a, m, e, r, i, c\}.$$

Aqui, observamos que o conjunto $n(B) = 6$.

Exemplo 1.3 *O conjunto C formado por todos números ímpares:*

$$C = \{1, 3, 5, 7, 9, \cdots, \} = \{2n - 1; n \in \mathbb{N}\},$$

em que $\mathbb{N}$ representa o conjunto dos números naturais, vide capítulo 2. O Conjunto C é um exemplo de um conjunto com infinitos termos, $n(C) = \aleph$[3].

Exemplo 1.4 *Descubra como os seguintes conjuntos são dados e liste todos os elementos desses conjuntos:*

1. $A = \{x; x \;\; \textit{divide}\; 50\}$*;*

2. $B = \{x \in \mathbb{N};\; x^2 - 4 = 0 \;\; e \;\; x^2 - 9 = 0\}$*;*

3. $C = \{x \in \mathbb{N};\; \sqrt{x - 3} \geq 5\}$.

1. Todos os elementos do conjunto A são divisores de 50. Por isso
$$A = \{1, 2, 5, 10, 25, 50\}.$$

2. Todos os elementos do conjunto B são aqueles números que satisfazem as equações: $x^2 - 4 = 0$ e $x^2 - 9 = 0$ e são números naturais. A solução da equação $x^2 - 4 = 0$ é $x = \{-2, 2\}$ e a solução da equação $x^2 - 9 = 0$ é $x = \{-3, 3\}$. Por isso
$$B = \{2, 3\}.$$

[3] o glifo hebraico (aleph ℵ) é usado como símbolo para denotar os números aleph, que representam a cardinalidade de conjuntos infinitos.

3. Todos os elementos do conjunto C, são os números naturais que satisfazem a inequação $\sqrt{x-3} \geq 5$. Primeiramente devemos observar que $x - 3 \geq 0$. Agora elevando ao quadrado a inequação $\sqrt{x-3} \geq 5$, temos $x - 3 \geq 25$, donde $x \geq 28$. Assim
$$C = \{28, 29, 30, 31, \cdots\}.$$

Observação 1.2 *Para fixar tudo que foi dito até aqui, vamos definir brevemente alguns tipos de conjuntos que aparecerão naturalmente ao longo deste capítulo:*

1. **Conjunto finito:** *Conjunto cujo número de elementos é finito.*

2. **Conjunto infinito:** *Conjunto cujo número de elementos é infinito.*

3. **Conjunto unitário:** *Conjunto que tem apenas um elemento.*

4. **Conjuntos iguais:** *dois conjuntos são iguais se possuem os mesmos elementos.*

5. **Conjuntos equivalentes:** *dois conjuntos são equivalentes se possuem o mesmo número de elementos, ou seja, mesma cardinalidade.*

Os conjuntos A e B dos Exemplos 1.1 e 1.2 são finitos. O conjunto C do Exemplo 1.3 é infinito.

Exemplo 1.5
$$D = \{os \quad satélites \quad naturais \quad do \quad planeta \quad terra\}$$
é um exemplo de conjunto unitário, pois a terra possui um único satélite, a lua.

Exemplo 1.6

$$D = \{números \quad primos \quad pares\}$$

também é um exemplo de conjunto unitário, pois como será visto no capítulo 2, o conjunto dos números primos, é um conjunto infinito, em que seus elementos são divisíveis por eles mesmos e pela unidade:

$$P = \{2, 3, 5, 7, 11, 13, 17, 19, \cdots.\}$$

Assim, apenas o elemento 2 é par e por isso o conjunto D é unitário.

Exemplo 1.7 *Os conjuntos*

$$E = \{2, 4, 6, 8\} \quad e \quad F = \{8, 4, 6, 2\}$$

são iguais.

Exemplo 1.8 *O conjunto*

$$L = \{1, 2, 3, 4, 5\}$$

é equivalente ao conjunto A do Exemplo 1.1, pois eles têm o mesmo número de elementos, 5.

Subconjuntos e Conjuntos Iguais

Definição 1.2 *Dizemos que um conjunto A é subconjunto de B, ou, equivalentemente, A é parte de B quando todos os elementos que pertencem a A, também pertencem a B.*

A notação que usamos para dizer que A é subconjunto de B é $A \subset B$.

Definição 1.3 *Dizemos que A é subconjunto próprio de B, se $A \subset B$ e além disto, existe um elemento de B que não pertence a A.*

A notação que usamos para dizer que A é subconjunto próprio de B é $A \subset B$ e $A \neq B$.

Exemplo 1.9 *Sejam os conjuntos*

$$A = \{2, 5, 8, 9, 12\} \quad e \; B = \{1, 2, 4, 5, 7, 8, 9, 10, 12\}$$

É fácil ver que $A \subset B$, pois todos os elementos de A pertencem a B.
Também podemos dizer que A é subconjunto próprio de B, pois os elementos $1, 4, 7, 10$ pertencem a B, mas não pertencem a A.

Exemplo 1.10 *Seja $A = \{2, 5\}$, então os subconjuntos de A são:*

$$\emptyset, \{2\}, \{5\}, \{2, 5\}.$$

Exemplo 1.11 *Sejam os conjuntos*

$$A = \{1, 3, 4, 6, 8\} \quad e \; B = \{1, 2, 3, 4, 5, 6, 7, 9, 10, 12\}$$

Aqui dizemos que A não é subconjunto de B, pois existe um elemento de A, 8, que não pertence ao conjunto B. A notação para dizer que A não é subconjunto de B é

$$A \subsetneq B$$

Definição 1.4 *Dizemos que dois conjuntos A e B são iguais quando $A \subset B$ e $B \subset A$, ou seja,*

$$A = B \iff A \subset B \text{ e } B \subset A.$$

Exemplo 1.12 *Sejam os conjuntos numéricos $A = \{2, 4, 7, 8\}$ e $B = \{4, 2, 8, 7\}$.*

É fácil ver que $A \subset B$ e $B \subset A$, por isso, $A = B$.

Figura 1.2: Representação do conjunto vazio

1.2 Conjunto Vazio

É conveniente introduzir um conjunto que não possua elemento algum, que chamaremos de conjunto vazio e que denotaremos por $\emptyset$ e portanto $n(\emptyset) = 0$.

Vamos elencar alguns exemplos de conjuntos vazios.

Exemplo 1.13 *O conjunto de todos os países da América que fazem fronteira com os países da África:*

$$A = \{\textit{Países da América que tem fronteira com a África}\}.$$

A é vazio, pois, nenhum país de América tem fronteira com algum país africano.

Exemplo 1.14 *O conjunto, cujos elementos* $n \in \mathbb{N}$ *satisfazem a equação* $3 + 2n = 2$*:*

$$B = \{n \in \mathbb{N};\ 3 + 2n = 2\}.$$

B é conjunto vazio, pois, não existe algum número natural que satisfaça a equação $3 + 2n = 2$.

Exemplo 1.15 *O conjunto, cujos elementos são todos os números pares,* $2n, n \in \mathbb{N}$ *que sejam divisíveis por* $2n - 1$*:*

$$C = \{2n, n \in \mathbb{N}; \frac{2n}{2n-1} \in \mathbb{N}\}.$$

C é conjunto vazio, pois, não há nenhum número par que seja divisível pelo número ímpar anterior.

Exemplo 1.16 *O conjunto de todas as raízes reais da equação $x+1 = x+2$:*

$$D = \{x \in \mathbb{R};\ x+1 = x+2\}.$$

D é conjunto vazio, pois, após cancelar x, teríamos $1 = 2$.

Esses 4 últimos exemplos considerados, são exemplos de conjuntos iguais.

Proposição 1.1 *O conjunto vazio $\emptyset$ é um subconjunto de qualquer conjunto A, isto é, $\emptyset \subset A$.*

Demonstração De fato, suponhamos que o conjunto vazio não seja um subconjunto de A, isto significa que o conjunto $\emptyset$ possui ao menos um elemento que não pertença a A. Mas, isto contradiz a definição de conjunto vazio. ■

Aqui cabe fazer a diferença entre $\emptyset$ e $\{\emptyset\}$. Enquanto $\emptyset$, representa o conjunto vazio, $\{\emptyset\}$ é um conjunto com um elemento, o conjunto vazio.

Conjunto Universo

Definição 1.5 *O conjunto universo é o conjunto que contém todos os elementos ou objetos de outros conjuntos relacionados, incluindo seus próprios elementos.*

Por exemplo, na geometria plana o conjunto universo é o conjunto de todos os pontos do plano, no estudo da população marinha o conjunto universo é o conjunto de todas as espécies, cujo habitat é o mar. Na copa mundial de futebol, o conjunto universo são todos os países afiliados a FIFA, etc.

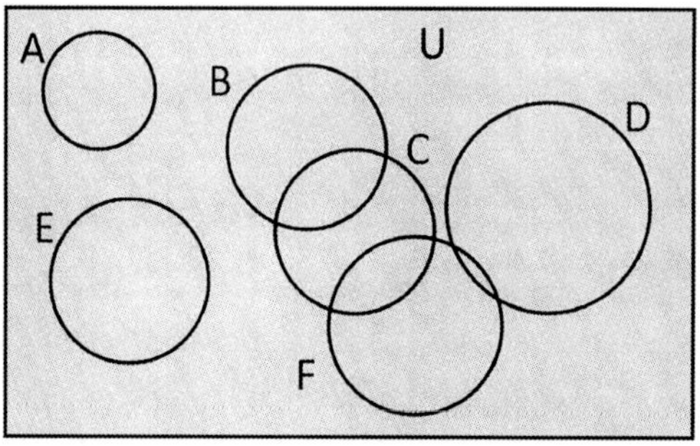

Figura 1.3: Conjunto Universo

Exemplo 1.17 *Dado o conjunto universo, formado pelos primeiros* 40 *números naturais:*

$$U = \{1, 2, 3, 4, 5, \cdots, 40\}$$

Escreva os seguintes subconjuntos

1. *Conjunto dos números primos;*

2. *Conjunto dos divisores de* 40*;*

3. *Conjunto dos números múltiplos de* 5*;*

4. *Conjunto dos números cúbicos.*

Vamos elencar os elementos de cada subconjunto:

1. $A = \{2, 3, 5, 7, 11, 13, 17, 19, 23, 29, 31, 37\}$;

2. $B = \{1, 2, 4, 8, 10, 20, 40\}$;

3. $C = \{5, 10, 15, 20, 25, 30, 35, 40\}$;

4. $D = \{1, 2, 3\}$.

1.3 Operações sobre Conjuntos

Para poder realizar operações entre conjuntos, devemos admitir a existência de um conjunto universo U.

1. União de Conjuntos

Sejam A e B dois conjuntos arbitrários. Chama-se união de A e B, ao conjunto $A \cup B$ formado pelos elementos que pertencem pelo menos a um dos conjuntos A ou B.

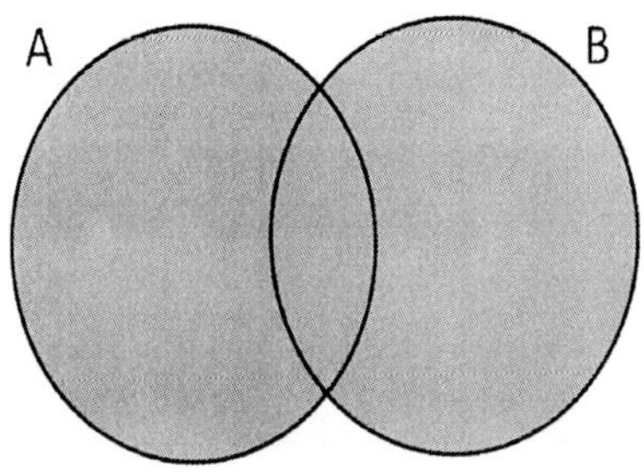

Figura 1.4: União de A com B, $A \cup B$

Em notação matemática podemos escrever a união de A e B como sendo o conjunto

$$A \cup B = \{x \in U; \quad x \in A \quad \text{ou} \quad x \in B\}.$$

Analogamente, podemos definir a união de qualquer número (finito ou infinito) de conjuntos; se A_α, $\alpha \in I$, onde $I = \{1, 2, 3, \ldots\}$, são conjuntos arbitrários, então $\cup_{\alpha \in I} A_\alpha$ é a coleção de elementos, cada um dos quais pertence ao menos a um dos conjuntos A_α.

Exemplo 1.18 *Sejam* $A = \{2, 3, 5, 8, 10\}$ *e* $B = \{1, 3, 4, 11, 12\}$ *dois conjuntos numéricos, então*

$$A \cup B = \{1, 2, 3, 4, 5, 8, 10, 11, 12\}.$$

No caso de termos três conjuntos, a união destes conjuntos é análoga ao procedimento do exemplo anterior.

Exemplo 1.19 *Sejam*

$$A = \{1, 3, 4, 7\}, \ B = \{1, 2, 5, 6\} \text{ e } C = \{2, 4, 5, 8, 9\}$$

três conjuntos numéricos, então

$$A \cup B \cup C = \{1, 2, 3, 4, 5, 6, 7, 8, 9\}.$$

Exemplo 1.20 *Sejam* $\mathbb{P} = \{2, 4, 6, \ldots, 2n, \cdots\}$ *o conjunto dos números inteiros positivos pares e* $\mathbb{I} = \{1, 3, 5, \cdots, 2n-1, \cdots\}$ *o conjunto dos números inteiros positivos ímpares, com* $n \in \mathbb{N}$ *o conjunto dos números naturais, então*

$$\mathbb{P} \cup \mathbb{I} = \mathbb{N}.$$

2. Interseção de Conjuntos

Sejam A e B dois conjuntos arbitrários, chama-se interseção de A e B, o conjunto $A \cap B$ formado pelos elementos que pertencem tanto ao conjunto A como ao conjunto B. Em notação matemática podemos escrever a interseção de A e B como sendo o conjunto

$$A \cap B = \{x \in U; \ \ x \in A \ \text{ e } \ x \in B\}.$$

Analogamente podemos definir a interseção de qualquer número (finito ou infinito) de conjuntos; se A_α, $\alpha \in I$, onde $I = \{1, 2, 3, \ldots\}$, são conjuntos arbitrários, então $\cap_{\alpha \in I} A_\alpha$ é a coleção de elementos, cada um dos quais pertence a cada um dos conjuntos A_α.

Exemplo 1.21 *Sejam* $A = \{3, 5, 8, 12, 15, 18\}$ *e* $B = \{1, 5, 6, 9, 14, 15\}$, *então*

$$A \cap B = \{5, 15\}.$$

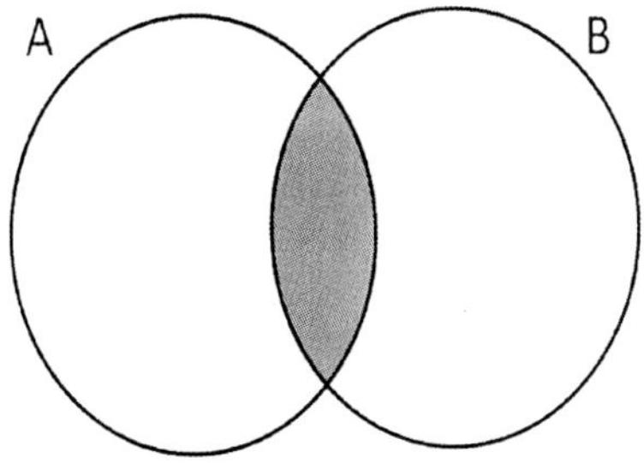

Figura 1.5: Interseção de A com B, $A \cap B$

Uma noção importante na interseção de conjuntos é a definição de conjuntos disjuntos: diz-se que dois conjuntos A e B são disjuntos quando sua interseção é vazia, isto é, quando $A \cap B = \emptyset$.

Evidentemente, podemos estender esta definição para uma família de conjuntos: uma família de conjuntos A_α é dita de conjuntos disjuntos se $\cap_{\alpha \in I} A_\alpha = \emptyset$.

Exemplo 1.22 *Sejam* $A = \{4, 5, 9\}$ *e* $B = \{2, 3, 6\}$, *então* A *e* B *são disjuntos, pois*

$$A \cap B = \emptyset.$$

Agora, consideremos duas interessantes aplicações da interseção de conjuntos para encontrar o MMC e MDC de dois números.

Exemplo 1.23 *Sejam* $A = \{1, 2, 3, 4, 6, 12\}$ *e* $B = \{1, 2, 3, 6, 9, 18\}$ *os conjuntos divisores de* 12 *e* 18 *respectivamente, então*

$$A \cap B = \{1, 2, 3, 6\}$$

Assim,

$$MDC(12, 18) = 6 = maior \ \ elemento \ \ de \ A \cap B.$$

Exemplo 1.24 *Sejam* $A = \{12, 24, 36, 48, 60, \cdots\}$ *e* $B = \{18, 36, 54, 72, \cdots\}$ *os conjuntos múltiplos de* 12 *e* 18 *respectivamente, então*

$$A \cap B = \{36, 72, \cdots\}$$

Assim,

$$MMC(12, 18) = 36 = menor \ \ elemento \ \ de \ A \cap B.$$

3. Diferença de dois Conjuntos

Sejam A e B dois conjuntos arbitrários, chama-se diferença de A e B, ao conjunto $A \backslash B$ formado pelos elementos que pertencem ao conjunto A mas não pertencem ao conjunto B.
Em notação matemática podemos escrever a diferença de A e B como sendo o conjunto

$$A \backslash B = \{x \in U; \ \ x \in A \ \text{ e } \ x \notin B\}.$$

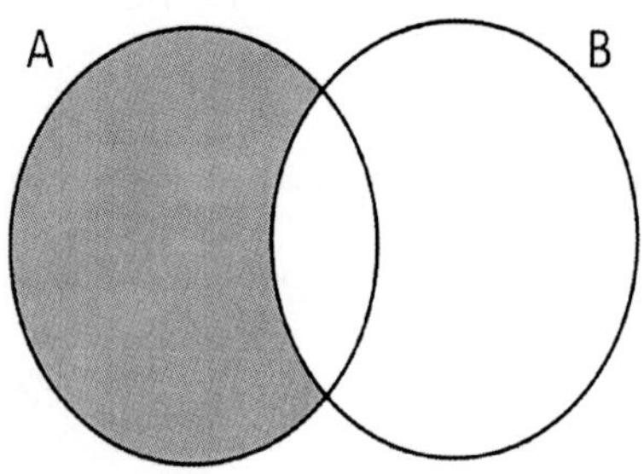

Figura 1.6: Diferença de A com B, $A \backslash B$

Exemplo 1.25 *Sejam* $A = \{2, 1, 3, 5, 8\}$ *e* $B = \{3, 4, 8, 11\}$, *então*

$$A \backslash B = \{2, 1, 5\}.$$

Analogamente podemos encontrar

$$B \backslash A = \{4, 11\}.$$

Exemplo 1.26 *Dados os conjuntos* $A = \{2, 5, 6, 8, 9\}$, $B = \{1, 3, 5, 7\}$ *e* $C = \{2, 4, 5, 7, 8\}$. *Encontre* $(A \setminus B) \setminus C$.

Primeiramente vamos encontrar $(A \setminus B)$:

$$(A \setminus B) = \{2, 6, 8, 9\}.$$

Finalmente,

$$(A \setminus B) \setminus C = \{6, 9\}.$$

Para encontrar $(A \setminus B) \setminus C$ também podemos usar diagrama de Venn[4], conforme figura abaixo.

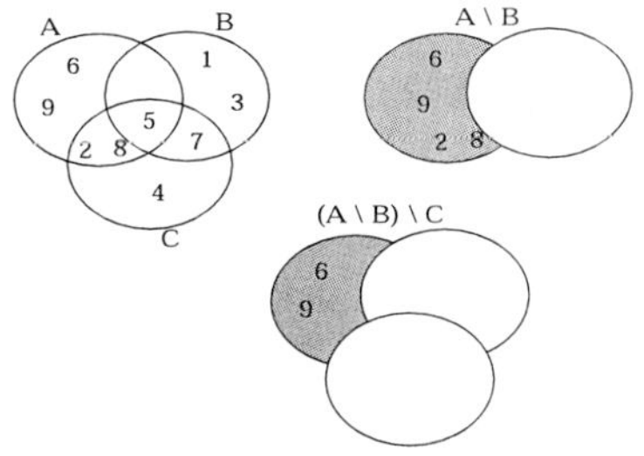

Figura 1.7: $(A \setminus B) \setminus C$

É conveniente introduzir a chamada diferença simétrica de dois conjuntos, pois esta definição é muito útil, por exemplo, na disciplina Teoria da medida.

3.1 Diferença Simétrica

Sejam A e B dois conjuntos arbitrários; chama-se diferença simétrica de A e B, ao conjunto $A \triangle B$ formado pela união das diferenças $A \setminus B$ e $B \setminus A$.
Em notação matemática podemos escrever a diferença simétrica de A e B como sendo o conjunto

$$A \triangle B = (A \setminus B) \cup (B \setminus A).$$

[4] John Venn, matemático inglês (1834-923)

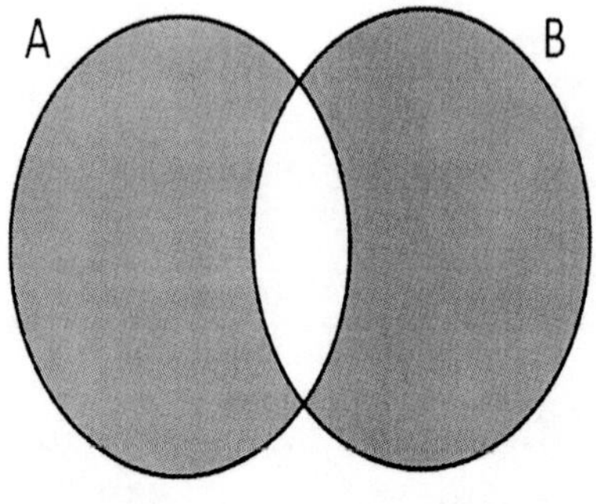

Figura 1.8: Diferença Simétrica, $A \triangle B$

Exemplo 1.27 *Sejam* $A = \{-3, 1, 4, 7\}$ *e* $B = \{1, 4, 8, 10\}$, *então*

$$\begin{aligned} A \backslash B &= \{-3, 7\} \\ B \backslash A &= \{8, 10\} \text{ e} \\ A \triangle B &= \{-3, 7, 8, 10\}. \end{aligned}$$

Exemplo 1.28 *Consideremos o conjunto universal* $U = \mathbb{R}$ *como sendo o conjunto dos números reais. Determine os conjuntos* $A \cup B$, $A \cap B$, $A \setminus B$, $B \setminus A$ *e* $A \Delta B$, *se:*

$$A = \{x;\ 0 < x < 3\}, \quad B = \{x;\ 2 \leq x \leq 4\}.$$

$$\begin{aligned} &A \cup B = \{x;\ 0 < x < 3 \text{ ou } 2 \leq x \leq 4\} = \{x;\ 0 < x \leq 4\}. \\ &A \cap B = \{x;\ 0 < x < 3 \text{ e } 2 \leq x \leq 4\} = \{x;\ 2 \leq x < 3\}. \\ &A \setminus B = \{x;\ x \in (0, 3) \text{ e } x \notin [2, 4]\} = \{x;\ 0 < x < 2\}. \\ &B \setminus A = \{x;\ x \in [2, 4] \text{ e } x \notin (0, 3)\} = \{x;\ 3 \leq x \leq 4\}. \\ &A \Delta B = \{x;\ (0 < x < 2) \text{ ou } (3 \leq x \leq 4)\}. \end{aligned}$$

4. Complementar de um Conjunto

Seja A um conjunto arbitrário. O complementar de A, A^c, é o conjunto diferença $U \backslash A$, ou seja,

$$A^c = \{x \in U; x \notin A\}.$$

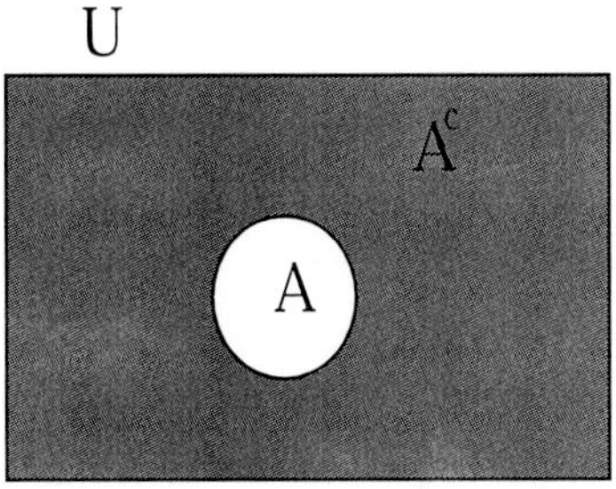

Figura 1.9: Complementar de A : A^c

Exemplo 1.29 *Sejam* $U = \{1, 2, 3, 4, 5, 6, 7, 8, 9\}$ *e* $A = \{1, 3, 5, 8\}$, *então*

$$A^c = \{2, 4, 6, 7, 9\}.$$

No caso do complementar entre dois conjuntos, a definição é feita da seguinte forma; Sejam A e B dois conjuntos tais que $A \subset B$; chama-se conjunto complementar de A em relação a B, ao conjunto $\mathcal{C}_B A$ definido por

$$\mathcal{C}_B A = B \backslash A.$$

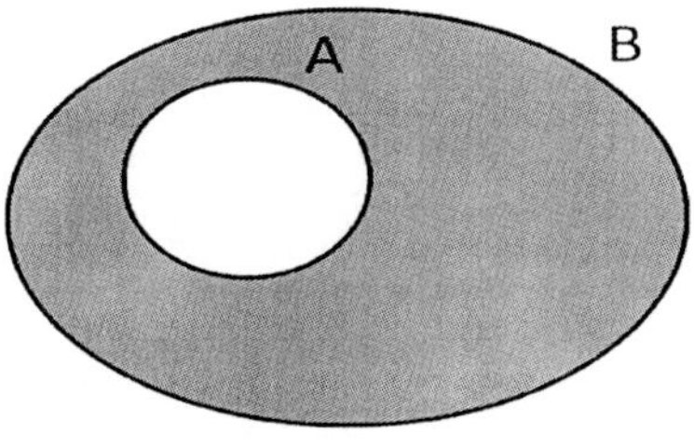

Figura 1.10: Complementar de A em B

Exemplo 1.30 *Sejam* $A = \{-2, 0, 1, 3, 5, 9\}$ *e* $B = \{0, 2, 3, 7, 9\}$. *Encontre*

$$A \cup B,\ A \cap B,\ \mathcal{C}_B A,\ A \backslash B.$$

Seguindo as definições acima, temos:

$$A \cup B = \{-2, 0, 1, 2, 3, 5, 7, 9\}$$
$$A \cap B = \{0, 3, 9\}$$
$$\mathcal{C}_B A = \{2, 7\}$$
$$A \backslash B = \{-2, 1, 5\}$$

1.4 Cardinalidade de $A \cup B$

Estamos interessados em encontrar uma fórmula que nos permita calcular a cardinalidade do conjunto $A \cup B$, para A e B conjuntos arbitrários finitos.
Vamos considerar três possíveis casos.

Primeiramente vamos supor que os conjuntos A e B sejam disjuntos, isto é, $A \cap B = \emptyset$.

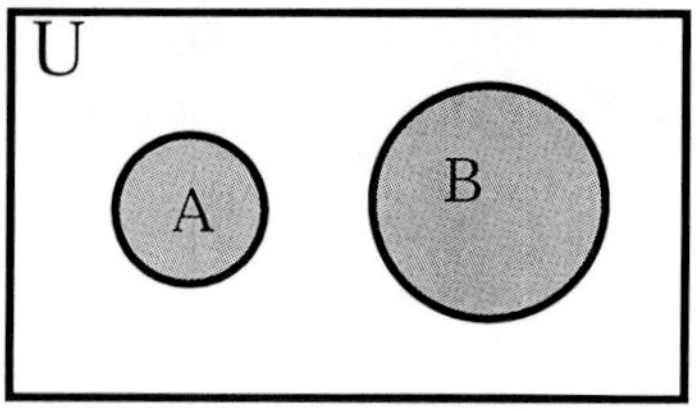

Figura 1.11: $A \cap B = \emptyset$

Então

$$n\,(A \cup B) = n(A) + n(B).$$

No segundo caso, vamos supor que A e B não sejam disjuntos, isto é, $A \cap B \neq \emptyset$.

Então

$$n\,(A \cup B) = n(A) + n(B) - n(A \cap B).$$

No terceiro caso, vamos considerar que A seja subconjunto de B, isto é, $A \subset B$, então

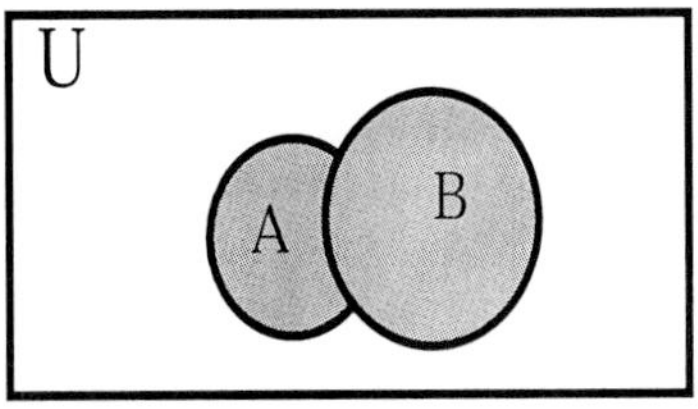

Figura 1.12: $A \cap B \neq \emptyset$

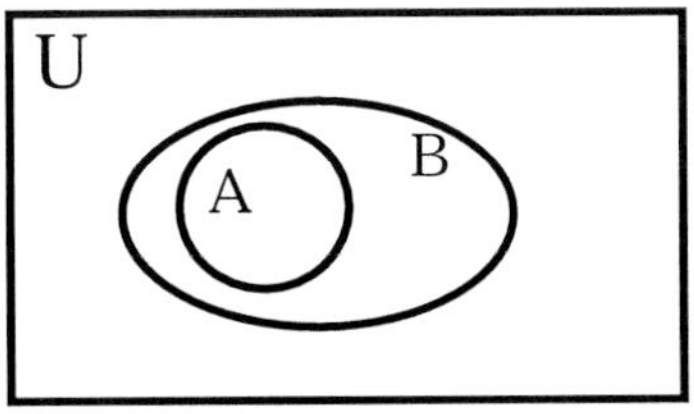

Figura 1.13: $A \subset B$

$$n(A \cup B) = n(B).$$

Exemplo 1.31 *Sejam os conjuntos*

$$A = \{1, 4, 5, 7, 8\} \quad e \quad B = \{2, 5, 6, 7\}.$$

Encontre $n(A \cup B)$, $n(A \cap B)$ *e* $n(A \setminus B)$.

É facil ver que

$$\begin{aligned} A \cup B &= \{1, 2, 4, 5, 6, 7, 8\} \\ A \cap B &= \{5, 7\} \text{ e} \\ A \setminus B &= A \setminus (A \cap B) = \{1, 4, 8\}. \end{aligned}$$

Assim

$$\begin{aligned} n(A \cup B) &= 7 \\ n(A \cap B) &= 2 \text{ e} \\ n(A \setminus B) &= 3. \end{aligned}$$

Exemplo 1.32 *Em uma cidade da Suíça, seus habitantes falam francês e alemão, sendo que* 85% *falam francês e* 90% *falam alemão. Quantos por cento dos habitantes falam os dois idiomas?, Quantos por cento dos habitantes falam somente francês? e quantos, comente alemão?*

Sejam, A o conjunto de habitantes que falam francês, B o conjunto de habitantes que falam alemão e $A \cup B$ o conjunto de habitantes que falam os dois idiomas. Por hipótese, $n^o(A) = 85\%$, $n^o(B) = 90\%$ e $n^o\,(A \cup B) = 100\%$, segue

$$\begin{aligned} n\,(A \cup B) &= n(A) + n(B) - n(A \cap B) \\ 100\% &= 85\% + 90\% - n(A \cap B), \end{aligned}$$

donde segue, $n(A \cap B) = 75\%$, ou seja 75% dos habitantes da cidade suíça falam francês e alemão.
Como $A \setminus (A \cap B)$ representa o conjunto dos habitantes que falam somente francês, então

$$n\,(A \setminus (A \cap B)) = n(A) - n\,(A \cap B) = 85\% - 75\% = 10\%,$$

ou seja, 10% dos habitantes falam somente francês.
Analogamente, encontramos que somente 15% dos habitantes falam somente alemão.

1.5 Conjunto das Partes de um Conjunto

Consideremos um conjunto X arbitrário. A partir dele, formemos um novo conjunto; o conjunto das partes de X, cujos elementos são todos os subconjuntos de X.
Vamos indicar este novo conjunto por $P(X)$, isto é,

$$P(X) = \{Y;\ Y \subset X\}.$$

Exemplo 1.33 *Seja* $M = \{1, 2, 3\}$, *então*

$$P(M) = \{\emptyset, \{1\}, \{2\}, \{3\}, \{1,2\}, \{1,3\}, \{2,3\}, \{1,2,3\}\}.$$

Como podemos observar, M *possui 3 elementos, enquanto* $P(M)$ *possui 8 elementos.*

É fácil provar que, se um conjunto possui n elementos, então o conjunto das partes deste conjunto possui 2^n elementos. Formalizemos este resultado.

Teorema 1.1 *Se o número de elementos do conjunto* X *é* n, *então o número de elementos de* $P(X)$ *é* 2^n.

Prova: Antes de provar o teorema, introduzimos a seguinte notação: $C_k^n = \dfrac{n!}{k!(n-k)!}$, é o número de subconjuntos de k elementos diferentes de um conjunto de n elementos diferentes, que estudaremos no capítulo 3.

Como X possui n elementos, então temos C_1^n quantidade de conjuntos unitários, C_2^n quantidade de conjuntos com dois elementos, $\ldots, C_{n-1}^n$ quantidade de conjuntos com $n-1$ elementos, e C_n^n quantidade de conjuntos com n elementos. Também observa-se que $\emptyset \subset X$ e, portanto, $C_0^n = 1$.

Assim,

$$n\left(P(X)\right) = \sum_{k=0}^{n} C_k^n = C_0^n + C_1^n + C_2^n + \ldots C_n^n.$$

Como o lado direito da igualdade acima é o desenvolvimento do binômio $(1+1)^n$, temos

$$2^n = (1+1)^n = \sum_{k=0}^{n} C_k^n 1^{n-k} 1^k = \sum_{k=0}^{n} C_k^n,$$

então

$$n\left(P(X)\right) = C_0^n + C_1^n + C_2^n + \ldots C_n^n = 2^n. \quad \blacksquare$$

1.6 Regras das Operações com Conjuntos

Sejam A, B, e C três conjuntos arbitrários, então das definições de união, interseção e complementar valem as seguintes afirmações:

1. Lei Comutativa
$$A \cap B = B \cap A$$
$$A \cup B = B \cup A$$

2. Lei Associativa
$$(A \cap B) \cap C = A \cap (B \cap C)$$
$$(A \cup B) \cup C = A \cup (B \cup C)$$

3. Lei Distributiva
$$A \cap (B \cup C) = (A \cap B) \cup (A \cap C)$$
$$A \cup (B \cap C) = (A \cup B) \cap (A \cup C)$$

4. Lei Idempotente
$$A \cap A = A$$
$$A \cup A = A$$

5. Leis de Identidade
$$A \cup \emptyset = A$$
$$A \cap U = A$$
$$A \cup U = U$$
$$A \cap \emptyset = \emptyset$$

6. Lei de Involução
$$(A^c)^c = A$$

7. Lei do Complemento
$$A \cup A^c = U$$
$$A \cap A^c = \emptyset$$
$$U^c = \emptyset$$
$$\emptyset^c = U.$$

8. Leis de De Morgan

Uma ferramenta muito importante na teoria dos conjuntos e suas aplicações é o chamado Príncipio de Dualidade ou Leis de De Morgan[5]:

(a) O complementar da união é igual a interseção dos complementares

$$\left(\bigcup_{\alpha} A_{\alpha}\right)^{c} = \bigcap_{\alpha} (A_{\alpha})^{c}.$$

(b) O complementar da interseção é igual a união dos complementares

$$\left(\bigcap_{\alpha} A_{\alpha}\right)^{c} = \bigcup_{\alpha} (A_{\alpha})^{c}.$$

Figura 1.14: Augustus De Morgan

A modo de exemplo, provemos algumas das 8 afirmações enunciadas acima:
1. $A \cup B = \{x \in U;\ \ x \in A \text{ ou } x \in B\} = \{x \in U;\ \ x \in B \text{ ou } x \in A\} = B \cup A$.

[5]Augustus De Morgan (1806-1871), matemático e lógico inglês

2.

$$\begin{aligned}(A\cap B)\cap C &= \{x\in U;\ \ (x\in A\cap B)\ \text{ e }\ x\in C\}=\\ &= \{x\in U;\ \ (x\in A \text{ e }\ x\in B)\ \text{ e }\ x\in C\}=\\ &= \{x\in U;\ \ x\in A \text{ e }\ (x\in B\ \text{ e }\ x\in C)\}=\\ &= A\cap(B\cap C)\end{aligned}$$

3.

$$\begin{aligned}A\cup(B\cap C) &= \{x\in U;\ x\in A \text{ ou } (x\in B \text{ e } x\in C)\}=\\ &= \{x\in U;\ (x\in A \text{ ou } \in B) \text{ e } (x\in A \text{ ou } x\in C)\}=\\ &= \{x\in U;\ (x\in A\cup B) \text{ e } (x\in (A\cup C))\}=(A\cup B)\cap(A\cup C).\end{aligned}$$

5.

$$A\cup\emptyset=\{x\in U;\ x\in A \text{ ou } x\in\emptyset\}\subset A.$$

Como $A\subset A\cup\emptyset$, segue que $A\cup\emptyset=A$.

$$A\cap U=\{x\in U;\ x\in A \text{ e } x\in U\}\supset A.$$

Como $A\cap U\subset A$, segue que $A\cap U=A$.
É fácil ver que das inclusões $\emptyset\subset A\cap\emptyset\subset\emptyset$, segue $A\cap\emptyset=\emptyset$.
6. $(A^c)^c=\{x\in U;\ x\notin A^c\}=\{x\in U;\ x\in A\}=A$.
8.
(a)

$$\left(\bigcup_\alpha A_\alpha\right)^c=\bigcap_\alpha (A_\alpha)^c.$$

Primeiramente mostremos que $(\cup_\alpha A_\alpha)^c\subset\cap_\alpha(A_\alpha)^c$. De fato, seja $x\in\left(\bigcup_\alpha A_\alpha\right)^c$, isto é, $x\notin\left(\bigcup_\alpha A_\alpha\right)$, ou seja x não pertence a nenhum dos conjuntos A_α. Portanto x pertence a cada um dos complementares $(A_\alpha)^c$, por isso $x\in\bigcap_\alpha(A_\alpha)^c$. Agora mostremos que $\cap_\alpha(A_\alpha)^c\subset(\cup_\alpha A_\alpha)^c$. Suponhamos que $x\in\bigcap_\alpha(A_\alpha)^c$, isto é, x pertence a cada um dos conjuntos complementares $(A_\alpha)^c$, ou seja $x\notin A_\alpha$, segue daqui que $x\notin\bigcup_\alpha A_\alpha$, logo $x\in\left(\bigcup_\alpha A_\alpha\right)^c$. Assim, pela definição de igualdade de conjuntos, a afirmação fica demonstrada. ■
(b)

$$\left(\bigcap_\alpha A_\alpha\right)^c=\bigcup_\alpha (A_\alpha)^c.$$

Suponhamos que $x \in (\bigcap_\alpha A_\alpha)^c$, isto é, $x \notin (\bigcap_\alpha A_\alpha)$, ou seja, $x \in (A_\alpha)^c$, portanto, $x \in \bigcup_\alpha (A_\alpha)^c$. Isto mostra que $(\cap_\alpha A_\alpha)^c \subset \cup_\alpha (A_\alpha)^c$. Por outro lado, seja $x \in \bigcup_\alpha (A_\alpha)^c$, isto é, x pertence pelo menos a um dos conjuntos complementares $(A_\alpha)^c$, ou seja, $x \notin A_\alpha$. Segue daqui que $x \notin \bigcap_\alpha (A_\alpha)$, logo $x \in (\bigcap_\alpha A_\alpha)^c$. Com isto mostramos que $\cup_\alpha (A_\alpha)^c \subset (\cap_\alpha A_\alpha)^c$. Assim, fica demonstrado a segunda igualdade de De Morgan. ∎

1.7 Produto Cartesiano

Pelo conceito de igualdade de conjuntos, a ordem em que os elementos de um conjunto são enumerados não é importante. Por exemplo, como já foi dito antes, os conjuntos $\{2, 5, 7\}$ e $\{5, 7, 2\}$ são iguais, apesar que a ordem de seus elementos são distintos. Entretanto, existem alguns conceitos em matemática em que a ordem dos elementos é importante. Um desses conceitos é o denominado par ordenado.

Definição 1.6 *Dados dois elementos a e b. O par ordenado (a, b) é definido quando fica determinado que a será o primeiro elemento e que b será o segundo elemento.*

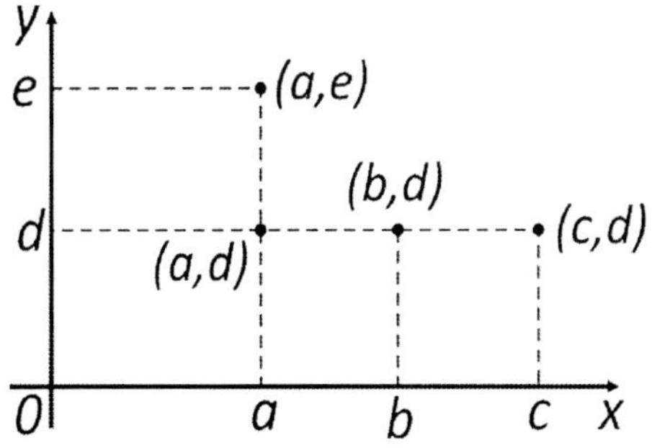

Figura 1.15: Pares Ordenados $(a, d), (a, e), (b, d), (c, d)$

Por exemplo, em Geometria Analítica o par ordenado $(2, 5)$ indica que 2 é a primeira coordenada e 5 a segunda coordenada de um ponto, e é diferente do par ordenado $(5, 2)$.

Assim,

$$(a, b) = (c, d) \iff a = c \ \text{ e } b = d.$$

Definição 1.7 *Sejam A e B dois conjuntos. O produto cartesiano dos conjuntos A e B é o conjunto $A \times B$ definido como*

$$A \times B = \{(a, b);\ a \in A \ e\ b \in B\}.$$

Esta definição pode ser estendida para qualquer número finito de conjuntos da seguinte forma:

$$A_1 \times A_2 \times A_3 \times \cdots \times A_n = \{(a_1, a_2, a_3, \cdots, a_n);\ a_i \in A_i, i = 1, 2, 3, \cdots, n\}.$$

Exemplo 1.34 *Consideremos os conjuntos $A = \{2, 5, 8\}$ e $B = \{3, 9\}$. Teremos então;*

$$A \times B = \{(2, 3), (2, 9), (5, 3), (5, 9), (8, 3), (8, 9)\}, \ e$$

$$B \times A = \{(3, 2), (3, 5), (3, 8), (9, 2), (9, 5), (9, 8)\}.$$

É fácil ver:

1. $A \times \emptyset = \emptyset$;

2. $A \times (B \cup C) = (A \times B) \cup (A \times C)$;

3. $(A \cup B) \times C = (A \times C) \cup (B \times C)$.

Como $n(A)$ representa o número de elementos do conjunto A e $n(B)$ o número de elementos do conjunto B, então é fácil ver que o número de elementos de $A \times B$ é dado por

$$n\,(A \times B) = n\,(B \times A) = n(A).n(B).$$

Assim considerando o Exemplo 1.34, temos

$$n\,(A \times B) = n(A).n(B) = 3.2 = 6$$

1.8 Conjuntos Finitos e Infinitos

Quando estudamos conjuntos de diferentes naturezas, ou podemos determinar seus elementos, indicar a propriedade que os seus elementos têm ou indicar o número de elementos que compõem o conjunto. Por exemplo, o conjunto dos alunos da disciplina de Análise Matemática do curso noturno de licenciatura da UFRN no ano 2023-2, o conjunto dos sortudos que ganharam a loteria federal nos últimos 30 anos, o conjunto dos países campeões mundiais de futebol, etc. Em todos estes conjuntos é possível indicar o número exato de elementos. Tais conjuntos são exemplos de conjuntos finitos.

Podemos comparar entre si dois conjuntos finitos pelo número de seus elementos, e julgar se este número é igual ou se num conjunto há mais elementos que no outro. No caso de ser igual o número de elementos dos dois conjuntos, os conjuntos são equivalentes e podemos estabelecer uma correspondência biunívoca(bijeção) entre eles, isto é, estabelecer uma ligação que a cada elemento de um conjunto corresponda um e somente um elemento do outro e vice-versa. Por exemplo, para verificar se o número de ciclistas e o número de bicicletas é igual, podemos pedir, sem contar o número de ciclistas e bicicletas, que ciclistas distintos sentem em bicicletas distintas. Se todos os ciclistas estão sentados em sua respectiva bicicleta e não há bicicleta sobrando, então estabelecemos uma correspondência biunívoca entre estes dois conjuntos, e isto significa que eles têm o mesmo número de elementos, caso sobre ao menos uma bicicleta dizemos que a cardinalidade do conjunto de bicicletas é maior que o número de ciclistas e caso, ao menos um ciclista estiver sem bicicleta, concluímos que a cardinalidade do conjunto de ciclistas é maior que o número de bicicletas.

Agora, introduziremos brevemente a definição de função, que usaremos para descrever formalmente conjuntos finitos e infinitos. No capítulo 3, faremos um estudo mais profundo sobre funções. A pequena introdução básica feita aqui será de utilidade para enunciar a definição de conjunto finito.

Função

O conceito de função é introduzido da seguinte maneira:
Dados dois conjuntos, A e B, e uma regra ou lei que associa cada elemento x de A a um, e só um, elemento y de B. Esta lei ou regra é chamada de função.

A notação que usaremos para denotar que f é uma função dc A em B é a seguinte;

$$\begin{aligned} f:\ & A \to B \\ & x \mapsto f(x) \end{aligned}$$

onde a notação $x \mapsto f(x)$ é para indicar que f faz corresponder o elemento x ao elemento $f(x)$. Nesta tripla (f, A, B), A chama-se domínio e B de contradomínio da função f.

Definição 1.8 *Seja $X \subset A$. O conjunto Imagem de X pela função f, $Im(f) \subset Y$ é o conjunto formado por todos os valores de y, tal que para cada um deles existe ao menos um $x \in X$ com $y = f(x)$.*

Definição 1.9 *Uma função $f : A \to B$ chama-se injetiva(injetora) quando $\forall x, y \in A$, com $f(x) = f(y)$ segue que $x = y$.*

Definição 1.10 *Uma função $f : A \to B$ chama-se sobrejetiva(sobrejetora) se verificamos que $Im(f) = B$, ou em outras palavras, para todo $y \in B$ existe pelo menos um $x \in A$, tal que $f(x) = y$.*

É conveniente fazer o seguinte esclarecimento: Diz-se que f é uma função do conjunto A "sobre"o conjunto B se $f(A) = B$. No caso geral, quando $f(A) \subset B$, dizemos que f é uma função de A "em"B.

Definição 1.11 *Uma função $f : A \to B$ chama-se bijetiva(bijetora) quando é simultaneamente injetiva e sobrejetiva.*

Esclarecemos aqui que, o termo bijeção é equivalente a expressão, correspondência biunívoca usado no começo da seção 1.2.

Definição 1.12 *Diz-se que o conjunto X é finito se ele é um conjunto vazio ou existe uma bijeção*

$$\psi : I_n \to X, \ \ onde \ I_n = \{1, 2, 3, \cdots, n\}.$$

De uma maneira geral, os conjuntos finitos são os conjuntos mais simples entre todos os conjuntos. A cada conjunto X finito corresponde um número natural n, de tal forma que os elementos de X podem representar-se como:

$$x_1, x_2, \cdots, x_n$$

Obviamente, n é o número de elementos do conjunto X, ou seja, n é a cardinalidade de X.

Exemplo 1.35 *No conjunto*

$$X = \{todas \ \ as \ \ nações \ \ campeãs \ \ mundiais \ \ de \ \ futebol\}$$

a cardinalidade de X é 8, pois até agora, 2024, apenas 8 países diferentes foram campeões. Obviamente a cardinalidade do conjunto X pode mudar no futuro, quando outros países diferentes dos atuais campeões virarem campeões.

Definição 1.13 *Dizemos que um conjunto X é infinito quando ele não é finito, ou seja, quando não existe uma bijeção entre I_n e o conjunto X, seja qual for $n \in \mathbb{N}$.*

Exemplos de conjuntos infinitos são: o conjunto dos números naturais, o conjunto de retas no plano, o conjunto de polinômios com coeficientes racionais, o conjunto de pontos no segmento $\overline{AB}$, etc.

A seguir, apresentaremos uma afirmação importante [?], cuja demonstração precisa do conceito dos números naturais com sua indução, que será definido no Capítulo 2, por isso, apenas enunciaremos a seguinte afirmação.

Proposição 1.2 *Todo subconjunto de um conjunto finito é finito.*

Para concluir este capítulo vamos estudar conjuntos enumeráveis.

1.9 Conjuntos Enumeráveis

Definição 1.14 *Diz-se que um conjunto é enumerável se é finito ou existe uma correspondência biunívoca entre ele e o conjunto dos números naturais* $\mathbb{N}$*, isto é, seus elementos podem escrever-se como uma sequência infinita:* $a_1, a_2, \ldots, a_n, \ldots$.

Para o caso em que o conjunto A seja finito, já sabemos que podemos escrever A como

$$A = \{a_1, a_2, \ldots, a_n\}.$$

Exemplo 1.36 *Seja* T *o conjunto dos números naturais múltiplos de 3. Então a bijeção*
$\varphi : \mathbb{N} \to T$*, definido por* $\varphi(n) = 3n$ *mostra que o conjunto* T *é enumerável.*

1.9.1 Propriedades dos Conjuntos Enumeráveis

Consideremos algumas propriedades elementares dos conjuntos enumeráveis.

Proposição 1.3 *Todo subconjunto de um conjunto enumerável ou é finito ou é enumerável.*

Prova: Sejam A um conjunto enumerável e B um subconjunto qualquer de A. Podemos escrever A como sendo $A = \{a_1, a_2, \ldots, a_n, \ldots\}$.
Podemos supor que o conjunto B obtém-se do conjunto A quando eliminamos alguns de seus elementos. Por exemplo

$$B = A \setminus \{a_2, a_4, a_7\} = \{a_1, a_3, a_5, a_6, a_8, \ldots, a_n, \ldots\}.$$

Assim, cada elemento de B possui um índice que não é maior que o índice em A. Aqui, a_1 é o elemento 1, a_3 é o elemento 2, a_5 é o elemento 3 e assim sucessivamente. ■

Proposição 1.4 *A união de qualquer família de conjuntos enumeráveis é enumerável.*

Prova: Suponhamos que A_α, $\alpha \in \{1, 2, 3, \ldots\}$, seja uma família de conjuntos enumeráveis disjuntos dois a dois, pois, caso contrário, poderíamos considerar os conjuntos $A_1, A_2 \backslash A_1, A_3 \backslash (A_2 \cup A_1), \ldots$ cuja união seria igual a $\bigcup_\alpha A_\alpha$.

Como as A_α são enumeráveis, então podemos escrevê-las na forma:

$$\begin{aligned} A_1 &= \{a_{11}, a_{12}, \ldots, a_{1n}, \ldots\} \\ A_2 &= \{a_{21}, a_{22}, \ldots, a_{2n}, \ldots\} \\ A_3 &= \{a_{31}, a_{32}, \ldots, a_{3n}, \ldots\} \\ &\vdots \\ A_n &= \{a_{n1}, a_{n2}, \ldots, a_{nn}, \ldots\} \\ &\vdots \end{aligned}$$

Agora passemos a enumerar todos os elementos da união $\bigcup_\alpha A_\alpha$ seguindo o sentido das setas como se indicam no gráfico da seguinte forma:

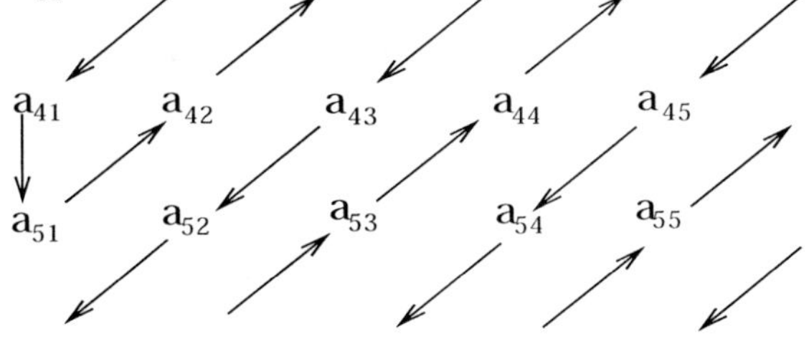

Figura 1.16: Conjuntos Enumeráveis

Tomemos o primeiro elemento a_{11}, o segundo elemento a_{12}, o terceiro elemento a_{21}, o quarto elemento a_{31}, e assim sucessivamente.

Desta forma, cada elemento de cada conjunto estará em correspondência com um número natural determinado, e assim fica estabelecido uma correspondência biunívoca entre $\bigcup_\alpha A_\alpha$ e o conjunto dos números naturais. Para uma maior visualização, podemos escrever $\bigcup_\alpha A_\alpha$, como sendo

$$\bigcup_{\alpha} A_\alpha = \{a_{11}, a_{12}, a_{21}, a_{31}, a_{22}, a_{13}, \ldots\}. \qquad \blacksquare$$

No próximo capítulo mostraremos que o conjunto dos números inteiros $\mathbb{Z}$ e o conjunto dos números racionais $\mathbb{Q}$ são conjuntos enumeráveis, o mesmo não se verifica para o conjunto dos números reais $\mathbb{R}$.

1.10 Exercícios do Capítulo 1

1. Demonstre que

$$A \Delta B = (A \cup B) \backslash (A \cap B).$$

2. Prove as seguintes igualdades:

   (a) $A \cup (B \setminus A) = A \cup B$;

   (b) $B \cup (\emptyset \cap A) = B$;

   (c) $(A^c \cap U)^c = A$;

   (d) $(C \cup A) \cap (B \cup A) = A \cup (B \cap C)$;

   (e) $(A \cap B) \cup (A \cap B^c) = A$;

   (f) $(A \cap B) \cup (A \cup B^c)^c = B$;

   (g) $A \cap (A \cup B) = A$.

3. Use o diagrama de Venn(diagramas que servem para ilustrar graficamente as propriedades dos conjuntos) para representar os seguintes conjuntos:

   (a) $A^c \cup B$;

   (b) $A \cap B^c$;

   (c) $(A \cap B)^c$;

   (d) $A^c \cup B^c$;

(e) $(A \cup B)^c$;

(f) $A^c \cap B^c$.

4. Encontre a união, interseção, diferença e diferença simétrica dos conjuntos A e B, se

    (a) $A = \{1, 2, 3, 4, 5\}$, $B = \{2, 4, 6, 8, 10\}$;

    (b) $A = \{a, b, c, g, d, e\}$, $B = \{a, b, d, k, i\}$;

    (c) $A = \{0, 1, 2, 3, 4, 5, 6, 7\}$, $B = \{3, 4, 5, 6, 7, 8, 9, 10\}$.

5. O conjunto A contém os números naturais divisíveis por 4, o conjunto B contém os números naturais divisíveis por 3, o conjunto C contém os números naturais divisíveis por 12. Quais são os elementos do conjunto $D = A \cap B \cap C$

6. Use as regras das operações para mostrar que

    (a) $(A \cup B) \cap (A^c \cap B)^c = A$;

    (b) $A \cup (A \cap B) = A$.

7. Enumere todos os elementos dos seguintes conjuntos

    (a) $A = \{x \in \mathbb{N};\ x^2 - 16 = 0\}$;

    (b) $B = \{x$ é letra da palavra universal $\}$;

    (c) $C = \{x \in \mathbb{R};\ x + \dfrac{1}{x} \geq 2\}$.

8. Quais dos seguintes conjuntos são iguais

(a) $A = \{x \in \mathbb{R};\ x^2 + 4 = 0\}$;

(b) $B = \{x \in \mathbb{R};\ x^3 - 2x^2 + 1 = 0\}$;

(c) $C = \{x \in \mathbb{R};\ 2x - 6 = 4 + 2x\}$.

9. Sejam A e B dois conjuntos enumeráveis. Mostre que $A \times B$ é enumerável.

10. Sejam A e B dois conjuntos finitos. Se n representa o número de elementos de um conjunto, então mostre que:

$$n(A \cup B) = n(A) + n(B) - n(A \cap B).$$

11. Mostre que todo conjunto infinito contém um subconjunto enumerável.

12. O número de sócios de dois clubes M e N é 140. Qual é o número de sócios do clube M, se N tem 60 e há 40 que pertencem aos dois clubes?

13. 32 calouros estudam Biologia. Para chegar a universidade, 12 deles usam o ônibus, 18 chegam caminhando, 7 caminham e usam o ônibus. Encontre:

    - Quantas pessoas caminham ou usam o ônibus?
    - Quantas pessoas usam somente ônibus?
    - Quantas pessoas usam outros transportes?

14. A e B são dois conjuntos tais que o conjunto diferença $A \setminus B$ tem 30 elementos, $A \cap B$ tem 10 elementos e $A \cup B$ tem 48

elementos.
Então, encontre o número de elementos de $B \setminus A$.

15. Sejam A e B dois conjuntos de X. Prove a seguinte equivalência:
$$A \cap B = \emptyset \iff A \subset X \backslash B.$$

Respostas e Soluções do capítulo 1

1. Por definição $A \Delta B = (A \backslash B) \cup (B \backslash A) = (A \backslash (A \cap B)) \cup (B \backslash (A \cap B))$, donde
$$A \Delta B = (A \cup B) \backslash (A \cap B).$$

2. (a) $A \cup B$;

   (b) $B \cup (\emptyset \cap A) = B \cup \emptyset = B$;

   (c) $(A^c \cap U)^c = (U \backslash A)^c = (A^c)^c = A$;

   (d) $(C \cup A) \cap (B \cup A) = A \cup (B \cap C)$;

   (e) $(A \cap B) \cup (A \cap B^c) = (A \cap B) \cup (A \backslash (A \cap B)) = A$;

   (f) $(A \cap B) \cup (A \cup B^c)^c = (A \cap B) \cup (B \backslash (a \cap B)) = B$;

   (g) $x \in A$ e $x \in A \cup B$ segue $x \in A$, então $A \cap (A \cup B) = A$.

3. Use o diagrama de Venn.

4. (a) i. $A \cup B = \{1, 2, 3, 4, 5, 6, 8, 10\}$;

      ii. $A \cap B = \{2, 4, \}$;

iii. $A \setminus B = \{1, 3, 5\}$;

iv. $B \setminus A = \{6, 8, 10\}$;

v. $A \Delta B = \{1, 3, 5, 6, 8, 10\}$

(b) i. $A \cup B = \{a, b, c, d, g, e, k, i\}$;

ii. $A \cap B = \{a, b, d, \}$;

iii. $A \setminus B = \{c, g, e\}$;

iv. $B \setminus A = \{k, i\}$;

v. $A \Delta B = \{c, g, e, k, i\}$

(c) i. $A \cup B = \{0, 1, 2, 3, 4, 5, 6, 7, 8, 9, 10\}$;

ii. $A \cap B = \{3, 4, 5, 6, 7\}$;

iii. $A \setminus B = \{0, 1, 2\}$;

iv. $B \setminus A = \{8, 9, 10\}$;

v. $A \Delta B = \{0, 1, 2, 8, 9, 10\}$

5. $D = A \cap B \cap C = C$, pois, os elementos de C são múltiplos de 3 e 4 ao mesmo tempo.

6. (a)

$$\begin{aligned}&(A \cup B) \cap (A^c \cap B)^c = (A \cup B) \cap (A \cup B^c) = \\ &= [(A \cup B) \cap A] \cup [(A \cup B) \cap B^c] = \\ &= A \cup (A \cap B^c) = A \cup [A \setminus (A \cap B)] = A.\end{aligned}$$

(b) $A \cup (A \cap B) = (A \cup A) \cap (A \cup B) = A \cap (A \cup B) = A.$

7. (a) $A = \{4\}$;

   (b) $B = \{u, n, i, v, e, r, s, a, l\}$;

   (c) $C = \{x \in \mathbb{R};\ x > 0\}$.

8. (a) $A = \emptyset$;

   (b) $B = \{1, \dfrac{1+\sqrt{5}}{2}, \dfrac{1-\sqrt{5}}{2}\}$;

   (c) $C = \emptyset$.

   São iguais os conjuntos A e C.

9. Consideremos o conjunto dos pontos (a, b), cuja abscissa a é fixa. Como b percorre um conjunto enumerável(pois B é enumerável), segue que o conjunto de pontos $(a, b) \in A \times B$ é enumerável. Assim, $A \times B$ definido como o produto cartesiano de dois conjuntos enumeráveis é enumerável.

10. Sejam A e B dois conjuntos finitos. Como $A \backslash (A \cap B) \cap B = \emptyset$, então

$$\begin{aligned} n^o(A \cup B) &= n^o((A \backslash (A \cap B)) \cup B) = n^o(A \backslash (A \cap B)) + n^o(B) = \\ &= n^o(A) - n^o(A \cap B) + n^0(B). \end{aligned}$$

11. Seja X o conjunto infinito, retiremos um elemento de X, digamos x_1, como X é infinito podemos retirar o segundo x_2, o terceiro x_3 e assim sucessivamente, e formar um conjunto $\{x_1, x_2, x_3, \ldots\}$ que é enumerável.

12. $n^o(M \cup N) = n^o(M) + n^o(N) - n^o(M \cap N) = 140$. Donde

$$n^o(M) = 140 - n^o(N) + n^o(M \cap N) = 140 - 60 + 40 = 120.$$

13. - 16 calouros
    - 5 calouros
    - 9 calouros.

14. $n^o(B \setminus A) = n^o(B) - n^o(A \cap B) = 8$;

15. Sejam A e B dois conjuntos de X. Se $A \cap B = \emptyset$, segue que A e B são disjuntos e então $A \subset X \setminus B$. Agora se $A \subset X \setminus B$, segue que $A \cap B = \emptyset$. Donde segue a equivalência.

Capítulo 2

Sistemas Numéricos

Historicamente, primeiramente apareceram o conjunto dos números naturais, depois as frações e os números irracionais positivos foram sendo adicionados. Os números, zero e negativos foram introduzidos logo após para ser parte do conjunto dos números reais. O último conjunto numérico que apareceu foi, o conjunto dos números complexos, justamente com o desenvolvimento da ciência moderna.

2.1 Números Naturais

Compreender os números, especialmente os números naturais, é uma das "habilidades" matemáticas mais antigas na história da humanidade. Muitas civilizações, mesmo as modernas, atribuíram propriedades místicas aos números por causa de sua grande importância na descrição da natureza, por isso suas contribuições são inegáveis à teoria dos números.

Assim, nós queremos começar formalizando a definição axiomática dos números naturais.
Vamos supor a existência de um conjunto não vazio $\mathbb{N}$, chamado de conjunto dos números naturais, para o qual valem os seguintes

axiomas de Peano[1]:

Figura 2.1: Giuseppe Peano

1. 1 é um número natural

2. Cada número natural n possui um único sucessor, que denotaremos por n', tal que

$$n' = n + 1.$$

3. O número natural 1 não é sucessor de nenhum outro número natural, $1 \neq n'$.

   Estes três axiomas indicam que $\mathbb{N} = \{1, 1', (1')', ((1')')', \ldots\}$.

4. Se n e s são números naturais tais que $n' = s'$, então $n = s$.

5. *Princípio de Indução*: se um subconjunto $M \subset \mathbb{N}$ contém o número natural 1 bem como o sucessor de todos os seus elementos, então $M = \mathbb{N}$.

[1]Giuseppe Peano (1858-1932), matemático italiano

Muitas vezes, o Princípio da Indução é enunciado numa versão que facilite provar afirmações no conjunto dos números naturais e para definir funções definidas em $\mathbb{N}$:

Princípio de Indução:

Seja $A(n)$ uma afirmação sobre $n \in \mathbb{N}$, que cumpra as seguintes condições:

- $A(1)$ é verdadeira, isto é, a afirmação vale quando $n = 1$ (algumas vezes a afirmação vale a partir de um certo $n > 1$);

- se $A(k)$ é verdadeira, isto é, supondo que a afirmação vale para $n = k$ arbitrário, e for possível provar qua a afirmação vale para $n = k + 1$, então, nestas condições a afirmação $A(n)$ é verdadeira para qualquer $n \in \mathbb{N}$.

Observação 2.1 *Assim, se ao sucessor de* 1, *o representamos por* 2, *ao sucessor de* 2, *o representamos por* 3, *ao sucessor de* 3, *o representamos por* 4 *e assim sucessivamente, podemos escrever* $\mathbb{N}$ *da seguinte forma:*

$$\mathbb{N} = \{1, 2, 3, 4, \cdots, \}.$$

Definem-se em $\mathbb{N}$ duas operações: Adição $(+)$ e Multiplicação $(\cdot)$.

Estas duas operações gozam das seguintes propriedades:

- **Comutatividade:** Sejam $n, m \in \mathbb{N}$, então

$$n + m = m + n, \text{ e}$$
$$n \cdot m = m \cdot n.$$

- **Associatividade:** Sejam $n, m, s \in \mathbb{N}$, então

$$n + (m + s) = (n + m) + s, \text{ e } \quad n(m \cdot s) = (n \cdot m)s.$$

- **Lei do Cancelamento:** Sejam $n, m, s \in \mathbb{N}$, se

$$\begin{aligned} n + s = m + s, &\quad \text{então } n = m, \\ n \cdot s = m \cdot s, &\quad \text{então } n = m. \end{aligned}$$

- **Distributividade:** Sejam $n, m, s \in \mathbb{N}$, então

$$n \cdot (m + s) = n \cdot m + n \cdot s.$$

Agora vamos enunciar duas propriedades importantes com relação às operações definidas no conjunto dos números naturais $\mathbb{N}$.

Teorema 2.1 $\mathbb{N}$ *é fechado com relação a adição e a multiplicação.*

Dizer que $\mathbb{N}$ é fechado com relação às operações de adição e multipicação, significa dizer que

$$\forall n, m \in \mathbb{N}, \implies n + m \text{ e } m.n \in \mathbb{N}.$$

Em outras palavras, em $\mathbb{N}$, podemos apenas somar e multiplicar números naturais tantas vezes como queiramos sem sair de $\mathbb{N}$.

2.2 Potência de um Número Natural

Sejam n e m dois números naturais arbitrários.

Definição 2.1 *O produto*

$$\underbrace{n \cdot n \cdot n \cdots n}_{m}$$

de m fatores iguais a n, chama-se m-ésima potência do número n e denota-se por n^m.

Vejamos, esta definição também pode ser feita por indução matemática da seguinte forma:
Sejam $n, m \in \mathbb{N}$, com $n^1 = n$ e $n^{m+1} = n.n^m$. Assim, $n^2 = n.n$, $n^3 = n.n^2 = n.n.n$, etc. Logo

$$n^m = n.n^{m-1} = n.n.n^{m-2} = \ldots = \underbrace{n.n.n \cdots n}_{m \text{ algarismos}}.$$

Exemplo 2.1 *Calcule* 3^6.

$$3^6 = 3.3.3.3.3.3 = 729.$$

Propriedades da Potenciação

1. Dados $n, m, s \in \mathbb{N}$, segue $n^m.n^s = n^{m+s}$.
   De fato,

$$n^m.n^s = \underbrace{n.n.n \cdots n}_{m \text{ algarismos}}\underbrace{n.n.n \cdots n}_{s \text{ algarismos}} = \underbrace{n.n.n \cdots n}_{m+s \text{ algarismos}} = n^{m+s}.$$

2. Dados $n, m, s \in \mathbb{N}$, segue $(n^m)^s = n^{ms}$.
   Por definição

$$(n^m)^s = \underbrace{n^m.n^m.n^m \cdots n^m}_{s} = n^{m+m+m+\cdots+m} = n^{ms}.$$

Exemplo 2.2 *Calcule* $2^5.2^6$.

$$2^5.2^6 = 2^{5+6} = 2^{11} = 2048.$$

Exemplo 2.3 *Calcule* $(3^2)^3$.

Pela propriedade 2 acima, temos

$$(3^2)^3 = 3^{2.3} = 3^6 = 729.$$

2.2.1 Relação de Ordem em $\mathbb{N}$

Definimos no conjunto $\mathbb{N}$ a relação de ordem " $<$ " da seguinte forma: Dados dois números naturais n, m, a desigualdade $n < m$ (ou $m > n$) significa que existe um único $s \in \mathbb{N}$ tal que $n + s = m$. Dizemos neste caso que n é menor que m (ou m é maior que n). Quando escrevemos $n \leq m$, significa que $n < m$ ou $n = m$. Esta relação de "ordem" possui as seguintes propriedades:

1. **Tricotomia:** Dados $n, m \in \mathbb{N}$, vale uma e somente uma, das seguintes afirmações:

$$n = m, \quad \text{ou} \quad n < m, \quad \text{ou} \quad m < n.$$

2. **Monotonicidade:** Dados $n, m, s \in \mathbb{N}$ com $n < m$, então

$$n + s < m + s \text{ e } sn < sm.$$

3. **Transitividade:** Dados $n, m, s \in \mathbb{N}$ com $n < m, m < s$, então

$$n < s.$$

Exemplo 2.4 *Dados dois números naturais* 8 *e* 11.
É fácil ver que $8 < 11$, *pois* 11 *é sucessor de* 10, *que a sua vez é sucessor de* 9, *que a sua vez é sucessor de* 8. *E por definição existe um único número natural,* 3, *tal que* $8 + 3 = 11$.
Dado qualquer número natural, digamos para facilitar as contas 6, *segue de* $8 < 11$, *que*

$$\begin{aligned} 8 &< 11 \\ 8 + 6 &< 11 + 6 \\ 14 &< 17 \end{aligned}$$

Finalmente, para qualquer número natural maior que 11, *digamos para facilitar novamente,* 18, *segue de* $8 < 11$ *e* $11 < 18$, *que*

$$8 < 11 < 11 + 7 = 18, \Longrightarrow 8 < 18.$$

A relação de ordem também possui uma propriedade muito importante, chamada *Princípio da Boa Ordenação.*

Princípio da Boa Ordenação. Todo subconjunto não vazio de $\mathbb{N}$ tem um menor elemento, isto significa que se $M \subset \mathbb{N}$ é um conjunto, então existe $m_o \in M$ tal que $m_o \leq m$ para todo $m \in M$.

Prova: Vamos supor que $1 \notin M$, pois caso contrário 1 seria o menor elemento de M. Consideremos os seguintes conjuntos, $I_n = \{1, 2, 3, \ldots n\}$ e $X = \{n \in \mathbb{N};\ I_n \subset \mathbb{N} \setminus M\}$. Observa-se que todos os elementos de M são maiores que n e portanto $n + 1 \notin X$. Segue que $n + 1 \in M$ e como $n + 1$ é o sucessor de n, concluimos que $n + 1 = m_o$ é o menor elemento de M. ■

Exemplo 2.5 *Seja* $A = \{5, 8, 9, 23, 67\}$. *Claramente* $A \subset \mathbb{N}$ *e* 5 *é o menor elemento de* A.

Observação 2.2 *O número* 1 *é o menor elemento dos números naturais e obviamente não existe maior elemento em* $\mathbb{N}$.

Sistema Decimal

No sistema decimal, a escrita dos números naturais pode ser feita usando os números

$$0, 1, 2, 3, 4, 5, 6, 7, 8, 9$$

Assim

$$\begin{aligned} 17 &= 1.10 + 7 \\ 256 &= 2.10^2 + 5.10 + 6 \\ 3457 &= 3.10^3 + 4.10^2 + 5.10 + 7 \end{aligned}$$

O sistema decimal não é único, na antiguidade era comum usar o sitema sexagésimo, 60, que continua até agora. Por exemplo, a divisão da hora em 60 minutos, a circunferência em 360°. Nos dias modernos, nos processos de programação é usado o sistema binário: $0, 1$.

Exemplo 2.6 34 *do sistema decimal pode ser escrito no sistema binário como:*

$$34 = (100010)_2$$

pois, $(100010)_2 = 1.2^5 + 0.2^4 + 0.2^3 + 0.2^2 + 1.2 + 0.2^0 = 34.$

2.2.2 Exemplos Sobre o Quinto Axioma de Peano: Princípio de Indução

Usemos o príncipio de indução para mostrar a veracidade de algumas fórmulas que valem para os números naturais. Nos casos que precisamos lidar com frações (números racionais) em algumas fórmulas que apareçam nas afirmações, recomendamos ler o começo da seção, Números racionais.

Exemplo 2.7 *Seja $P(n)$ a seguinte afirmação,*

$$1 + 2 + 3 + \ldots + n = \frac{n(n+1)}{2} \quad \forall n \in \mathbb{N}.$$

Por indução, temos

- A proposição vale para $n = 1$, isto é, $P(1)$ é verdadeira, $1 = \dfrac{1(1+1)}{2}$

- Suponhamos que a afirmação $P(k)$ seja verdadeira, e mostremos que $P(k+1)$ seja verdadeira. De fato,

$$\begin{aligned} 1 + 2 + 3 + \cdots + k + (k+1) &= \frac{k(k+1)}{2} + (k+1) \\ &= \frac{k(k+1) + 2(k+1)}{2} \\ &= \frac{(k+1)[k+2]}{2} \\ &= \frac{(k+1)[(k+1)+1]}{2}. \end{aligned}$$

- Logo $P(n)$ é verdadeira para todo $n \in \mathbb{N}$.

Exemplo 2.8 *Seja $P(n)$ a seguinte afirmação,*

$$1^3 + 2^3 + 3^3 + \cdots + n^3 = \left(\frac{n(n+1)}{2}\right)^2 \quad \forall n \in \mathbb{N}.$$

Por indução, temos

- A proposição vale para $n = 1$, isto é, $P(1)$ é verdadeira, pois $1 = \left(\frac{1(1+1)}{2}\right)^2 = \left(\frac{1(2)}{2}\right)^2$

- Suponhamos que a afirmação $P(k)$ seja verdadeira, e mostremos que $P(k+1)$ seja verdadeira. De fato,

$$\begin{aligned} 1^3 + 2 + 3 + \ldots + k + (k+1) &= \left(\frac{k(k+1)}{2}\right)^2 + (k+1)^3 \\ &= \frac{k^2(k+1)^2 + 4(k+1)^3}{4} \\ &= \frac{(k+1)^2[k^2 + 4k + 4]}{4} \\ &= \frac{(k+1)^2\left[(k+2)^2\right]}{4} \\ &= \left(\frac{(k+1)(k+2)}{2}\right)^2. \end{aligned}$$

- Assim, $P(n)$ é verdadeira para todo $n \in \mathbb{N}$.

Exemplo 2.9 *Seja $P(n)$ a seguinte afirmação,*

$$n^3 - n \quad \textit{é múltiplo de três}, \quad \forall n \geq 2.$$

Apliquemos de novo o método de indução.

- A proposição vale para $n = 2$, isto é, $P(2)$ é verdadeira, pois $2^3 - 2 = 6$ é múltiplo de 3.

- Suponhamos que a afirmação $P(k)$ seja verdadeira, e mostremos que $P(k+1)$ é verdadeira. De fato,

$$\begin{aligned}(k+1)^3-(k+1) &= k^3+3k^2+3k+1-k-1\\ &= k^3+3k^2+2k\\ &= k^3+3k^2-k+3k\\ &= k^3-k+3(k^2+k),\end{aligned}$$

como k^3-k é multiplo de três e $3(k^2+k)$ também, então a soma de dois múltiplos de três também é múltiplo de três.

- Logo $P(n)$ é verdadeira para todo $n \geq 2$.

Exemplo 2.10 *Seja $P(n)$ a seguinte afirmação,*

$$2^n > n^2, \quad \forall n \geq 5.$$

Por indução, temos

- A proposição vale para $n=5$, isto é, $P(5)$ é verdadeira, pois, $2^5=32>5^2=25$.

- Suponhamos que a afirmação $P(k)$ seja verdadeira: $2^k>k^2$, e mostremos que $P(k+1)$ seja verdadeira, isto é, $2^{k+1}>(k+1)^2$. De fato, verificando que $2>1+\frac{2}{k}+\frac{1}{k^2}$ $\forall k\geq 5$, donde $2k^2>k^2+2k+1$, podemos escrever

$$2^{k+1}=2\times 2^k=2^k+2^k>k^2+k^2=2k^2>k^2+2k+1=(k+1)^2.$$

- Por fim, $P(n)$ é verdadeira para todo $n\geq 5$.

Exemplo 2.11 *Verifiquemos a seguinte fórmula*

$$\frac{1}{1\times 2}+\frac{1}{2\times 3}+\frac{1}{3\times 4}+\ldots+\frac{1}{n\times(n+1)}=\frac{n}{n+1}, \quad \forall n\in\mathbb{N}.$$

Podemos mostrar esta afirmação de duas formas. Ambas precisam das operações no conjunto dos números racionais, por este motivo podemos pular este exemplo e voltar mais tarde.
No primeiro caso, escrevamos os termos $\dfrac{1}{n \times (n+1)}$ da seguinte forma:

$$\frac{1}{1 \times 2} = 1 - \frac{1}{2}, \quad \frac{1}{2 \times 3} = \frac{1}{2} - \frac{1}{3}, \quad \ldots, \quad \frac{1}{n \times (n+1)} = \frac{1}{n} - \frac{1}{n+1}.$$

Então,

$$\begin{aligned}
&\frac{1}{1 \times 2} + \frac{1}{2 \times 3} + \frac{1}{3 \times 4} + \ldots + \frac{1}{n \times (n+1)} = \\
&= \left(1 - \frac{1}{2}\right) + \left(\frac{1}{2} - \frac{1}{3}\right) + \left(\frac{1}{3} - \frac{1}{4}\right) + \ldots + \left(\frac{1}{n} - \frac{1}{n+1}\right) \\
&= 1 - \frac{1}{n+1} \\
&= \frac{n}{n+1}.
\end{aligned}$$

Já no segundo caso, usemos indução para provar a fórmula acima. Seja $P(n)$ a afirmação

$$\frac{1}{1 \times 2} + \frac{1}{2 \times 3} + \frac{1}{3 \times 4} + \ldots + \frac{1}{n \times (n+1)} = \frac{n}{n+1}, \quad \forall n \in \mathbb{N}.$$

- $P(1)$ é verdadeira, isto é, a proposição vale para $n = 1$, $\dfrac{1}{1 \times 2} = \dfrac{1}{1+1}$.

- Suponhamos que a afirmação $P(k)$ é verdadeira, isto é,

$$\frac{1}{1 \times 2} + \frac{1}{2 \times 3} + \frac{1}{3 \times 4} + \ldots + \frac{1}{k \times (k+1)} = \frac{k}{k+1},$$

e mostremos que $P(k+1)$ é verdadeiro. De fato,

$$\begin{aligned}
&\frac{1}{1\times 2}+\frac{1}{2\times 3}+\frac{1}{3\times 4}+\ldots+\frac{1}{k\times(k+1)}+\frac{1}{(k+1)\times(k+2)}\\
&=\frac{k}{k+1}+\frac{1}{(k+1)\times(k+2)}\\
&=\frac{(k+1)^2}{(k+1)\times(k+2)}\\
&=\frac{k+1}{k+2}\\
&=\frac{(k+1)}{(k+1)+1}.
\end{aligned}$$

- Logo $P(n)$ é verdadeira para todo $n \in \mathbb{N}$.

2.3 Números Primos

Definição 2.2 *Diz-se que o número natural p chama-se primo se os seus únicos divisores são o número* 1 *e ele mesmo.*

Aqui, elencamos os primeiros 7 números primos em ordem do aparecimento:

$$2, 3, 5, 7, 11, 13, 17, \cdots$$

O número 2 é o único número par que é primo, todos os demais números são ímpares.

É bem conhecido, que o conjunto dos números primos é infinito. Isto já era conhecido na Grécia antiga, por Euclides, no século III antes de Cristo. Daremos a seguir a demonstração de Euclides deste fato. Mas antes vamos introduzir a definição de número composto.

Definição 2.3 *O número que possui qualquer divisor, diferente de* 1 *e si próprio, chama-se número composto.*

Observação 2.3 *Aqui vamos entender a palavra divisor como fator multiplicativo. Por exemplo,* 3 *é divisor de* 12 *é o mesmo que dizer* 3 *é um fator multiplicativo de* 12.

Por exemplo, os números 39 e 42 são números compostos, pois

$$\begin{aligned} 39 &= 3 \times 13 \\ 42 &= 6 \times 7 = 2 \times 3 \times 7. \end{aligned}$$

Pode-se mostrar que qualquer número composto pode ser escrito como produto de números primos. Por exemplo

$$5580 = 2 \cdot 2 \cdot 2 \cdot 3 \cdot 5 \cdot 7 \cdot 7 = 2^3 \cdot 3 \cdot 5 \cdot 7^2.$$

Deste exemplo podemos generalizar que qualquer número natural n pode ser escrito de forma única por

$$n = p_1^{k_1} \cdot p_2^{k_2} \cdots p_l^{k_l}$$

em que todos os números primos $p_1, p_2, \cdots, p_l$ são distintos entre si, com p_1 repetindo-se k_1 vezes, p_2 repetindo-se k_2 vezes e assim por diante.

Teorema 2.2 *O conjunto dos números primos é infinito.*

Prova: Suponhamos que o conjunto dos números primos seja finito, e escrevamos seus elementos em forma crescente

$$2, 3, 5, \cdots, p. \tag{2.1}$$

Consideremos o seguinte número

$$a = 2 \cdot 3 \cdot 5 \cdot \cdots \cdot p + 1.$$

É fácil ver que este número não se divide por nenhum número de (2.1). Portanto, ele é um número primo, pois se é um número composto ele teria divisores primos diferentes de (2.1), ou que contradiz a suposição que a lista (2.1) enumera todos os números primos. ∎

2.3.1 Critérios de Divisibilidade por $2, 3, 4, 5$ e 9

Quando escrevemos um número composto como produto de fatores primos, é útil usar o critério de divisibilidade, sem realizar a divisão em si.
Vamos introduzir os critérios de divisão por $2, 3, 4, 5, 9$.

1. Divisão por 2:
   Qualquer número divide-se por 2 se o seu último algarismo termina em $0, 2, 4, 6$ ou 8.
   Suponhamos que o número natural possa ser escrito na forma $\overline{a_1a_2a_3\cdots a_n}$. Assim

   $$\overline{a_1a_2a_3\cdots a_n} = \overline{a_1a_2a_3\cdots 0} + a_n.$$

   O primeiro termo da parte direita é divisível por 10 e portanto por 2, o segundo termo é par, por hipótese, logo $\overline{a_1a_2a_3\cdots a_n}$ é par.

2. Divisão por 4:
   Um número divide-se por 4 se os seus dois últimos algarismos se dividem por 4.
   Denotando o número por $\overline{a_1a_2a_3\cdots a_n}$, temos

   $$\overline{a_1a_2a_3\cdots a_n} = \overline{a_1a_2a_3\cdots 00} + a_{n-1}a_n.$$

   O primeiro termo da parte direita é divisível por 100 e portanto por 4, o segundo termo divide-se por 4, por hipótese, logo $\overline{a_1a_2a_3\cdots a_n}$ é divisível por 4.

3. Divisão por 5:
   Um número divide-se por 5 se o seu último algarismo termina em 0 ou 5. De fato, primeiramente vamos supor que o último algarismo do número natural termine em 0:

   $$\overline{a_1a_2a_3\cdots 0} = 10\overline{a_1a_2a_3\cdots a_{n-1}}$$

que é divisível por 10, e portanto por 5.
Agora vamos supor que o último algarismo do número natural termine em 5:

$$\overline{a_1a_2a_3\cdots 5} = \overline{a_1a_2a_3\cdots a_{n-1}0} + 5 = 10\overline{a_1a_2a_3\cdots a_{n-1}} + 5,$$

donde observamos que os dois termos da última igualdade são divisíveis por 5.

4. Divisão por 3 e 9:
Um número divide-se por 3 e correspondentemente por 9 se a soma de seus algarismos divide-se por 3 e correspondentemente por 9.
De novo seja $\overline{a_1a_2a_3\cdots a_n}$ o número. Mas antes consideremos as seguintes igualdades

$$\begin{aligned} 10 &= 9+1 \\ 100 &= 99+1 \\ 1000 &= 999+1 \\ \vdots &= \vdots \end{aligned}$$

Assim,

$$\begin{aligned} &\overline{a_1a_2a_3\cdots a_n} = (10^{n-1})a_1 + (10^{n-2}a_2 + \cdots + (10)a_{n-1} + a_n \\ &= (\underbrace{99\cdots 9}_{n-1\ algarismos} +1)a_1 + (\underbrace{99\cdots 9}_{n-2\ algarismos} +1)a_2 + \\ &+\cdots + (9+1)a_{n-1} + a_n \\ &= \underbrace{99\cdots 9}_{n-1\ algarismos}\ a_1 + \underbrace{99\cdots 9}_{n-2\ algarismos}\ a_2 + \\ &+\cdots + 9a_{n-1} + (a_1 + a_2 + \cdots + a_{n-1} + a_n). \end{aligned}$$

Os primeiros $(n-1)$ termos, exceto o último termo, dividem-se por 9, e portanto por 3. Assim, o número dado $\overline{a_1a_2a_3\cdots a_n}$ divide-se por por 3 ou 9 se e somente se, a soma $(a_1 + a_2 + \cdots + a_{n-1} + a_n)$ divide-se por 9 ou 3.

Exemplo 2.12 *O número* 12136 *é divisível por* 4*, pois os dois últimos algarismos* 36 *se dividem por* 4.

Exemplo 2.13 *O número* 342 *é divisível por* 3 *e por* 9*, pois* $(3 + 4 + 2) = 9$*, divide-se por* 3 *e por* 9.

2.3.2 Máximo Divisor Comum MDC, Mínimo Multiplo Comum MMC

Sejam $a, b, c, \cdots f$ números naturais. Suponhamos que estes números se dividem por l, então dizemos que l é um divisor comum destes números. Por exemplo, os números 24 e 32, possuem divisores comuns, $2, 4, 8$. Assim

Definição 2.4 *O maior dos divisores comuns dos números* $a, b, c, \cdots f$*, chama-se máximo divisor comum destes números.*

Para denotar o máximo divisor comum dos números naturais $a, b, c, \cdots f$, usamos

$$MDC \text{ de } a, b, c, \cdots, f = (a, b, c, \cdots, f)$$

Por exemplo

$$(24, 32) = 8, \quad (12, 18, 24) = 6, \quad (56, 60) = 4.$$

Em forma geral, podemos indicar o processo de busca do mdc de dois números da seguinte forma. Primeiramente escrevamos cada número na forma de produto de fatores primos:

$$\begin{aligned} a &= p_1^{k_1} \cdot p_2^{k_2} \cdots p_n^{k_n} \\ b &= q_1^{l_1} \cdot q_2^{l_2} \cdots q_m^{l_m} \end{aligned}$$

Pode acontecer que todos os números $p_1, p_2, \cdots, p_n$ sejam diferentes dos números $q_1, q_2, \cdots, q_m$, então neste caso, os números a e b são mutuamente primos e o $(a, b) = 1$. Agora, se alguns fatores entre os $p_1, p_2, \cdots, p_n$ são iguais a alguns fatores de $q_1, q_2, \cdots, q_m$, então o $mdc(a, b)$ é igual ao produto dos fatores comuns iguais, cujos expoentes são os menores entre os k_n e l_m.

Exemplo 2.14 *Considere os números* 360 *e* 252. *Vamos calcular o* $(360, 252)$.

$$\begin{aligned} 360 &= 2^3 3^2 5 \\ 252 &= 2^2 3^3 7 \end{aligned}$$

Observamos que os divisores comuns de 360 e 252 são 2 e 3. O menor expoente de 2 é 2 e o menor expoente de 3 é 2, por isso

$$(360, 252) = 2^2 3^2 = 36.$$

De forma análoga encontram-se o mdc para mais de dois números.

Exemplo 2.15 *Considere os números* $36, 48$ *e* 72. *Vamos calcular o* $(36, 48, 72)$.

$$\begin{aligned} 36 &= 2^2 3^2 \\ 48 &= 2^4 3 \\ 72 &= 2^3 3^2 \end{aligned}$$

Observamos que os divisores comuns de $36, 48$ e 72 são 2 e 3. O menor expoente de 2 é 2 e o menor expoente de 3 é 1, por isso

$$(36, 48, 72) = 2^2 3 = 12.$$

Agora suponhamos que o número m seja múltiplo dos números $a, b, c, \cdots f$, ou seja, cada número $a, b, c, \cdots$ e f divide m. Então dizemos que m é múltiplo comum dos números $a, b, c, \cdots f$, Por exemplo, os números $96, 192$ e 288 são múltiplos dos números 24 e 32. Assim

Definição 2.5 *O menor dos múltiplos comuns dos números* $a, b, c, \cdots f$, *chama-se mínimo múltiplo comum destes números.*

Para denotar o mínimo múltiplo comum dos números naturais $a, b, c, \cdots f$, usamos

$$MMC \text{ de } a, b, c, \cdots, f = [a, b, c, \cdots, f]$$

Por exemplo

$$[120, 252] = 2520, \; [150, 180, 240] = 3600.$$

Em forma geral, podemos indicar o processo de busca do mmc de dois números, $[a, b]$ da seguinte forma. Primeiramente escrevamos cada número na forma de produto de fatores primos:

$$\begin{aligned} a &= p_1^{k_1} \cdot p_2^{k_2} \cdots p_n^{k_n} \\ b &= q_1^{l_1} \cdot q_2^{l_2} \cdots q_m^{l_m} \end{aligned}$$

Pode acontecer que todos os números $p_1, p_2, \cdots, p_n$ sejam diferentes dos números $q_1, q_2, \cdots, q_m$, então neste caso, os números a e b são mutuamente primos e o $[a, b] = ab$. Agora, se alguns fatores entre os $p_1, p_2, \cdots, p_n$ são iguais a alguns fatores de $q_1, q_2, \cdots, q_m$, então o $[a, b]$ é igual ao produto de todos os fatores comuns e não comuns, cujos expoentes são os maiores entre os k_n e l_m.
Considere os números 360 e 252. Vamos calcular o $[360, 252]$.

$$\begin{aligned} 360 &= 2^3 \cdot 3^2 \cdot 5 \\ 252 &= 2^2 \cdot 3^3 \cdot 7 \end{aligned}$$

Observamos que os fatores primos de 360 são 2, 3 e 5 e os fatores primos de 252 são 2, 3 e 7. O maior expoente de 2 é 3, o maior expoente de 3 é 3, o maior expoente de 5 é 1 e o maior expoente de 7 é 1, por isso

$$[360, 252] = 2^3 \cdot 3^3 \cdot 5 \cdot 7 = 7560.$$

De forma análoga encontram-se o mmc para mais de dois números.

2.4 Números Inteiros

O sistema dos números naturais apresenta uma grande deficiência quando tentamos encontrar uma solução de uma equação simples de primeiro grau, isto é, dada uma equação da forma $m + x = n$ com $n, m \in \mathbb{N}$. Esta equação nem sempre possui uma solução em

$\mathbb{N}$. Por exemplo a equação $6+x = 10$ tem como solução $x = 4 \in \mathbb{N}$, mas, a equação $8+x = 5$, não tem solução no conjunto dos números naturais. Como superar esta dificuldade?

Esta dificuldade pode ser "superada" se ampliarmos o conjunto dos naturais $\mathbb{N}$ para um conjunto maior onde possamos resolver equações do tipo acima. Assim, podemos construir o conjunto dos números inteiros $\mathbb{Z}$ como o conjunto que contém o conjunto dos números naturais, e no qual estão definidas as operações de adição e multiplicação herdadas de $\mathbb{N}$, e além disto, $\mathbb{Z}$ possua as seguintes propriedades:

- $\mathbb{Z}$ possui um elemento neutro chamado zero, que denotaremos por 0, com a seguinte propriedade, $n+0 = 0+n = n, \quad \forall n \in \mathbb{Z}$.

- Toda equação da forma $n + x = m$ admite uma única solução em $\mathbb{Z}$, para quaisquer $n, m \in \mathbb{Z}$.

Se $m = 0$, temos $n + x = 0$ e dizemos que x é o oposto de n e o denotamos por $-n$.

Como antes, o elemento $1 \in \mathbb{N}$ também é o elemento neutro com relação a multiplicação em $\mathbb{Z}$, isto é, dado $m \in \mathbb{Z}$, $1m = m1 = m$.

Se escrevermos

$$-\mathbb{N} = \{\cdots, -3, -2, -1\},$$

podemos escrever em linguagem matemática o conjunto dos inteiros como sendo a união disjunta: $\mathbb{Z} = \mathbb{N} \cup \{0\} \cup (-\mathbb{N})$, ou seja,

$$\mathbb{Z} = \{\ldots, -3, -2, -1, 0, 1, 2, 3, \ldots\}.$$

Claramente $\mathbb{N} \subset \mathbb{Z}$.

Assim, podemos classificar os números inteiros em três tipos:

1. Inteiros positivos ou números naturais;

2. Zero

3. Inteiros negativos, números naturais opostos ou inversos.

O número zero 0, não é positivo nem negativo.

Agora podemos definir a operação substração ou diferença no conjunto $\mathbb{Z}$, da seguinte forma:

$$a - b = a + (-b); \quad a - (-b) = a + b.$$

Para a multiplicação de dois números inteiros, introduzimos a lei de sinais. Consideremos dois números positivos a e b, então

$$(-a).b = a.(-b) = -ab; \quad (-a).(-b) = ab.$$

Em particular $(-1).a = -a$. Desta forma, o produto de dois números inteiros de diferentes sinais, é um número negativo e o produto dois números inteiros de sinais iguais, é um número positivo. Também, qualquer número multiplicado por zero é zero.
Assim, por tudo que foi dito acima, podemos dizer que $\mathbb{Z}$ é um anel.

Exemplo 2.16

$$\begin{array}{l} (+3).(+7) = +21 = 21 \\ (+5).(-8) = -40 \\ (-7).(-4) = +28 = 28 \\ (4).0 = 0. \end{array}$$

Observação 2.4 *Por simplicidade os números naturais se escrevem sem o sinal +. Por exemplo, no lugar de +7, escrevemos simplesmente 7.*

Proposição 2.1 *O conjunto dos números inteiros $\mathbb{Z}$ é enumerável.*

Prova: Para verificar este fato, basta estabelecer uma correspondência entre todos os números inteiros e todos os números naturais. Por exemplo, o seguinte esquema estabelece essa correspondência;

$$\begin{array}{cccccc} 0 & -1 & 1 & -2 & 2 & \dots \\ 1 & 2 & 3 & 4 & 5 & \dots \end{array}$$

Em geral, podemos escrever explicitamente essa correspondência como uma função $f : \mathbb{Z} \to \mathbb{N}$ bijetora da seguinte forma;

$$f(n) = \begin{cases} 2n+1, & \text{se } n \geq 0, \\ 2|n|, & \text{se } n < 0, \end{cases}$$

onde, $|n|$ representa o módulo ou valor absoluto de um número inteiro n, e é definido como sendo o maior valor entre o número n e seu elemento oposto $-n$. ■

Exemplo 2.17

$$\begin{aligned} |4| &= 4 \\ |-5| &= 5 \\ |0| &= 0. \end{aligned}$$

O sistema dos números inteiros apresenta a seguinte deficiência óbvia: dada uma equação da forma $mx = n$ com $n, m \in \mathbb{Z}$, vemos que nem sempre estas equações possuem uma solução em $\mathbb{Z}$. Por exemplo a equação $7x = 14$ tem como solução $x = 2 \in \mathbb{Z}$, mas, a equação $9x = 13$ não tem solução no conjunto dos números inteiros. Como sanar essa dificuldade?

2.5 Números Racionais

Como vimos na seção anterior, nem sempre equações da forma $nx = m$ possuem solução em $\mathbb{Z}$ dados $n, m \in \mathbb{Z}$. Esta dificuldade pode ser "suprida" se ampliarmos o conjunto dos inteiros $\mathbb{Z}$ para um conjunto maior onde possamos resolver equações do tipo acima. Assim, podemos construir o conjunto dos números racionais $\mathbb{Q}$

como o conjunto que contém o conjunto dos números inteiros, isto é,

$$\mathbb{Q} = \{\frac{m}{n};\ m, n \in \mathbb{Z},\ n \neq 0\}.$$

Uma fração da forma $\frac{m}{1}$ pode ser identificada com o inteiro m. Esta identificação, permite dizer que $\mathbb{Q}$ contém $\mathbb{Z}$ como um subconjunto próprio, e além disso,

$$\mathbb{N} \subset \mathbb{Z} \subset \mathbb{Q}.$$

Definimos as operações de adição, multiplicação e igualdade em $\mathbb{Q}$ da seguinte forma:

- **Adição:** $\dfrac{m}{n} + \dfrac{s}{t} = \dfrac{mt + ns}{nt}$, $n \neq 0, t \neq 0$.
- **Multiplicação:** $\dfrac{m}{n} \cdot \dfrac{s}{t} = \dfrac{ms}{nt}$, $n \neq 0, t \neq 0$.
- **Igualdade:** $\dfrac{m}{n} = \dfrac{s}{t} \iff mt = ns$, $n \neq 0, t \neq 0$.

Esta última operação nos permite escrever um número racional em infinitas formas:

$$\frac{2}{3} = \frac{4}{6} = \frac{10}{15} = \cdots$$

Além de gozar das propriedades associativa, comutativa e existência dos elementos neutros (0 para a adição e 1 para a multiplicação), $\mathbb{Q}$ satisfaz as propriedades de existência do elemento inverso aditivo e do inverso multiplicativo, isto é, se $p \in \mathbb{Q}$, então $-p \in \mathbb{Q}$, e se $0 \neq p \in \mathbb{Q}$, então $\frac{1}{p} \in \mathbb{Q}$, ou seja,

$$p + (-p) = 0, \quad p\left(\frac{1}{p}\right) = 1.$$

2.5.1 Potências com expoentes Racionais

Podemos estender a operação potência de um número natural definida em $\mathbb{N}$ para potência de números racionais com expoentes racionais. Primeiramente vamos considerar expoentes inteiros. Sejam m, l dois números naturais arbitrários com $m > l$ e a racional, então

$$\frac{a^m}{a^l} = a^{m-l}. \tag{2.2}$$

De fato,

$$a^m = a^{l+(m-l)} = a^l a^{m-l},$$

donde

$$\boxed{a^{m-l} = \frac{a^m}{a^l}.}$$

Exemplo 2.18

$$\frac{3^4}{3^5} = 3^{4-5} = 3^{-1} = \frac{1}{3}.$$

A potência nula do número $a \neq 0$, escreve-se por definição:

$$a^0 = 1. \tag{2.3}$$

Desta forma a igualdade (2.3) fica bem definida se em (2.2) escrevemos $m = l$.

Agora consideremos $l > m$, ou seja quando $m - l < 0$. Vamos introduzir a definição de potência de expoente negativo.

A potência do número $a \neq 0$, com expoente negativo $-k, k \in \mathbb{N}$ escreve-se por definição:

$$a^{-k} = \frac{1}{a^k}. \tag{2.4}$$

A potência nula e negativa do número 0 não está definida.

Óbvio que todas as operações com expoentes naturais conservam-se e para o caso de expoentes negativos.

Assim, por exemplo,

$$a^{-m}a^{-n} = \frac{1}{a^m}\frac{1}{a^n} = \frac{1}{a^{m+n}} = a^{-m-n}.$$

Exemplo 2.19 *Calcular:* $\dfrac{2^{-3}.3^5.6^4}{2.3^9.6^{-2}}$

Usando o fato que $6 = 2.3$ e usando as regras de expoentes inteiros, obtemos:

$$\frac{2^{-3}.3^5.6^4}{2.3^9.6^{-2}} = \frac{2^{-3}.3^5.2^4.3^4}{2.3^9.2^{-2}.3^{-2}} = \frac{2.3^9}{2^{-1}.3^7} = 2^2.3^2 = 36.$$

Raízes

Se $n > 1$ um número natural e a e b números racionais com

$$b^n = a$$

então o número b chama-se raiz n-ésima do número a, cuja potência n-ésima é igual a a.

Denotamos por $\sqrt[n]{a} = a^{\frac{1}{n}}$ a raiz nésima de a. Cabe observar que:

$$\sqrt[n]{a^n} = a, \quad \text{se n é ímpar} \quad \text{e}$$

$$\sqrt[n]{a^n} = |a|, \quad \text{se n é par.}$$

Assim por exemplo,

$$\sqrt[7]{(-5)^7} = -5, \quad \text{mas} \qquad \sqrt[4]{(-9)^4} = |-9| = 9.$$

Agora indiquemos algumas operações relacionadas a raiz:

- Raiz de um produto: $\sqrt[m]{ab} = \sqrt[m]{a}.\sqrt[m]{b}$.

- Potência de uma raiz: $\left(\sqrt[m]{a}\right)^k = \sqrt[m]{a^k}$.

- Raiz de uma fração: $\sqrt[m]{\dfrac{a}{b}} = \dfrac{\sqrt[m]{a}}{\sqrt[m]{b}}$.

- Forma exponencial da raiz: $\sqrt[m]{a^k} = a^{k/m}$.

- Raiz de uma raiz: $\sqrt[l]{\sqrt[m]{a}} = \sqrt[lm]{a}$.

Exemplo 2.20 *Simplifique as seguintes expressões:*

1. $\sqrt[3]{3}\sqrt[4]{9}\sqrt[6]{81}$;

2. $\dfrac{\sqrt[5]{9}\sqrt[5]{40}\sqrt[4]{4}}{\sqrt[5]{25}\sqrt{2}}$.

1. Primeiramente observamos que

$$\sqrt[3]{3} = \sqrt[3.4]{3^4} = \sqrt[12]{3^4};$$
$$\sqrt[4]{9} = \sqrt[4.3]{9^3} = \sqrt[12]{(3^2)^3} = \sqrt[12]{3^6};$$
$$\sqrt[6]{81} = \sqrt[6.2]{81^2} = \sqrt[12]{(3^4)^2} = \sqrt[12]{3^8},$$

por isso,

$$\sqrt[3]{3}\sqrt[4]{9}\sqrt[6]{81} = \sqrt[12]{3^4}.\sqrt[12]{3^6}.\sqrt[12]{3^8} = \sqrt[12]{3^{18}} = 3^{\frac{18}{12}} = 3^{\frac{3}{2}} = \sqrt{27}.$$

2.

$$\begin{aligned}\frac{\sqrt[5]{9}\sqrt[3]{40}\sqrt[4]{4}}{\sqrt[5]{25}\sqrt{2}} &= \frac{\sqrt[5]{9}\sqrt[5]{2^3.5}\sqrt[4]{2^2}}{\sqrt[5]{5^2}\sqrt{2}} = \\ &= \frac{\sqrt[5]{9}\sqrt[5]{2^3}\sqrt[5]{5}\sqrt{2}}{\sqrt[5]{5^2}\sqrt{2}} = \\ &= \frac{\sqrt[5]{9}\sqrt[5]{8}}{\sqrt[5]{5}} = \\ &= \frac{\sqrt[5]{72}}{\sqrt[5]{5}} = \\ &= \sqrt[5]{\frac{72}{5}}.\end{aligned}$$

$\mathbb{Q}_+$

Podemos definir um subconjunto $\mathbb{Q}_+$ em $\mathbb{Q}$ como sendo,

$$\mathbb{Q}_+ = \{\frac{m}{n};\ m, n \in \mathbb{Z},\quad n \neq 0,\quad mn \in \mathbb{N}\},$$

isto é, o subconjunto dos racionais positivos. Este conjunto possui as seguintes propriedades:

1. $\mathbb{Q}_+$ é fechado com relação as operações de adição e multiplicação em $\mathbb{Q}$, isto é,

$$p, q \in \mathbb{Q}_+, \text{ então } p+q, \quad pq \in \mathbb{Q}_+.$$

2. Dado $p \in \mathbb{Q}$, então uma das afirmações a seguir é verdadeira:

$$\text{ou } p = 0 \quad \text{ou} \quad p \in \mathbb{Q}_+ \quad \text{ou} \quad -p \in \mathbb{Q}_+.$$

A relação de ordem " $<$ " introduzida em $\mathbb{Q}$: $p < q$, se $q - p \in \mathbb{Q}_+$, generaliza a relação de ordem introduzida em $\mathbb{Z}$ que por sua vez generaliza a relação de ordem introduzida em $\mathbb{N}$.

De forma análoga, como foi indicado nos conjuntos dos números $\mathbb{N}$ e $\mathbb{Z}$, podemos enunciar o seguinte resultado:

Teorema 2.3 *O conjunto $\mathbb{Q}$ é fechado com relação as operações de adição e multiplicação.*

De tudo o que foi dito anteriormente, para o conjunto dos números racionais, destacamos a seguinte propriedade importante:

O conjunto $\mathbb{Q}$, munido das operações de adição e multiplicação e satisfazendo os axiomas da relação de ordem constitui um corpo ordenado

Cada número racional q que não seja inteiro, encontra-se entre dois números inteiros consecutivos: $n < q < n+1$. Por exemplo,

$$2 < \frac{7}{3} < 3, \quad 0 < \frac{15}{21} < 1, \quad -3 < -\frac{11}{5} < -2.$$

Agora vamos introduzir a definição de parte inteira de um número.

Definição 2.6 *Seja q um número racional. Define-se parte inteira de q ao maior número inteiro menor ou igual que o próprio número.*

Vamos denotar a parte inteira de um número q por $[q]$.

Exemplo 2.21

$$[\frac{7}{3}] = 2, \quad [\frac{13}{23}] = 0, \quad [-\frac{14}{3}] = -5, \quad [-8] = -8.$$

Da definição acima é fácil ver que a diferença entre um número q e sua parte inteira $[q]$ é a parte decimal de q; ou seja

$$0 \le q - [q] < 1.$$

Mais especificamente,

$$q = [q] + h, \qquad 0 \le h < 1.$$

Exemplo 2.22

$$\frac{7}{3} = 2 + \frac{1}{3}, \quad -\frac{9}{4} = -3 + \frac{3}{4}, \quad -\frac{6}{5} = -2 + \frac{4}{5}.$$

Números Racionais como Decimais Finitos e Decimais Periódicos

Quando o número racional (ou seja, fração) é dividido, o resultado será na forma decimal, que pode ser decimal finito ou decimal repetido ou periódica.

Um decimal finito é um número decimal que termina após algumas casas decimais. Por exemplo, $3,54$, $86,2349$ são decimais finitos. Os decimais finitos são facilmente transformados a frações. Um decimal periódico é um número decimal que se repete com um padrão regular. Por exemplo $3,666\cdots = 3,\overline{6}$ e $34,232323\cdots = 34,\overline{23}$ são decimais periódicos.

Exemplo 2.23

$$\begin{aligned} 3,54 &= \frac{3}{1} + \frac{5}{10} + \frac{4}{100} \\ &= \frac{354}{100} \\ &= \frac{177}{50}. \end{aligned}$$

Exemplo 2.24

$$
\begin{aligned}
86,2349 &= \frac{86}{1} + \frac{2}{10} + \frac{3}{100} + \frac{4}{1000} + \frac{9}{10000} \\
&= \frac{862349}{10000}.
\end{aligned}
$$

Exemplo 2.25 *Vamos escrever o decimal periódico* $3,\overline{6}$ *em forma de fração.*

De fato, seja $N = 3,\overline{6}$, então $10N = 36,\overline{6}$. Substraindo N de $10N$ temos $9N = 33$. Donde

$$N = \frac{33}{9} = \frac{11}{3}.$$

Exemplo 2.26 *Vamos escrever o decimal periódico* $3,\overline{272}$ *em forma de fração.*

De fato, seja $N = 3,\overline{272}$, então $1000N = 3272,\overline{272}$. Substraindo N de $1000N$ temos $999N = 3269$. Donde

$$N = \frac{3269}{999}.$$

2.5.2 Algoritmo de Euclides e o MDC de dois Números

Um algoritmo eficiente para encontrar o máximo divisor comum de dois inteiros. O algoritmo recebeu o nome do matemático grego Euclides[2], que o descreveu pela primeira vez nos livros VII e X do Principia. É um dos algoritmos numéricos mais antigos usados nos tempos modernos. O máximo divisor comum (MDC), visto na seção 2.3, é um número que divide dois números sem resto e é divisível sem resto por qualquer outro divisor desses dois números. Sejam a e b dois números inteiros com $b > 0$. A divisão de a por

[2]Euclides de Alexandria, foi um matemático platônico e escritor grego, muitas vezes referido como o “Pai da Geometria”(século 3 a.C)

b pode ser exata se a é múltiplo de b ou pode ser inexata se b não é divisor de a. Assim, podemos escrever a divisão $\frac{a}{b}$ na seguinte forma:

$$\frac{a}{b} = s + h, \quad 0 \leq h < 1,$$

donde

$$a = bs + bh = bs + r, \tag{2.5}$$

com $bh = r$. Aqui, s chama-se quociente e r, resto da divisão de a por b. É fácil ver que $0 \leq r < b$. Se $a, b \in \mathbb{N}$, o método da busca do MDC de a e b, $MDC(a, b)$, chamado de algoritmo de Euclides, baseia-se no processo de divisão com resto (2.5).

Dados dois números naturais a e b com $b < a$. Realizemos a divisão de a por b. Se a divide-se por a, então $MDC(a, b) = b$. Caso a não seja divisível por b, obtemos por (2.5)

$$a = bs_1 + r_1, \quad r_1 < b. \tag{2.6}$$

Agora vamos dividir b por r_1; se r_1 divide b, então $(a, b) = r_1$.
Se b divide-se por r_1 com resto, então chegamos a seguinte igualdade

$$b = s_2 r_1 + r_2, \quad r_2 < r_1. \tag{2.7}$$

De novo, dividindo r_1 por r_2, temos duas possibilidades, se r_1 é múltiplo de r_2, então o $(a, b) = r_2$. Se r_1 divide-se por r_2 com resto, obtemos

$$r_1 = s_3 r_2 + r_3, \quad r_3 < r_2.$$

E novamente vamos dividir r_2 por r_3 e ter duas possibilidades, se r_3 divide r_2, então o $(a, b) = r_3$. Caso contrário,

$$r_2 = s_4 r_3 + r_4, \quad r_4 < r_3.$$

Obviamente o processo termina em algum passo: os números $b, r_1, r_2, \cdots$, formam uma sequência finita decrescente. Se r_k é o último termo da sequência, então $(a, b) = r_k$, mas se o último termo da sequência é 1, então dizemos que os números a e b são primos.

Exemplo 2.27 *Encontre o* $MDC(180, 162)$

Primeiramente observamos

$$\begin{aligned} 180 &= 2^2.3^2.5 \\ 162 &= 2.3^4 \end{aligned}$$

Daqui $MDC(180, 162) = 2.3^2 = 18$.
Agora usemos o algoritmo de Euclides:

$$180 = 162.1 + 18, \quad r_1 = 18.$$

Agora dividimos $b = 162$ por $r_1 = 18$

$$162 = 18.9, \quad r_2 = 0.$$

Como a divisão feita acima não tem resto, concluimos que $(180, 162) = r_1 = 18$.

Exemplo 2.28 *Encontre o* $MDC(190, 860)$

Primeiramente observamos

$$\begin{aligned} 190 &= 2.5.19 \\ 860 &= 2^2.5.43 \end{aligned}$$

Daqui $MDC(190, 860) = 2.5 = 10$.
O MDC dos números 190 e 860, pelo algoritmo de Euclides calcula-se assim:

$$860 = 190.4 + 100, \quad r_1 = 100.$$

Agora dividimos $b = 190$ por $r_1 = 100$

$$190 = 100.1 + 90, \quad r_2 = 90.$$

continuando com o processo, $b = 100$ por $r_3 = 90$

$$100 = 90.1 + 10, \quad r_4 = 10.$$

Finalmente

$$90 = 10.9 + 0$$

Como a divisão feita acima não tem resto, concluimos que $MDC(190, 860) = r_4 = 10$.

2.5.3 Algumas Propriedades de $\mathbb{Q}$

A seguir daremos algumas propriedades importantes de $\mathbb{Q}$.

Proposição 2.2 *Se p e q são números racionais, tais que $p < q$, então podemos encontrar infinitos números racionais entre p e q.*

Prova Sendo $p < q$, podemos escolher um número racional $r = \dfrac{q-p}{n}$, onde $n \in \mathbb{N}$ tal que os números racionais

$$p + r, p + 2r, \ldots, p + (n-1)r$$

estão entre p e q. Em virtude de n ser um número natural qualquer, segue a afirmação. ■

Em particular se $n = 2$, temos

$$p < p + r = \frac{p+q}{2} < q.$$

Resumindo, a Proposição 2.2 nos diz que, não há dois números racionais adjacentes, ao contrário dos conjuntos de números naturais e inteiros.

Exemplo 2.29 *Se a, b, c, d são números positivos tais que $\dfrac{a}{b} < \dfrac{c}{d}$, então*

$$\frac{a}{b} < \frac{a+c}{b+d} < \frac{c}{d}.$$

Da desigualdade $\dfrac{a}{b} < \dfrac{c}{d}$ segue que $ad < bc$:

1. $$\begin{aligned} ad + ab &< bc + ab \\ a(b+d) &< b(a+c) \\ \frac{a}{b} &< \frac{a+c}{b+d} \end{aligned}$$

2. $$\begin{aligned} ad + dc &< bc + dc \\ d(a+c) &< c(b+d) \\ \frac{a+c}{b+d} &< \frac{c}{d}. \end{aligned}$$

Donde segue que

$$\frac{a}{b} < \frac{a+c}{b+d} < \frac{c}{d}. \quad \blacksquare$$

Proposição 2.3 *O conjunto dos números racionais $\mathbb{Q}$ é enumerável.*

Prova: Seja $\alpha = \dfrac{p}{q}$, $q > 0$ um número racional arbitrário. Para evitar números repetidos, suponhamos que α seja irredutível, isto é, p e q são primos entre si ($mdc(p,q) = 1$). Chamaremos altura do número racional α a soma $|p| + q$, onde o módulo ou valor absoluto de um número racional p é o maior valor entre o número p e o seu elemento oposto $-p$, ou seja $|p| = \max\{-p, p\}$.
Da definição de altura, observamos que o número de frações de altura dada é finita. Por exemplo, à altura 3 correspondem 4 frações: $\frac{2}{1}, \frac{1}{2}, \frac{-2}{1}, \frac{-1}{2}$. Agora podemos organizar todos os números racionais segundo sua altura, isto é, primeiro os números de altura 1, depois os números de altura 2, etc. Desta forma cada número racional possui seu número, e isto significa que está estabelecida uma correspondência biunívoca entre $\mathbb{N}$ e o conjunto dos números racionais $\mathbb{Q}$. $\blacksquare$

Proposição 2.4 *Para qualquer número racional q, sempre existe um número inteiro n, tal que $q < n$.*

Esta afirmação também é conhecida como Propriedade Arquimediana[3] de $\mathbb{Q}$.
Prova: Vamos negar a tese, isto é, existe $q \in \mathbb{Q}$ tal que $n \leq q$ para todo $n \in \mathbb{N}$. Ou seja q é uma cota superior de $\mathbb{N}$, e pela definição de supremo em $\mathbb{Q}$, existe $\beta \in \mathbb{Q}$ tal que $\beta = \sup \mathbb{N}$. Isto significa que para o número $\beta - 1$ existe $n \in \mathbb{N}$ tal que $n > \beta - 1$. Mas, então $n + 1 > \beta$ e $n + 1 \in \mathbb{N}$, o que contradiz o fato que $\beta = \sup \mathbb{N}$. $\blacksquare$

Corolário 2.1 *Se p e q são dois números racionais com $p > 0$, então existe um inteiro positivo n tal que $np > q$.*

[3] Arquimedes de Siracusa (287-212 a.c.), matemático grego

Prova: Como $p \neq 0$, então existe o número racional $\dfrac{q}{p}$, e pela Proposição 2.4 encontramos um inteiro n tal que $n > \dfrac{q}{p} \iff np > q$. ■

2.6 Números Irracionais

Uma grande deficiência do corpo dos racionais é dada pela seguinte afirmação:

Proposição 2.5 *Não existe um número racional cujo quadrado seja igual a 2.*

Prova: De fato, seja $r = \dfrac{p}{q} \in \mathbb{Q}$, onde p e q são primos[4] entre si, isto é, o $MDC(p,q) = 1$. Suponhamos que $\left(\dfrac{p}{q}\right)^2 = 2$, então $p^2 = 2q^2$. Como todo número inteiro multiplicado por 2 é par, resulta que p^2 é par, logo p é par, ou seja $p = 2k$, $k \in \mathbb{Z}$. Portanto, de $p^2 = (2k)^2 = 2 \cdot 2k^2 = 2q^2$, segue que $2k^2 = q^2$. Daqui concluimos que q é par. Absurdo, pois p e q são números primos. Portanto a suposição acima é falsa, e isto implica que não existe $r \in \mathbb{Q}$ tal que, $r^2 = 2$. ■

Definição 2.7 *Um número chama-se irracional se não é racional, isto é, não pode ser escrito como o quociente de dois números inteiros.*

Também podemos dizer que, um número é irracional se sua parte decimal não termina e não é periódica. Por exemplo

$$2,3476890253221054\cdots \; ; \quad \sqrt{5} = 2,236067978\cdots$$

[4] um número é primo quando é divisível por 1 e por ele mesmo

são números irracionais.
A notação que usamos para denotar o conjunto dos números irracionais é $\mathbb{R}\backslash\mathbb{Q}$. Existem infinitos números irracionais, entre eles os mais famosos são: o número π e o número de Euler e.

Mostremos como poderíamos introduzir alguns números irracionais a partir da raiz quadrada. Vamos tentar com a raiz quadrada do número 3.

$$\begin{aligned}
1^2 &< 3 < 2^2 \\
1,7^2 &< 3 < 1,8^2 \\
1,73^2 &< 3 < 1,74^2 \\
1,732^2 &< 3 < 1,733^2 \\
1,7320^2 &< 3 < 1,7321^2 \\
1,73205^2 &< 3 < 1,73216^2 \\
1,732050^2 &< 3 < 1,732151^2 \\
1,7320508^2 &< 3 < 1,7320509^2 \\
\cdots &< 3 < \cdots
\end{aligned}$$

Assim, calculamos $\sqrt{3}$ com exatidão de até 7 decimais:

$$\sqrt{3} = 1,7320508.$$

Exemplo 2.30 *Escreva um número irracional entre* 2 *e* 3.

Os números entre os quadrados de 2 e 3: 4 e 9, são $5, 6, 7$ e 8, por isso a raiz quadrada de qualquer estes números está entre 2 e 3. Por exemplo

$$\sqrt{7} = 2,6457513\cdots$$

Teorema 2.4 *Se p é um número primo positivo, então $\sqrt{p}$ é irracional.*

Prova: Já foi provado acima a afirmação para um caso particular quando $p = 2$. Vamos supor que $\sqrt{p}$ não seja irracional. Então $\sqrt{p} = \dfrac{m}{n}$ com $MDC(m,n) = 1$. Elevando ao quadrado $\sqrt{p}$, temos $p = \left(\dfrac{m}{n}\right)^2$, ou seja $n^2p = m^2$. Como m e n são primos entre si, segue que $^p|_{m^2}$ (p divide m^2) e portanto $^p|_m$, ou seja $m = pl$, $l \in \mathbb{Z}$. Substituindo m na igualdade acima, temos $n^2p = p^2l^2$ e simplificando obtemos $n^2 = pl^2$. Isto significa que $^p|_{n^2}$, portanto $^p|_n$. Segue portanto, que p é um fator comum dos números m e n. Absurdo, pois $MDC(m, n) = 1$. E isto mostra que $\sqrt{p}$ é irracional. ■

Exercício 2.6.1 *Mostre que $\sqrt[3]{18}$ é um número irracional.*

2.7 Números Reais

A teoria desenvolvida até aqui nos permite apontar duas grandes deficiências no corpo dos racionais: a primeira, não existe um racional cujo quadrado seja igual a 2(o número 2 é simbólico, poderíamos citar outros números, como por exemplo, 7, 12, etc.), e a segunda, existem conjuntos limitados superiormente que não possuem supremo ($\{x \in \mathbb{Q}; x^2 < 2\}$) e conjuntos limitados inferiormente que não possuem ínfimo ($\{x \in \mathbb{Q}; x^2 > 2\}$) pertencentes ao conjunto dos números racionais.

Agora, queremos definir(vamos supor a existência dele) um novo corpo ordenado que contenha propriamente $\mathbb{Q}$, chamado de corpo dos números reais $\mathbb{R}$, para o qual vale o resultado conhecido como cortes de Dedekind[5], [10], [5].

Teorema 2.5 (Princípio de Dedekind) *Se o conjunto $\mathbb{R}$ dos números reais é dividido em dois conjuntos não vazios disjuntos, isto é,*

$$\mathbb{R} = A \cup B, \quad A \cap B = \emptyset$$

tais que, todo $a \in A$ é menor que qualquer $b \in B$, então ou existe um número σ que é o maior entre todos os números pertencentes a A e o conjunto B não tem menor elemento, ou existe um número σ que é o menor entre todos os números pertencentes a B, e o conjunto A não tem maior elemento.

[5]Julius Wilhelm Richard Dedekind (1831-1916), matemático alemão

Uma forma equivalente de expressar o teorema anterior é mediante a seguinte afirmação;

Teorema 2.6 *Todo subconjunto $E \subset \mathbb{R}$ limitado superiormente(inferiormente), possui supremo(ínfimo).*

Um corpo ordenado para o qual vale o teorema anterior, chama-se corpo ordenado completo.
Assim, $\mathbb{R}$ **é um corpo ordenado completo.**

Como o conjunto dos racionais $\mathbb{Q}$ e o conjunto dos irracionais $\mathbb{R}\backslash\mathbb{Q}$ são disjuntos, temos

$$\mathbb{R} = \mathbb{Q} \cup \mathbb{R}\backslash\mathbb{Q}.$$

2.7.1 Propriedade Arquimediana de $\mathbb{R}$

A Propriedade Arquimediana apresentada para os números racionais também vale para o corpo dos reais.

Teorema 2.7 (Princípio de Arquimedes) *Para qualquer $r \in \mathbb{R}$ existe $n \in \mathbb{N}$ tal que $n > r$.*

Prova: Suponhamos que a tese do Teorema não vale. Isto significa que existe $r \in \mathbb{R}$; $n \leq r$ para todo $n \in \mathbb{N}$. Ou seja r é uma cota superior de $\mathbb{N}$, e pelo Teorema 2.6, existe $\alpha \in \mathbb{R}$ tal que $\alpha = \sup \mathbb{N}$. Isto significa que para o número $\alpha - 1$ existe $n \in \mathbb{N}$ tal que $n > \alpha - 1$. Mas, então $n + 1 > \alpha$ e $n + 1 \in \mathbb{N}$, o que contradiz o fato que $\alpha = \sup \mathbb{N}$. ∎

Corolário 2.2 *Sejam $a, b \in \mathbb{R}$ com $a > 0$, então existe um $n \in \mathbb{N}$ tal que $na > b$.*

Prova: Basta multiplicar a desigualdade $n > r$ na tese do Princípio de Arquimedes, pelo número real positivo a : $n.a > a.r$ e denotar $a.r$ por b. ∎

Agora estabeleceremos duas propriedades importantes do $\mathbb{R}$: o conjunto dos números racionais $\mathbb{Q}$ e o conjunto dos números irracionais $\mathbb{R}\backslash\mathbb{Q}$ são conjuntos densos em $\mathbb{R}$.
Apresentaremos agora o conceito de densidade no conjunto $\mathbb{R}$.

Definição 2.8 *Um conjunto $X \subset \mathbb{R}$ chama-se denso em $\mathbb{R}$ quando todo intervalo aberto (a, b) contém algum ponto de X.*

Ver a definição de intervalo aberto (a, b) na subseção 3.1.2.

Proposição 2.6 (Densidade dos Racionais em $\mathbb{R}$) *Sejam a e b dois números reais arbitrários tais que $a < b$, então existe um $s \in \mathbb{Q}$ tal que $a < s < b$.*

Prova: Como $b > a$, então $b - a > 0$. Podemos aplicar a propriedade Arquimediana para os números $b - a$ e 1. Então existe um número natural n_o tal que, $n_o(b - a) > 1$, donde $b > a + \dfrac{1}{n_o}$.

Consideremos o conjunto $M = \{m \in \mathbb{N}; m > n_o a\}$. Pelo Príncipio da Boa Ordenação, existe $m_o \in \mathbb{N}$ tal que $m_o > n_o a$ e $m_o - 1 \leq n_o a$.
Segue daqui que

$$a < \frac{m_o}{n_o} \leq \frac{1}{n_o} + a < b.$$

Podemos escolher $r = \dfrac{m_o}{n_o} \in \mathbb{Q}$, e concluir que $a < r < b$. ■

Proposição 2.7 (Densidade dos Irracionais em $\mathbb{R}$) *Sejam a e b dois números reais arbitrários com $a < b$, então existe um $\xi \in \mathbb{R}\backslash\mathbb{Q}$ tal que $a < \xi < b$.*

Prova: Sejam a e b dois números reais arbitrários com $a < b$. Então $a + \sqrt[5]{7} < b + \sqrt[5]{7}$. Observamos que $a + \sqrt[5]{7}$ e $b + \sqrt[5]{7}$ são números reais, então pela proposição anterior, existe um $s \in \mathbb{Q}$ tal que

$$a + \sqrt[5]{7} < s < b + \sqrt[5]{7}, \text{ ou } a < s - \sqrt[5]{7} < b.$$

Escrevendo $\xi = s - \sqrt[5]{7} \in \mathbb{R}\backslash\mathbb{Q}$, temos $a < \xi < b$. ■

Observação 2.7.1 *Note que a escolha do número irracional $\sqrt[5]{7}$ foi totalmente arbitrária, isto é, podemos escolher qualquer outro número irracional.*

2.7.2 Valor Absoluto de um Número Real

A relação de ordem definida em $\mathbb{Q}$ e estendida para $\mathbb{R}$ permite definir o valor absoluto ou módulo de um número $x \in \mathbb{R}$, como sendo,

$$|x| = \begin{cases} \quad x, & \text{se } x \geq 0 \\ - \quad x, & \text{se } x < 0 \end{cases}$$

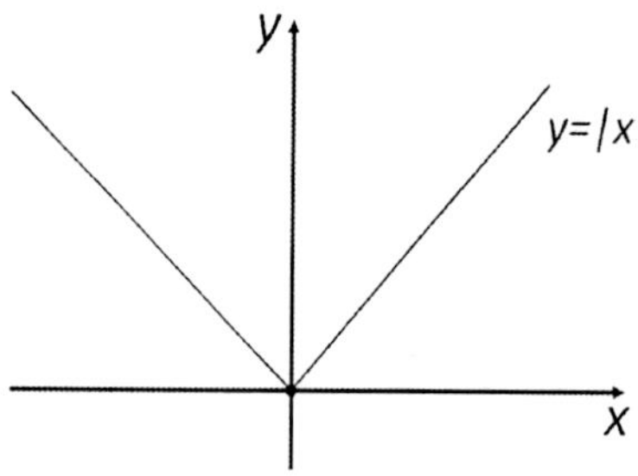

Figura 2.2: Gráfico de $y = |x|$

Em outras palavras, $|x| = \max\{x, -x\}$.

Exemplo 2.31

$$\begin{array}{lll} \textit{Se} \;\; x = 12, & \textit{então} & |x| = 12; \\ \textit{Se} \;\; x = -7, & \textit{então} & |x| = |-7| = -(-7) = 7. \end{array}$$

Uma consequência imediata da definição de módulo de um número é a seguinte afirmação

Lema 2.1 *Para qualquer número real x, vale a seguinte relação:*

$$-|x| \leq x \leq |x|.$$

Prova: Analisemos dois casos;

1. Suponha que $x \geq 0$. Então $x = |x| \geq 0$ e $-|x| \leq 0$, e portanto

$$-|x| \leq x \leq |x|.$$

2. Suponha que $x < 0$. Então $|x| \geq 0$ e $x < |x|$. Como $|x| = -x$ ou $-|x| = x$, segue que;

$$-|x| \leq x \leq |x|. \quad \blacksquare$$

Mais geralmente, podemos observar que

$$|x| < \varepsilon,$$

significa

$$\begin{aligned} x &< \varepsilon \\ -x &< \varepsilon \end{aligned}$$

ou é equivalente as duas desigualdades

$$-\varepsilon < x < \varepsilon, \quad x, \varepsilon \in \mathbb{R}, \varepsilon > 0.$$

Portanto a desigualdade

$$|x - y| < \varepsilon \tag{2.8}$$

é equivalente às desigualdades

$$y - \varepsilon < x < y + \varepsilon, \quad x, y, \varepsilon \in \mathbb{R}, \varepsilon > 0.$$

Exemplo 2.32 *resolva a seguinte desigualdade*

$$|x - 1| < 4$$

Da desigualdade (2.8), obtemos

$$|x - 1| < 4 \iff -4 + 1 < x < 4 + 1,$$

donde $-3 < x < 5$.

O valor absoluto de um número real goza das seguintes propriedades:

Teorema 2.8 *Para números reais arbitrários x, y, temos*

1. *$|x| \geq 0$, para todo x, e $|x| = 0 \iff x = 0$.*

2. *$|xy| = |x||y|$ e $|\frac{x}{y}| = \frac{|x|}{|y|}$ se $y \neq 0$.*

3. *$|x + y| \leq |x| + |y|$* (**desigualdade triangular**).

4. *$||x| - |y|| \leq |x - y|$.*

Prova:

1. Se $x \geq 0$ então $|x| = x$, se $x < 0$, então $|x| = -x > 0$. Em ambos os casos $|x| \geq 0$.
   Se $x = 0, |x| = x = 0$ por definição. Se $x \neq 0$, então $x < 0$ ou $x > 0$. Se $x < 0$, então $|x| = -x > 0$, se $x > 0, |x| = x > 0$. Nestes dois casos temos $|x| \neq 0$.

2. Se um dos x ou y for nulo a igualdade na multiplicação é óbvia. Suponhamos que $x, y \neq 0$. Analisemos três casos:

   (a) $x > 0$ e $y > 0$; então $|x| = x$ e $|y| = y$, logo
   $$|xy| = xy = |x||y|.$$
   (b) $x > 0$ e $y < 0$; então $|x| = x$ e $|y| = -y$, logo
   $$|xy| = x(-y) = |x||y|.$$
   (c) $x < 0$ e $y < 0$; então $|x| = -x$ e $|y| = -y$, logo
   $$|xy| = (-x)(-y) = |x||y|.$$

   Para mostrar que $|\frac{x}{y}| = \frac{|x|}{|y|}$, escrevamos $\frac{x}{y} = z$, então $x = y \cdot z$. Usando o resultado anterior, temos
   $$|x| = |yz| = |y||z|, \text{ donde } |z| = \frac{|x|}{|y|} \text{ ou } |\frac{x}{y}| = \frac{|x|}{|y|}.$$

3. Como
$$-|x| \leq x \leq |x|,$$
também
$$-|y| \leq y \leq |y|,$$
então
$$-(|x| + |y|) \leq x + y \leq |x| + |y|.$$
Usando a forma equivalente destas desigualdades, obtemos
$$|x + y| \leq |x| + |y|.$$

4. Escrevamos $|x|$ da seguinte forma;

$|x| = |x - y + y| \leq |x - y| + |y|$, pela desigualdade triangular.

Assim
$$|x| - |y| \leq |x - y|.$$
De forma similar, obtemos
$$|y| - |x| \leq |x - y|, \quad \text{ou} \quad |x| - |y| \geq -|x - y|.$$
Por definição, $||x| - |y||$ é um dos números $|x| - |y|$ ou $-(|x| - |y|)$.
Assim,
$$-|x - y| \leq |x| - |y| \leq |x - y| \;\Rightarrow\; ||x| - |y|| \leq |x - y|.$$

2.7.3 Intervalos

Vamos definir agora uma classe de subconjuntos de $\mathbb{R}$, chamados de intervalos limitados. Dados $c, d \in \mathbb{R}$ com $c < d$, então

$(c, d) = \{x \in \mathbb{R};\ c < x < d\}$ é um intervalo aberto,
$[c, d) = \{x \in \mathbb{R};\ c \leq x < d\}$ é um intervalo fechado à esquerda,
$(c, d] = \{x \in \mathbb{R};\ c < x \leq d\}$ é um intervalo fechado à direita,
$[c, d] = \{x \in \mathbb{R};\ c \leq x \leq d\}$ é um intervalo fechado.

Introduziremos os símbolos $+\infty$ e $-\infty$ para indicar mais infinito e menos infinito respectivamente.
Observe que $+\infty$ e $-\infty$ não são números.

Definição 2.9 *Chamamos de extensão de* $\mathbb{R}$ *ao conjunto* $\overline{\mathbb{R}}$ *formado por* $\mathbb{R}$, $+\infty$ *e* $-\infty$.

Em $\overline{\mathbb{R}}$ temos as seguintes operações:

1. se $x \in \mathbb{R}$, temos

$$\begin{aligned} x + (+\infty) &= +\infty \qquad & x + (-\infty) = -\infty, \\ x - (+\infty) &= -\infty \qquad & x - (-\infty) = +\infty. \end{aligned}$$

2. Se $x > 0$,

$$x \cdot (+\infty) = +\infty, \qquad x \cdot (-\infty) = -\infty.$$

3. Se $x < 0$,

$$x \cdot (+\infty) = -\infty, \qquad x \cdot (-\infty) = +\infty.$$

4.

$$(+\infty) + (+\infty) = (+\infty) \cdot (+\infty) = (-\infty) \cdot (-\infty) = +\infty.$$

$$(-\infty) + (-\infty) = (+\infty) \cdot (-\infty) = -\infty.$$

Agora estamos em condições de definir intervalos infinitos:

$$\begin{aligned} (-\infty, c) &= \{x \in \mathbb{R};\ x < c\}, \qquad & (-\infty, c] = \{x \in \mathbb{R};\ x \leq c\} \\ (c, +\infty) &= \{x \in \mathbb{R};\ x > c\}, \qquad & [c, +\infty) = \{x \in \mathbb{R};\ x \geq c\}. \end{aligned}$$

Assim o próprio $\mathbb{R}$ é considerado como um intervalo da forma $(-\infty, +\infty)$, chamado de reta numérica.

2.7.4 $\mathbb{R}$ não é Enumerável

Já foi mostrado na seção anterior que o conjunto dos números racionais $\mathbb{Q}$ é enumerável, mas o corpo $\mathbb{R}$ não é enumerável.

Teorema 2.9 *O conjunto dos números reais não é enumerável.*

Prova: É suficiente mostrar que o intervalo aberto $(0,1) \subset \mathbb{R}$ não é enumerável. Suponhamos que exista uma enumeração(lista) de todos os números reais α, pertencentes ao intervalo $(0,1)$, em que cada número do intervalo $(0,1)$ é exibido com a sua representação decimal, ou seja:

$$(0,1) = \{\alpha_1, \alpha_2, \ldots, \alpha_n, \ldots\}, \text{com}$$

$$\begin{cases} \alpha_1 & = 0, a_{11}a_{12}a_{13}\ldots a_{1n}\ldots, \\ \alpha_2 & = 0, a_{21}a_{22}a_{23}\ldots a_{2n}\ldots, \\ \alpha_3 & = 0, a_{31}a_{32}a_{33}\ldots a_{3n}\ldots, \\ \vdots & = \vdots \\ \alpha_n & = 0, a_{n1}a_{n2}a_{n3}\ldots a_{nn}\ldots, \\ \vdots & = \vdots \end{cases}$$

onde a_{ik} é o $k-$ ésimo algarismo decimal do número α_i. Vamos mostrar que existe ao menos um elemento $\beta \in (0,1)$ da forma,

$$\beta = 0, b_1b_2b_3\ldots b_n\ldots$$

que não pertence a lista acima. De fato, o número β é tal que

$$b_n = \begin{cases} 3, & \text{se } a_{nn} \geq 5 \\ 8, & \text{se } a_{nn} < 5. \end{cases}$$

Assim, $\beta \neq \alpha_1$, pois $b_1 \neq a_{11}$, $\beta \neq \alpha_2$, pois $b_2 \neq a_{22}$ e assim por diante $b_n \neq a_{nn}, \forall n \in \mathbb{N}$, logo $\beta \neq \alpha_n, \forall n \in \mathbb{N}$. Daqui segue que não exista nenhuma lista que possa enumerar todos os números reais do intervalo $(0,1)$. Como o intervalo $(0,1)$ é um subconjunto de $\mathbb{R}$, que não é enumerável, segue que $\mathbb{R}$ não é enumerável. ∎

Corolário 2.3 *O conjunto dos números irracionais $\mathbb{R}\backslash\mathbb{Q}$ não é enumerável.*

Prova: Como os conjuntos $\mathbb{Q}$ e $\mathbb{R}\backslash\mathbb{Q}$ são disjuntos, isto é, $\mathbb{Q} \cap \mathbb{R}\backslash\mathbb{Q} = \emptyset$, então já sabemos que podemos escrever $\mathbb{R}$ como a união :

$$\mathbb{R} = \mathbb{Q} \cup \mathbb{R}\backslash\mathbb{Q}.$$

$\mathbb{Q}$ é enumerável e $\mathbb{R}$ não é enumerável, portanto, $\mathbb{R}\backslash\mathbb{Q}$ não é enumerável. ∎

2.8 Exercícios do Capítulo 2

1. Calcule o máximo comum divisor, MDC dos seguintes números:

   (a) $MDC(861, 637)$;

   (b) $MDC(1001, 7623)$;

   (c) $MDC(8085, 7623)$;

   (d) $MDC(123, 124)$;

   (e) $MDC(2n, 2n + 2)$;

   (f) $MDC(2520, 2700)$.

2. Calcule o mínimo múltiplo comum, MMC dos seguintes números:

   (a) $MMC(21, 15)$;

   (b) $MMC(9, 27, 45)$;

   (c) $MMC(360, 108)$;

   (d) $MMC(32, 48)$;

   (e) $MMC(1089, 297)$;

   (f) $MMC(2, 3, 4, 5, 6, 7)$.

3. Se $n \in \mathbb{N}$ e $n < a < n + 1$, então $a \notin \mathbb{N}$.

4. Mostre o seguinte resultado (*Teorema dos Intervalos Encaixantes*):
   "Para cada $n \in \mathbb{N}$, seja I_n um intervalo limitado fechado de $\mathbb{R}$ e suponha que

   $$I_n \supset I_{n+1}, \ \forall n \in \mathbb{N},$$

   então, $\displaystyle\bigcap_{n \in \mathbb{N}} I_n \neq \emptyset$."

5. Mostre que $|x^n| = |x|^n, \forall n \in \mathbb{N}$.

6. Para todo $x, y, z \in \mathbb{R}$, mostre que

   $$|x - y| \leq |x - z| + |y - z|.$$

7. Definamos por $d(x, y) = |x - y|$ a distância de x a y. Mostre que

   $$d(x, z) \leq d(x, y) + d(y, z), \quad \forall x, y, z \in \mathbb{R}.$$

8. Demonstre a seguinte igualdade: $\sqrt{a^2} = |a|$.

9. Quais dos seguintes números é maior?
   (a) $3^{\frac{1}{2}}$ ou $3^{\frac{2}{3}}$;
   (b) $\left(\frac{1}{2}\right)^{7,2}$ ou $\left(\frac{1}{2}\right)^{7}$;
   (c) $\sqrt[9]{7^6}$ ou $\sqrt[10]{7^9}$;
   (d) $\sqrt[3]{\left(\frac{13}{15}\right)^{16}}$ ou $\sqrt[100]{\left(\frac{13}{15}\right)^{534}}$.

10. Simplifique as seguintes expressões:

(a) $\left(\frac{1}{2}\right)^{12} .4^{\frac{\sqrt{3}}{2}} . \left(\frac{1}{8}\right)^{\sqrt{27}} .16^3$

(b) $\frac{12^{\sqrt{48}}}{4^{\sqrt{108}}} . \frac{2^{27\sqrt{3}}}{6^{\sqrt{27}}}$;

(c) $\left[\left(\sqrt[3]{3}\right)^{\sqrt{3}}\right]^{-2\sqrt{3}}$;

(d) $\left[\left(\sqrt{8}\right)^{-\frac{14}{3}}\right]^{\frac{\sqrt{3}}{28}}$.

11. Calcule

$$\sqrt[3]{\frac{14}{125} + \sqrt{\frac{3}{5} - \frac{11}{25}}}.$$

12. Se $3^{5a} = 1024$. Calcule 3^{-a}.

13. Resolva as seguintes inequações

(a) $|x - 2| < 3$;

(b) $|2x - 1| < 1$;

(c) $|x - 1| < |x + 2|$.

14. Prove que

(a)

$$1^2 + 2^2 + 3^2 + \ldots + n^2 = \frac{n(n+1)(2n+1)}{6}.$$

(b)

$$1^3 + 2^3 + 3^3 + \ldots + n^3 = \frac{n^2(n+1)^2}{4}.$$

15. (Desigualdade de J. Bernoulli). Se $x > -1$ e $n \in \mathbb{N}$, então verifique
$$(1+x)^n \geq 1 + nx.$$
Estude o caso quando é atingido a igualdade.

16. Escreva em ordem crescente os seguintes números $2\sqrt{3}, 3\sqrt{2}, 4$.

17. Mostre que $\sqrt{57}$ pertence ao intervalo $(7, 8)$;

18. Mostre que $\sqrt{6} - \sqrt{2} - \sqrt{3}$ é um número irracional.

19. É verdade que o produto de dois números irracionais é um número irracional?

20. Use indução matemática para provar que
$$\left|\sum_{k=1}^{n} a_k\right| \leq \sum_{k=1}^{n} |a_k|.$$

21. Mostre que se $0 \leq a < b$, então $a^2 < b^2$. A hipótese $a \geq 0$ é necessária. Dê um contraexemplo que a conclusão é falsa se $a < b \leq 0$.

22. Seja $L = \{\frac{1}{n}; n \in \mathbb{N}\}$. Mostre que L é limitado e encontre o $\sup L$ e $\inf L$.

23. Sejam $c < d$. Mostre que a desigualdade $|x - c| < |x - d|$ é equivalente a desigualdade
$$x < \frac{c+d}{2}.$$

24. Seja $n \in \mathbb{N}$, $n > 1$. Então $\sqrt[n]{2} \notin \mathbb{Q}$.

25. Sejam $x, y, \sqrt{x} - \sqrt{y}$ números racionais. Mostre que $\sqrt{x}$ e $\sqrt{y}$ são números racionais.

26. Mostre que

$$a_1a_2 + a_2a_3 + a_3a_4 + \ldots + a_na_1 \leq a_1^2 + a_2^2 + a_3^2 + \ldots + a_n^2.$$

27. Mostre que $\sqrt{3} \notin \mathbb{Q}$.

28. Demonstre que os conjuntos $[a, b]$ e $[c, d]$ com a, b, c e d reais diferentes possuem o mesmo número de elementos(equivalentes).

29. Mostre que podemos estabelecer uma correspondência biunívoca entre os elementos do conjunto $(0, 1)$ e o conjunto de todos os pontos da reta numérica $\mathbb{R}$.

Respostas e Soluções do Capítulo 2

1. (a) 7;

   (b) 77;

   (c) 231;

   (d) 1;

(e) 2;

(f) 60.

2. (a) 105;

(b) 135;

(c) 1080;

(d) 96;

(e) 3267;

(f) 420

3. Suponhamos que $a \in \mathbb{N}$, de $n < a < n+1$, segue da primeira desigualdade que $a \geq n+1$ e da segunda desigualdade $n+1 > a \geq n+1$ o que contradiz a hipótese que $a \in \mathbb{N}$.

4. Suponha $I_n = [x_n, y_n]$, então $x_1 \leq x_2 \leq x_3 \leq \ldots \leq y_3 \leq y_2 \leq y_1$. Mostre que o conjunto $M = \{x_1, x_2, x_3, \ldots, y_3, y_2, y_1\}$ possui supremo.

5. $|x^n| = |\underbrace{x.x.x\ldots x}_{n \text{ vezes}}| = |x||\underbrace{x.x\ldots x}_{n-1 \text{ vezes}}| = |x||x||\underbrace{x.x\ldots x}_{n-2 \text{ vezes}}| = \ldots = \underbrace{|x||x||x|\ldots|x|}_{n \text{ vezes}} = |x|^n$.

6. $|x-y| = |x-z+z-y| \leq |x-z| + |y-z|$.

7. $d(x,z) = |x-z| \leq |x-y| + |y-z| = d(x,y) + d(y,z)$.

8. $\sqrt{a^2} = \begin{cases} a & \text{se } a \geq 0 \\ -a & \text{se } a < 0 \end{cases} = |a|$

9. (a) $3^{\frac{1}{2}} < 3^{\frac{2}{3}}$;

   (b) $\left(\frac{1}{2}\right)^{7,2} < \left(\frac{1}{2}\right)^{7}$;

   (c) $\sqrt[9]{7^6} < \sqrt[10]{7^9}$;

   (d) $\sqrt[3]{\left(\frac{13}{15}\right)^{16}} > \sqrt[100]{\left(\frac{13}{15}\right)^{534}}$.

10. (a) $\left(4^{\sqrt{3}}\right)^{-4}$;

    (b) $6.2^{19\sqrt{3}}$;

    (c) $\frac{1}{9}$;

    (d) $2^{-\frac{\sqrt{3}}{4}}$.

11. $\sqrt[3]{\frac{14}{125} + \sqrt{\frac{3}{5} - \frac{11}{25}}} = \sqrt[3]{\frac{14}{125} + \sqrt{\frac{4}{25}}} = \frac{4}{5}$.

12. De $3^{5a} = 1024$, temos $3^a = 4$. Donde, $3^{-a} = \frac{1}{4}$.

13. (a) $|x - 2| < 3 \iff x - 2 < 3$ e $-(x - 2) < 3$ segue daqui $-1 < x < 5$.

    (b) $|2x - 1| < 1 \iff 2x - 1 < 1$ e $-(2x - 1) < 1$, donde $0 < x < 1$.

(c) $|x-1| < |x+2| \iff |x-1| - |x-2| < 0$, donde $x > 1/2$.

14. Prove que

(a) A igualdade vale para $n = 1$. Suponha válido para $n = k$, isto é,

$$1^2 + 2^2 + 3^2 + \ldots k^2 = \frac{k(k+1)(2k+1)}{6}.$$

Mostremos que vale para $n = k+1$. De fato

$$\begin{aligned} & 1^2 + 2^2 + 3^2 + \ldots k^2 + (k+1)^2 = \\ & = \frac{k(k+1)(2k+1)}{6} + (k+1)^2 \\ & = \frac{k(k+1)(2k+1) + 6(k+1)^2}{6} = \\ & = \frac{(k+1)\left[(2k^2+k) + 6(k+1)\right]}{6} \\ & = \frac{(k+1)\left[(k+2)(2k+3)\right]}{6} = \\ & = \frac{(k+1)(k+1+1)(2(k+1)+1}{6}. \end{aligned}$$

(b) Análogo ao caso anterior.

15. (Desigualdade de J. Bernoulli). Quando $n = 1$, temos $(1+x)^1 = 1 + (1)x$. Supondo que a desigualdade vale para $n = k$, mostremos que vale para $n = k+1$;

$$\begin{aligned} (1+x)^{k+1} & = (1+x)(1+x)^k \geq (1+x)(1+kx) = \\ & = 1 + (k+1)x + kx^2 \geq 1 + (k+1)x. \end{aligned}$$

16. $2\sqrt{3} = \sqrt{12}$, $3\sqrt{2} = \sqrt{18}$, $4\sqrt{16}$. Por isto,

$$2\sqrt{3} < 4 < 3\sqrt{2}.$$

17. Veja, $\sqrt{49} < \sqrt{57} < \sqrt{64}$, donde $7 < \sqrt{57} < 8$;

18. A soma e diferença de dois números irracionais diferentes não é nula.

19. Depende. $\sqrt{3}.\sqrt{27} = \sqrt{81} = 9$, número racional.

20.

$$
\begin{aligned}
\Big|\sum_{k=1}^{n} a_k\Big| &= |a_1 + a_2 + a_3 + \ldots + a_n| \leq |a_1| + |a_2 + a_3 + \ldots a_n| \\
&\leq |a_1| + |a_2| + |a_3 + a_4 + \ldots a_n| \\
&\leq |a_1| + |a_2| + |a_3| + |a_4 + \ldots a_n| \leq \\
&\leq |a_1| + |a_2| + |a_3| + \ldots |a_n| \\
&= \sum_{k=1}^{n} |a_k|.
\end{aligned}
$$

21. Se $0 \leq a$, então $a^2 < ab$ e $ab < b^2$ donde $a^2 < b^2$. Se $a < b \leq 0$, então $a^2 > ab$ e $ab > b^2$, donde $a^2 > b^2$.

22. Como $L = \{\frac{1}{n}; n \in \mathbb{N}\} = \{1, 1/2, 1/3, 1/4, \ldots, 1/n, \ldots\}$. É fácil ver que $0 < \frac{1}{n} \leq 1, \quad \forall \frac{1}{n} \in L$. Daqui $\sup L = 1$ e $\inf L = 0$.

23. Quando $c < d$. $|x - c| - |x - d| < 0 \iff 2x < c + d$, donde $x < \dfrac{c+d}{2}$.

24. Asuma que $\sqrt[n]{2} \in \mathbb{Q}$, ou seja $\sqrt[n]{2} = \dfrac{p}{q}$, com $MDC(p, q) = 1$ e chegue a uma contradição.

25. Veja, $\left(\sqrt{x}+\sqrt{y}\right)\left(\sqrt{x}-\sqrt{y}\right) = x-y$, donde $\sqrt{x}+\sqrt{y}$ é racional. Assim

$$\begin{aligned} \sqrt{x} &= \frac{\sqrt{x}+\sqrt{y}+\left(\sqrt{x}-\sqrt{y}\right)}{2} \quad \text{racional} \\ \sqrt{y} &= \frac{\sqrt{x}+\sqrt{y}-\left(\sqrt{x}-\sqrt{y}\right)}{2} \quad \text{racional} \end{aligned}$$

26. Como $(a_i - a_j)^2 \geq 0,\ i,j = 1,2,\ldots,n$, segue

$$\begin{aligned} a_1^2 + a_2^2 &\geq 2a_1a_2 \\ a_1^2 + a_n^2 &\geq 2a_1a_n \\ a_2^2 + a_3^2 &\geq 2a_2a_3 \\ a_3^2 + a_4^2 &\geq 2a_3a_4 \\ \vdots &\geq \vdots \\ a_{n-1}^2 + a_n^2 &\geq 2a_{n-1}a_n \end{aligned}$$

Somando estas desigualdades, obtemos $2a_1^2+2a_2^2+\ldots+2a_n^2 \geq 2a_1a_2 + 2a_2a_3 + \ldots + 2a_na_1$, donde

$$a_1a_2 + a_2a_3 + a_3a_4 + \ldots + a_na_1 \leq a_1^2 + a_2^2 + a_3^2 + \ldots + a_n^2.$$

27. Suponha $\sqrt{3} \in \mathbb{Q}$, ou seja $\sqrt{3} = p/q$ com $MDC(P,q) = 1$, então $3 = p^2/q^2$, ou seja $p^2 = 3q^2$, donde $3\Big|_p$, isto é, $p = 3k$, por isso $9k^2 = 3q^2$, segue daqui que $3\Big|_q$, isto é $q = 3t$. Donde observamos que p e q são divisíveis por 3, o que contradiz a hipótese deles serem primos.

28. Basta considerar o segmento $[c,d]$ como sendo a base CD de um triângulo CBD e o segmento $[a,b]$ como sendo um segmento paralalelo a base CD traçada a partir dos lados CB e BD. Assim o segmento que começa em B e corta os segmentos $[c,d]$ e $[C,D]$ realiza esta equivalência.

29. A aplicação $\dfrac{2}{\pi}\operatorname{arctg} x$ realiza a equivalência.

Capítulo 3

Binômio de Newton. Progressão Aritmética e Progressão Geométrica

3.1 Binômio de Newton

O binômio de Newton[1] é um algoritmo (fórmula) que permite calcular a soma de dois números (binômio) elevado a uma certa potência.

Consideremos as seguintes expressões com potências de $(a+b)^n$,

[1]Isaac Newton, eminente matemático, físico, astrônomo, teólogo e autor inglês amplamente reconhecido como um dos cientistas mais influentes de todos os tempos (1643-1727)

Figura 3.1: Isaac Newton

em que $a, b \in \mathbb{R}$ e $n = 0, 1, 2, 3, 4, 5, 6$:

$$\begin{aligned}
(a+b)^1 &= a+b \\
(a+b)^2 &= (a+b)(a+b) = a^2+2ab+b^2 \\
(a+b)^3 &= (a+b)^2(a+b) = a^3+3a^2b+3ab^2+b^3 \\
(a+b)^4 &= (a+b)^3(a+b) = a^4+4a^3b+6a^2b^2+4ab^3+b^4 \\
(a+b)^5 &= (a+b)^4(a+b) = a^5+5a^4b+10a^3b^2+10a^2b^3+5ab^4+b^5 \\
(a+b)^6 &= (a+b)^5(a+b) = a^6+6a^4b+15a^3b^2+20a^2b^3+ \\
& +15ab^4+6b^5+b^6 \\
\cdots &= \cdots
\end{aligned} \tag{3.1}$$

Em cada desenvolvimento destas potências podemos observar:

1. O número de termos de cada binômio é sempre maior em 1 que o expoente n;

2. A potência de cada termo no desenvolvimento é igual a n. Por exemplo, no binômio $(a+b)^4$, todos os termos têm potência 4:

   $a^4 \to 4,\ \ 4a^3b \to 3{+}1,\ \ 6a^2b^2 \to 2{+}2,\ \ 4ab^3 \to 1{+}3,\ \ b^4 \to 4.$

3. O primeiro termo, a, começa com a potência n e termina com a potência 0, enquanto o segundo termo, b, começa com a potência 0 e termina com a potência n;

4. Os coeficientes dos binômios de Newton, começam com 1, aumentam em certos valores até "a metade" do desenvolvimento e depois diminuem nos mesmos valores até 1.

Veja, para entender o binômio de Newton, precisamos conhecer os coeficientes que aparecem nos desenvolvimentos, e isto é justamente o Triângulo de Pascal.

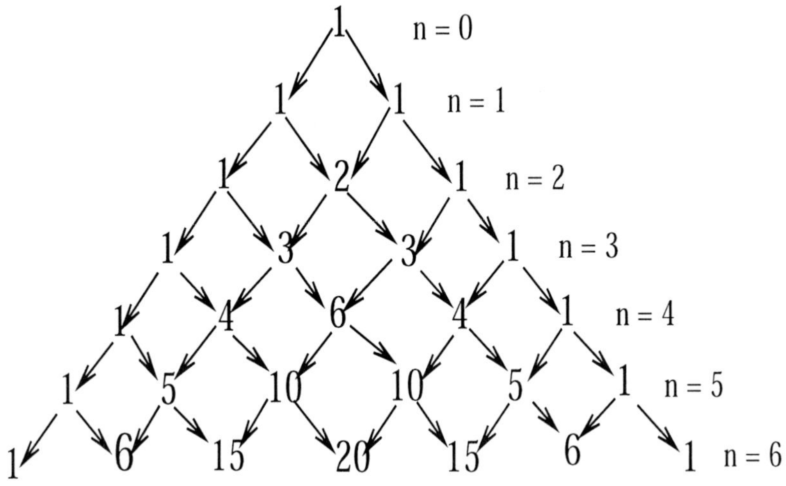

Figura 3.2: Triângulo de Pascal

O triângulo de Pascal é uma tabela triangular de números, que funciona da seguinte forma:
Escrevemos o número 1 (este será o vértice do triângulo) no começo e final de cada linha e todos os outros números em cada linha são obtidos somando os números esquerdo e direito da linha anterior, conforme o gráfico 3.1:

Da figura acima, vemos que é fácil encontrar os coeficientes do binômio de Newton para $n = 7$:

$$1 \quad 7 \quad 21 \quad 35 \quad 35 \quad 21 \quad 7 \quad 1$$

por isso

$$(a+b)^7 = a^7 + 7a^6b + 21a^5b^2 + 35a^4b^3 + 35a^3b^4 + 21a^2b^5 + 7ab^6 + b^7.$$

Uma enorme dificuldade para encontrar o desenvolvimento do binômio de Newton para n grande é a grande quantidade de linhas que devemos encontrar no triângulo de Pascal. Por isso, é mais conveniente usar outra estratégia para seu desenvolvimento, o fatorial de um número natural.

Um Pouco de Análise Combinatória

Através da Análise Combinatória podemos determinar a quantidade de distribuição de dados elementos numa ordem conhecida. Para nossos propósitos (binômio de Newton), será necessário introduzir definições simples dessa teoria. Precisamente, determinaremos número de arranjos, o fatorial de um número e combinações [7].

Sejam n elementos dados. Como a natureza destes elementos não nos interessa, listamos todos eles numa ordem conhecida, e no lugar dos n elementos, consideremos números:

$$\{1, 2, 3, 4, 5, ..., n\} \tag{3.2}$$

e falamos somente de números.

Dois arranjos dos n números (3.2) contendo m números se diferenciam um do outro ou pelos números ou pela ordem de suas sequências.

Exemplo 3.1 *Usando os três números* $1, 2, 3$ *podemos formar 6 arranjos com 2 números distintos:*

$$1, 2; \quad 2, 1; \quad 1, 3; \quad 3, 1; \quad 2, 3; \quad 3, 2.$$

Definição 3.1 *Denotamos por* A_m^n *a quantidade de arranjos com* m *elementos tomados dentre os* n *números dados* $(m < n)$.

Usando o Princípio Multiplicativo da Análise Combinatória, podemos mostrar que:

$$A_m^n = n(n-1)(n-2)\cdots(n-m+1) = \frac{n!}{(n-m)!}. \qquad (3.3)$$

Definição 3.2 *Chamamos Permutação de* n *números os arranjos dos* n *números (3.2) contendo* n *elementos, isto é* $P_n = A_n^n$.

De (3.3), segue que

$$\begin{aligned} P_n &= n(n-1)(n-2)(n-3)\cdots([n-(n-1)] = \\ &= n(n-1)(n-2)(n-3)\cdots 3.2.1 = \\ &= n! \end{aligned}$$

Assim, temos que

$$P_n = n! \qquad (3.4)$$

Deste modo, $P_5 = 5! = 5.4.3.2.1 = 120$.

Exemplo 3.2 *Com os elementos do conjunto de três números* $\{1, 2, 3\}$ *podemos formar 6 permutações:*

$$1,2,3;\ 1,3,2;\ 2,1,3;\ 2,3,1;\ 3,1,2;\ 3,2,1$$

Exemplo 3.3 *Quantas são as permutações das letras da palavra ANANIAS?*

A palavra ANANIAS possui sete letras, sendo duas repetidas: três vezes (A) e duas vezes (N). Assim, uma permutação das letras da palavra ANANIAS é uma permutação com repetição. Observe que, para cada permutação possível das seis letras, não criaremos uma nova permutação se permutarmos as três letras A e/ou as duas letras N. Portanto, o total de permutação das seis letras da palavra ANANIAS é igual a

$$P(6,3,2) = \frac{!7}{3!2!} = 420.$$

Exemplo 3.4 *Lançando 3 dados, de quantas maneiras obteremos uma soma igual a 11?.*

Ao lançarmos três dados, obteremos uma soma dos números das faces de cima dos dados com um total igual a 11 nas seguintes situações:

$$6,4,1;\ 6,3,2;\ 5,4,2$$
$$5,5,1;\ 5,3,3;\ 4,4,3$$

Em cada uma das três primeiras situações as permutações são simples e o total delas é $3! + 3! + 3! = 6 + 6 + 6 = 18$.
Cada uma das três últimas são permutaçõoes com repetições e o total delas é:

$$\frac{3!}{2!} + \frac{3!}{2!} + \frac{3!}{2!} = 3 + 3 + 3 = 9.$$

Portanto, a resposta é: $18 + 9 = 27$.

Combinações

Definição 3.3 *As Combinações de n elementos tomados m a m é a quantidade de arranjos de n números tomados m a m que se diferenciam um do outro ao menos por um número.*

Exemplo 3.5 *Com os elementos do conjunto* $1, 2, 3, 4$ *podemos formar as seguintes combinações de 3 elementos:*

$$1,2,3;\ 1,2,4;\ 1,3,4;\ 2,3,4.$$

O número C_m^n de combinações de n números tomados m a m expressa-se pela fórmula:

$$C_m^n = \frac{A_m^n}{P_n} = \frac{n(n-1)(n-2)\cdots[n-(m-1)]}{1.2.3\cdots m}.$$

Multiplicando o numerador e denominador da última expressão por $(n-m)!$, obtemos

$$C_m^n = \frac{n!}{m!(n-m)!}. \tag{3.5}$$

Forma Binomial de Newton

Assim, a fórmula geral do binômio de Newton pode ser escrita através dos coeficientes binomiais C_n^m, da seguinte forma:

$$\begin{aligned}(a+b)^n &= \sum_{k=0}^{n} C_k^n a^{n-k} b^k \\ &= C_0^n a^n b^0 + C_1^n a^{n-1} b^1 + C_2^n a^{n-2} b^2 + \cdots + C_{n-1}^n a^1 b^{n-1} + C_n^n a^0 b^n \\ &= a^n + C_1^n a^{n-1} b + C_2^n a^{n-2} b^2 + \cdots + C_{n-1}^n a b^{n-1} + C_n^n b^n.\end{aligned} \tag{3.6}$$

Pela fórmula (3.5), facilmente calculam-se $C_1^n, C_2^n, \cdots, C_{n-1}^n, C_n^n$.

Exemplo 3.6 *Mostre que*

$$C_k^n + C_{k+1}^n = C_{k+1}^{n+1}$$

De fato,

$$\begin{aligned}C_k^n + C_{k+1}^n &= \frac{n!}{k!(n-k)!} + \frac{n!}{(k+1)!(n-k-1)!} \\ &= \frac{n!}{k!(n-k)(n-k-1)!} + \frac{n!}{(k+1)k!(n-k-1)!} \\ &= \frac{n!}{k!(n-k-1)!}\left[\frac{1}{n-k} + \frac{1}{k+1}\right] \\ &= \frac{n!}{k!(n-k-1)!}\left[\frac{n+1}{(n-k)(k+1)}\right] \\ &= \frac{n!(n+1)}{k!(k+1)(n-k-1)!(n-k)} \\ &= \frac{(n+1)!}{(k+1)!(n-k)!} \\ &= C_{k+1}^{n+1}.\end{aligned}$$

Usando a fórmula (3.6), vamos verificar as fórmulas da igualdade

(3.1):

$$
\begin{aligned}
(a+b)^1 &= \sum_{k=0}^{1} C_k^1 a^{1-k} b^k = C_0^1 a + C_1^1 b = a + b \\
(a+b)^2 &= \sum_{k=0}^{2} C_k^2 a^{2-k} b^k = \\
&= C_0^2 a^2 + C_1^2 ab + C_2^2 b^2 = a^2 + 2ab + b^2 \\
(a+b)^3 &= \sum_{k=0}^{3} C_k^3 a^{3-k} b^k = \\
&= C_0^3 a^3 + C_1^3 a^2 b + C_2^3 ab^2 + C_3^3 b^3 = a^3 + 3a^2 b + 3ab^2 + b^3 \\
(a+b)^4 &= \sum_{k=0}^{4} C_k^4 a^{4-k} b^k = \\
&= C_0^4 a^4 + C_1^4 a^3 b + C_2^4 a^2 b^2 + C_3^4 ab^3 + C_4^4 b^4 = \\
&= a^4 + 4a^3 b + 6a^2 b^2 + 4ab^3 + b^4 \\
(a+b)^5 &= \sum_{k=0}^{5} C_k^5 a^{5-k} b^k = \\
&= C_0^5 a^5 + C_1^5 a^4 b + C_2^5 a^3 b^2 + C_3^5 a^2 b^3 + C_4^5 ab^4 + C_5^5 b^5 = \\
&= a^5 + 5a^4 b + 10a^3 b^2 + 10a^2 b^3 + 5ab^4 + b^5 \\
(a+b)^6 &= \sum_{k=0}^{6} C_k^6 a^{6-k} b^k = \\
&= C_0^6 a^6 + C_1^6 a^5 b + C_2^6 a^4 b^2 + C_3^6 a^3 b^3 + C_4^6 a^2 b^4 + C_5^6 ab^5 + C_6^6 b^6 \\
&= a^6 + 6a^4 b + 15a^3 b^2 + 20a^2 b^3 + 15ab^4 + 6b^5 + b^6 \\
\cdots &= \cdots
\end{aligned}
$$

Exemplo 3.7 *Desenvolva* $(2x - y^2)^4$.

Pela fórmula (3.1), tem-se $a = 2x, b = -y^2, n = 4$, por isso:

$$
\begin{aligned}
&(2x - y^2)^4 = \\
&= (2x)^4 + 4(2x)^3(-y^2) + 6(2x)^2(-y^2)^2 + 4(2x)(-y^2)^3 + (-y^2)^4 \\
&= 2^4 x^4 + 4.2^3 x^3(-y^2) + 6.2^2 x^2 (-1)^2 (y^2)^2 + 4.2x(-1)^3 (y^2)^3 + (-1)^4 (y^2 \\
&= 16x^4 - 32x^3 y^2 + 24x^2 y^4 - 8xy^6 + y^8.
\end{aligned}
$$

Exemplo 3.8 *Encontre o* 5° *termo no desenvolvimento*

$$(3x - 4y)^7$$

Veja, não precisamos encontrar todo o desenvolvimento do bonômio, apenas o 5° termo. Para isto observamos:
$C_0^n a^n$ dá o primeiro termo, $C_1^n a^{n-1}b$ dá o segundo termo, $C_2^n a^{n-2}b^2$ dá o terceiro termo, etc.
Assim, o 5° termo é dado por:

$$C_4^7 a^{7-4} b^4 = C_4^7 (3x)^3 (-4y)^4 = 35.3^3.4^4 x^5 y^4 = 241,920 x^3 y^4.$$

Exemplo 3.9 *Encontre o termo intermediário do desenvolvimento*

$$\left(x^2 - \frac{1}{\sqrt[3]{x}}\right)^8$$

É fácil ver que o binômio $\left(x^2 - \frac{1}{\sqrt[3]{x}}\right)^8$ têm 9 termos, por isso, o termo intermediário é o termo 5°:

$$C_4^8 a^4 b^4 = C_4^8 (x^2)^4 \left(-\frac{1}{\sqrt[3]{x}}\right)^4 = 70(x^2)^4 \left(x^{-1/3}\right)^4 = 70x^{\frac{20}{3}}.$$

Exemplo 3.10 *Qual é o termo no desenvolvimento binomial*

$$\left(\frac{1}{x^2} - \sqrt[4]{x}\right)^{18}$$

que independe de x?

Para que o termo do desenvolvimento não contenha x, o expoente de x deve ser 0. Suponhamos que o termo procurado seja o $(k+1)-$ésimo. Assim

$$C_k^n \left(\frac{1}{x^2}\right)^{18-k} \left(\sqrt[4]{x}\right)^k = C_k^n (x^{-2})^{18-k} \left(x^{\frac{1}{4}}\right)^k = C_k^n x^{-36+2k} x^{\frac{k}{4}},$$

donde $-36 + 2k + \frac{k}{4} = 0$. Resolvendo, encontramos $k = 16$. Por isso, o termo no binômio de Newton que não contém x é o $17-$ésimo termo.

3.1.1 Produtos Notáveis

Para finalizar esta seção, vamos deduzir algumas fórmulas muito importantes na Álgebra, para simplificar ou reduzir equações de primeiro, segundo, terceiro grau e de graus maiores.
Pela fórmula (3.1), podemos facilmente calcular

$$\begin{aligned} (a+b)^2 &= a^2+2ab+b^2 \\ (a-b)^2 &= a^2-2ab+b^2 \\ (a+b)^3 &= a^3+3a^2b+3ab^2+b^3 \\ (a-b)^3 &= a^3-3a^2b+3ab^2-b^3 \end{aligned} \tag{3.7}$$

Multiplicando $(a+b)$ por $(a-b)$ obtemos a^2-b^2, por isso,

$$\boxed{a^2-b^2=(a+b)(a-b)}$$

chamado de diferença de quadrados.
Agora da quarta fórmula de (3.7), temos

$$\begin{aligned} a^3-b^3 &= (a-b)^3+3a^2b-3ab^2 \\ &= (a-b)^3+3ab(a-b) \\ &= (a-b)\left[(a-b)^2+3ab\right] \\ &= (a-b)\left(a^2-2ab+b^2+3ab\right) \\ &= (a-b)\left(a^2+ab+b^2\right) \end{aligned}$$

diferença de cubos.
Procedendo de forma análoga com a terceira fórmula de (3.7), obtemos

$$\boxed{a^3+b^3=(a+b)\left(a^2-ab+b^2\right)}$$

Soma de cubos.
Generalizando estes resultados obtidos, podemos obter

$$\boxed{a^n-b^n=(a-b)\left(a^{n-1}+a^{n-2}b+a^{n-3}b^2+\cdots+ab^{n-2}+b^{n-1}\right), \quad n\in\mathbb{N}}$$

diferença de potências n-ésimas.

$$\boxed{a^n + b^n = (a+b)\left(a^{n-1} - a^{n-2}b + a^{n-3}b^2 - a^{n-4}b^3 + \cdots - ab^{n-2} + b^{n-1}\right),}$$

em que $n \in \mathbb{N}$ e ímpar, soma de potências n-ésimas.

Exemplo 3.11 *Simplifique a seguinte expressão algébrica*

$$\frac{x^3-8}{x-2}.$$

Escrevendo $x^3 - 8$ como diferença de cubos: $x^3 - 8 = (x-2)(x^2 - 2x + 4)$, temos

$$\frac{x^3-8}{x-2} = \frac{(x-2)(x^2-2x+4)}{x-2} = x^2 - 2x + 4.$$

Exemplo 3.12 *Escreva como diferença de cubos a seguinte expressão algébrica*

$$64x^3 - 8y^6.$$

Escrevemos $a = 4x$ e $b = 2y^2$, obtemos

$$64x^3 - 8y^6 = (4x - 2y^2)(16x^2 + 8xy^2 + 4y^4).$$

Exemplo 3.13 *Desenvolva em fatores a seguinte expressão algébrica*

$$a^2 + 2ab + 2bc - c^2.$$

Vamos reagrupar:

$$\begin{aligned} a^2 + 2ab + 2bc - c^2 &= [a^2 - c^2] + 2ab + 2bc = \\ &= (a+c)(a-c) + 2b(a+c) = \\ &= (a+c)(a-c+2b). \end{aligned}$$

Exemplo 3.14 *Simplifique a expressão racional algébrica*

$$\frac{1}{x+y} - \frac{x+y}{x^2 - xy + y^2}.$$

$$\begin{aligned}\frac{1}{x+y}-\frac{x+y}{x^2-xy+y^2} &= \frac{x^2-xy+y^2-(x+y)^2}{(x+y)(x^2-xy+y^2)}\\ &= \frac{x^2-xy+y^2-(x^2+2xy+y^2)}{(x+y)(x^2-xy+y^2)} =\\ &= \frac{-xy-2xy}{(x+y)(x^2-xy+y^2)}\\ &= -\frac{3xy}{(x+y)(x^2-xy+y^2)}\\ &= -\frac{3xy}{x^3+y^3}.\end{aligned}$$

3.2 Progressão Aritmética

Definição 3.4 *Chama-se progressão aritmética a sequência de números* $(a_n)_n$, $n \in \mathbb{N}$, *onde cada termo, a partir do segundo é igual ao anterior somado por uma constante única* d, *isto é,*

$$\boxed{a_{n+1} = a_n + d, \quad n \in \mathbb{N}}$$

O número d chama-se razão da progressão aritmética, a_1-primeiro termo e a_n-termo geral ou n-ésimo termo.

Assim por exemplo, a sequência

$$3, 7, 11, 15, 19, \ldots$$

tem como primeiro termo o número 3, e razão 4, pois $7 = 3 + 4$, $11 = 7 + 4$, etc.

Agora, tentemos deduzir uma fórmula que relacione o n-ésimo termo com o primeiro termo, o número de termos e a razão. Assim, partindo da definição, obtemos

$$\begin{aligned} a_n &= a_{n-1} + d\\ a_{n-1} &= a_{n-2} + d\\ a_{n-2} &= a_{n-3} + d\\ \vdots &= \vdots\\ a_3 &= a_2 + d\\ a_2 &= a_1 + d,\end{aligned}$$

donde somando todas as igualdades acima, obtemos

$$\boxed{a_n = a_1 + (n-1)d.} \tag{3.8}$$

Exemplo 3.15 *Seja* $-2, 1, 4, 7, 10, \cdots$ *uma progressão aritmética. Encontre o vigésimo termo* a_{20} *da progressão.*

Claramente observamos que $a_1 = -2$, a razão $d = 1 - (-2) = 4 - 1 = 7 - 4 = \cdots = 3$. Então pela fórmula (3.8), temos

$$a_{20} = a_1 + 19d = -2 + 19.3 = 55.$$

Exemplo 3.16 *Seja* $(a_n)_n$ *uma progressão aritmética, com* $a_1 = 5$ *e* $d = 5$. *Encontre o termo* a_{11}.

Como, $a_1 = 5, d = 5$ e $n = 11$, então pela fórmula (3.8), temos $a_{11} = 5 + (11-1) \times 5 = 55$.

Seguindo a definição de progressão aritmética, temos

$$\begin{aligned} a_{n+1} - a_n &= d, \\ a_n - a_{n-1} &= d, \end{aligned} \qquad n \geq 2$$

desta forma

$$a_{n+1} - a_n = a_n - a_{n-1},$$

donde

$$\boxed{a_n = \frac{a_{n-1} + a_{n+1}}{2}}$$

Assim, vemos que cada termo da progresão aritmética a partir do segundo termo é igual a média aritmética do termo anterior e do termo posterior a ele.

Exemplo 3.17 *Seja* $a_n = 3n - 5$, *mostre que ele é o termo geral de uma progressão aritmética.*

Para $n \geq 2$ temos

$$a_n = 3n - 5, \; a_{n-1} = 3(n-1) - 5 = 3n - 8, \; a_{n+1} = 3n - 2.$$

Portanto

$$a_n = 3n - 5 = \frac{(3n-8) + (3n-2)}{2} = \frac{a_{n-1} + a_{n+1}}{2}.$$

Exemplo 3.18 *Demonstre que se*

$$f(x) = mx + c, \; m, c \in \mathbb{R}$$

e os números x_1, x_2, x_3 formam uma progressão aritmética, então os números $f(x_1), f(x_2), f(x_3)$ também formam uma progressão aritmética.

Como x_1, x_2, x_3 formam uma progressão aritmética, então $x_2 = \frac{x_1 + x_3}{2}$. Basta verificar que $f(x_2) = \frac{f(x_1) + f(x_3)}{2}$. De fato

$$\begin{aligned} \frac{f(x_1) + f(x_3)}{2} &= \frac{mx_1 + c + mx_3 + c}{2} \\ &= \frac{m(x_1 + x_3) + 2c}{2} \\ &= \frac{m(2x_2) + 2c}{2} \\ &= mx_2 + c \\ &= f(x_2). \end{aligned}$$

Já vimos acima (3.8), que na progressão aritmética $(a_n)_n$, o termo n-ésimo pode ser escrito como $a_n = a_1 + (n-1)d$, mas, isto podemos reescrever na forma:

$$a_n = a_1 + (n - k + k - 1)d = a_1 + (k-1)d + (n-k)d = a_k + (n-k)d,$$

ou seja, tem lugar a seguinte fórmula:

$$a_n = a_k + d(n-k), \qquad 1 \leq k \leq n-1,$$

onde n e k são números naturais. Trocando k por $n-k$ e por $n+k$, na última igualdade, obtemos

$$\begin{aligned} a_n &= a_{n-k} + kd, \\ a_n &= a_{n+k} - kd, \end{aligned}$$

donde encontramos

$$a_n = \frac{a_{n-k} + a_{n+k}}{2} \qquad 1 \leq k \leq n-1.$$

Usando novamente a fórmula (3.8) podemos escrever:

$a_n = a_1+(n-1)d$, $a_m = a_1+(m-1)d$, $a_k = a_1+(k-1)d$ e $a_l = a_1+(l-1)d$.

Donde, $a_m + a_n = 2a_1 + (m+n-2)d$ e $a_k + a_l = 2a_1 + (k+l-2)d$. Observa-se que

$$a_m + a_n = a_k + a_l, \quad \text{se } m+n = k+l.$$

Exemplo 3.19 *Para uma progressão aritmética $(a_n)_n$ qualquer, obtemos as seguintes fórmulas;*

1. $a_{40} = \dfrac{a_{25} + a_{55}}{2}$, *pois* $a_{25} = a_{40-15}$ *e* $a_{55} = a_{40+15}$;

2. $a_{12} + a_{10} = a_{14} + a_8$.

Exemplo 3.20 *A soma do terceiro e quinto termos da progressão aritmética $(a_n)_n$ é igual a 22 e o produto do segundo termo e o sexto termo é 85. Encontre o sétimo termo e a razão desta progressão.*

Por hipótese, temos $a_3 + a_5 = 22$ e $a_2a_6 = 85$, ou seja

$$\begin{cases} a_1 + 3d &= 11 \\ (a_1 + d)(a_1 + 5d) &= 85. \end{cases}$$

Da primeira equação temos $d = \dfrac{11 - a_1}{3}$. Substituindo este valor na segunda equação, obtemos

$$4a_1^2 - 88a_1 + 160 = 0,$$

donde, $a_1 = 2$ e $a_1 = 20$. Assim temos duas progressões aritméticas. Para $a_1 = 2$, temos $d = \frac{11 - a_1}{3} = 3$. Desta forma, $a_7 = a_1 + 6d = 20$. E para $a_1 = 20$, temos $d = \frac{11 - a_1}{3} = -3$. Desta forma, $a_7 = a_1 + 6d = 2$.

Exemplo 3.21 *Os números 9 e 19 são o primeiro e o sexto termos respectivamente de uma progressão aritmética $(a_n)_n$. Encontre os 7 primeiros termos da progressão.*

Como $a_n = a_1 + (n-1)d$, e para $n = 6$, $a_6 = a_1 + (6-1)d$, temos

$$d = \frac{a_6 - a_1}{6 - 1} = \frac{19 - 9}{5} = 2,$$

então os correspondentes termos são

$$9, 11, 13, 15, 17, 19, 21, \ldots.$$

3.2.1 Soma dos n-Primeiros Termos de uma Progressão Aritmética

Agora vamos escrever uma fórmula para calcular a soma $S_n = a_1 + a_2 + \cdots + a_n$ dos primeiros n-termos de uma progressão aritmética $(a_n)_n$:

$$\begin{aligned}
S_n &= a_1 + a_2 + a_3 + \cdots + a_n = \\
&= a_1 + a_1 + d + a_1 + 2d + \ldots + a_1 + (n-2)d + a_n = \\
&= (n-1)a_1 + (1 + 2 + 3 + \ldots + n - 2)d + a_n = \\
&= (n-1)a_1 + \frac{1 + n - 2}{2}(n-2)d + a_n = \\
&\overset{d=(a_n-a_1)/(n-1)}{=} (n-1)a_1 + \frac{1 + n - 2}{2}(n-2)\frac{a_n - a_1}{n-1} + a_n = \\
&= \frac{na_1 + na_n}{2} = \\
&= \frac{a_1 + a_n}{2}n.
\end{aligned} \tag{3.9}$$

Também podemos chegar a esta fórmula, usando a genial ideia que teve o grande matemático Gauss[2], ainda menino:

$$\begin{aligned} S_n &= a_1 + a_2 + a_3 + \cdots + a_{n-2} + a_{n-1} + a_n, \\ S_n &= a_n + a_{n-1} + a_{n-2} + \ldots + a_3 + a_2 + a_1 \end{aligned}$$

somando, obtemos $2S_n = (a_1 + a_n) + (a_2 + a_{n-1}) + (a_3 + a_{n-2}) + \ldots + (a_n + a_1)$. Mas, como $(a_1 + a_n) = (a_2 + a_{n-1}) = (a_3 + a_{n-2}) = \ldots = (a_n + a_1)$, então

$$2S_n = (a_1 + a_n)n, \quad \text{donde} \quad S_n = \frac{a_1 + a_n}{2}n.$$

Exemplo 3.22 *Num jardim que possui a forma de um triângulo equilátero queremos saber se é possível plantar* 136 *árvores, de tal forma que na primeira fileira colocamos uma árvore, na segunda fileira colocamos duas árvores, na terceira* 3 *árvores, e assim adiante até chegar a* $n-$*ésima fileira onde queremos colocar* n *árvores.*

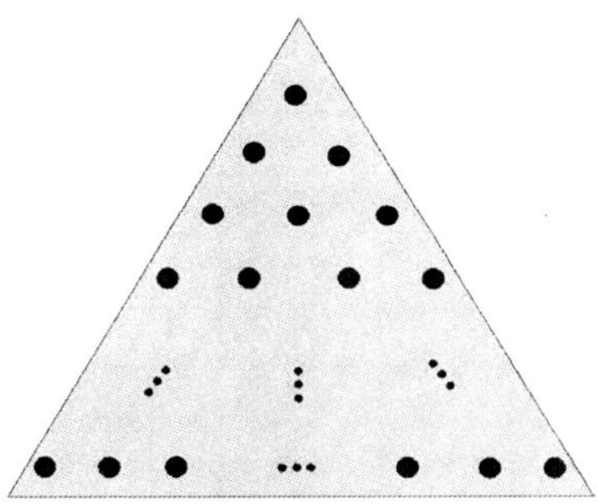

Figura 3.3: Jardim com 136 árvores

Suponha que n seja o número de fileiras. Observamos, que a existência de tal jardim corresponde a existência de n, que satisfaça a seguinte igualdade

$$1 + 2 + \cdots + n = 136.$$

[2]Johann Carl Friedrich Gauss(1777-1855), grande matemático alemão

Para isto, basta resolver a seguinte equação

$$\frac{n(n+1)}{2} = 136.$$

Encontramos daqui $n = 16$, ou seja, o jardim possui 16 fileiras.

Exemplo 3.23 *Encontre a soma dos primeiros duzentos números ímpares.*

Notamos que $a_1 = 1, d = 2$ e pela fórmula (3.8)

$$a_{200} = a_1 + (n-1)d = 1 + 199.2 = 399.$$

Por fim, pela fórmula (3.9), temos

$$S_{200} = \frac{a_n + a_1}{2} n = \frac{399+1}{2} 200 = 40,000$$

Exemplo 3.24 *Calcule a seguinte soma* $1000^2 - 999^2 + 998^2 - 997^2 - \ldots + 2^2 - 1^2$.

Agrupemos esta soma em grupos de dois termos, e logo escrevamos suas diferenças de quadrados:

$$(1000^2 - 999^2) + (998^2 - 997^2) - \ldots + (2^2 - 1^2),$$

$$(1000+999)(1000-999)+(998+997)(998-997)-\ldots+(2+1)(2-1).$$

Simplificando, obtemos a soma dos primeiros 1000 números naturais, ou seja

$$S = 1000 + 999 + 998 + + \ldots + 2 + 1 = \frac{1000+1}{2} 1000 = 500500.$$

3.3 Progressão Geométrica

Definição 3.5 *Chama-se progressão geométrica a sequência de números* $(b_n), n \in \mathbb{N}$, *onde cada termo, a partir do segundo é igual ao termo anterior multiplicado por uma constante única* $q \neq 0$, *isto é,*

$$b_{n+1} = b_n q, \quad n \in \mathbb{N}.$$

O número q chama-se razão da progressão geométrica, b_1-primeiro termo e b_n-termo geral ou termo de ordem n.

Assim, por exemplo, a sequência

$$1, 5, 25, 125, 625, \cdots$$

onde cada termo, começando pelo segundo, obtém-se do anterior multiplicando por 5 é uma progressão geométrica, de razão $q = 5$ e $b_1 = 1$.

Para uma progressão geométrica $(b_n), n \geq 2$ com razão q, temos

$$\frac{b_n}{b_{n-1}} = \frac{b_{n+1}}{b_n} = q,$$

donde,

$$b_n^2 = b_{n-1}b_{n+1}.$$

Por exemplo, para a progressão geométrica

$$1, 3, 9, 27, 81, 243, 729, \cdots, 3^{n-1}, \cdots$$

temos as seguintes igualdades

$$3^2 = 1 \cdot 9; \;\; 9^2 = 3 \cdot 27; \;\; 27^2 = 9 \cdot 81; \;\; 243^2 = 81 \cdot 729; \;\; 3^{2n} = 3^{n-1} \cdot 3^{n+1}.$$

Para qualquer progressão geométrica $(b_n)_n$ são válidas as seguintes igualdades:

$$b_n = b_1 q^{n-1}, \;\; b_m = b_1 q^{m-1}, \;\; b_r = b_1 q^{r-1}, \;\; b_s = b_1 q^{s-1}, \quad m, n, r, s \in \mathbb{N}.$$

Também, $b_n b_m = b_1^2 q^{n+m-2}$, $b_r b_s = b_1^2 q^{r+s-2}$.
A igualdade

$$b_m b_n = b_r b_s \qquad \text{é válida se} \quad m + n = r + s.$$

Exemplo 3.25 *Suponha que todos os termos da progressão geométrica $(b_n)_n$ sejam positivos. Se $b_8 = 3$ e $b_{16} = 4$. Encontre b_{14} e $b_3 b_{23}$.*

Como $8 + 16 = 12 + 12$, então $b_{12}^2 = b_8 b_{16} = 12$; portanto, $b_{12} = 2\sqrt{3}$. Também, como $12 + 16 = 14 + 14$, então $b_{14}^2 = b_{12} b_{16} = 8\sqrt{3}$, isto é, $b_{14} = \sqrt{8\sqrt{3}}$. Por fim, de $12 + 14 = 26 = 3 + 23$, segue que,

$$b_3 b_{23} = b_{12} b_{14} = 2\sqrt{3}\sqrt{8\sqrt{3}} = 4\sqrt{6}\sqrt[4]{3}.$$

3.3.1 Soma dos n-Primeiros Termos de uma Progressão Geométrica

A soma $S_n = b_1 + b_2 + b_3 + \cdots + b_n$ dos primeiros n termos de uma progressão geométrica $(b_n)_n$ de razão $q \neq 0$ é dada pela fórmula

$$\boxed{S_n = b_1 \frac{1 - q^n}{1 - q}} \tag{3.10}$$

De fato,

$$\begin{aligned} S_n &= b_1 + b_2 + b_3 + \cdots + b_n \\ qS_n &= q(b_1 + b_2 + b_3 + \cdots + b_n), \end{aligned}$$

Subtraindo a segunda equação da primeira, obtemos $S_n - qS_n = b_1 - qb_n$. Se $q \neq 1$, temos

$$S_n = \frac{b_1 - qb_n}{1 - q} = \frac{b_1 - q(q^{n-1}b_1)}{1 - q} = b_1 \frac{1 - q^n}{1 - q}.$$

Se $q = 1$, então $\quad S_n = nb_1$.
Por exemplo,

1. $1 + 3 + 9 + \cdots + 3^{n-1} = \dfrac{1 - 3^n}{1 - 3} = \dfrac{3^n - 1}{2}$;

2. $\dfrac{1}{2^4} + \dfrac{1}{2^5} + \cdots + \dfrac{1}{2^{n-1}} = \dfrac{1}{2^4}\left(1 + \dfrac{1}{2} + \dfrac{1}{2^2} + \cdots + \dfrac{1}{2^{n-5}}\right) = \dfrac{1}{2^4}\dfrac{1 - (\frac{1}{2})^{n-4}}{1 - \frac{1}{2}} = \dfrac{1}{8}\left(1 - \dfrac{1}{2^{n-4}}\right)$.

Exemplo 3.26 *Mostre que para a progressão geométrica $(b_n)_n$ de razão q com $n \geq 2$ vale a igualdade*

$$b_2 + b_4 + b_6 + \ldots + b_{2n} = \frac{qS_{2n}}{1 + q}.$$

Seja $S_{2n} = b_1 + b_2 + b_3 + \ldots + b_{2n}$. Multipliquemos esta igualdade pela razão q:

$$\begin{aligned}
&qS_{2n} = \\
&= qb_1 + qb_2 + qb_3 + \ldots + qb_{2n} = b_2 + b_3 + b_4 + \ldots + b_{2n} + qb_{2n} = \\
&= b_2 + b_4 + b_6 + \ldots + b_{2n} + (b_3 + b_5 + b_7 + \ldots + qb_{2n}) = \\
&= b_2 + b_4 + b_6 + \ldots + b_{2n} + q(b_2 + b_4 + b_6 + \ldots + b_{2n}) = \\
&= (q+1)(b_2 + b_4 + b_6 + \ldots + b_{2n}).
\end{aligned}$$

Segue daqui $\dfrac{qS_{2n}}{1+q} = b_2 + b_4 + b_6 + \ldots b_{2n}$.

Exemplo 3.27 *Calcular a seguinte soma*

$$S = 8 + 88 + 888 + \cdots + \underbrace{8888\cdots8888}_{1000\ algarismos}.$$

Como $1 = \dfrac{9}{9} = \dfrac{10-1}{9}$, $11 = \dfrac{100-1}{9} = \dfrac{10^2-1}{9}$, $111 = \dfrac{10^3-1}{9}$. Portanto, o número $\underbrace{8888\cdots888}_{n \text{ algarismos}}$ para qualquer n natural, podemos escrevê-lo na forma

$$\underbrace{8888\cdots888}_{n \text{ algarismos}} = 8\left(\overbrace{1111\cdots111}^{n \text{ algarismos}}\right) = 8\frac{\overbrace{9999\cdots999}^{n \text{ algarismos}}}{9} = 8\frac{10^n-1}{9}.$$

Então

$$\begin{aligned}
S &= 8\frac{10-1}{9} + 8\frac{10^2-1}{9} + 8\frac{10^3-1}{9} + \cdots + 8\frac{10^{1000}-1}{9} = \\
&= \frac{8}{9}(10 + 10^2 + 10^3 + \cdots + 10^{1000} - 1000) = \\
&= \frac{8}{9}[\frac{10(10^{1000}-1)}{10-1} - 1000] = \frac{8}{9}(\underbrace{1111\cdots11}_{1000 \text{ algarismos}}0 - 1000) \\
&= \frac{8}{9}(\underbrace{1111\cdots11}_{997 \text{ algarismos}}0110).
\end{aligned}$$

Exemplo 3.28 *Mostre, que*

$$\underbrace{(666\cdots 666)^2}_{n\ algarismos} + \underbrace{888\cdots 888}_{n\ algarismos} - \underbrace{444\cdots 444}_{2n\ algarismos} = 0.$$

Do exemplo anterior, temos

$$\underbrace{(66\cdots 6)^2}_{n \text{ algarismos}} = \left(6\frac{10^n-1}{9}\right)^2, \quad \underbrace{88\cdots 8}_{n \text{ algarismos}} = 8\frac{10^n-1}{9}, \text{ e}$$

$$\underbrace{44\cdots 4}_{2n \text{ algarismos}} = 4\frac{10^{2n}-1}{9} =$$
$$= 4\frac{(10^n-1)(10^n+1)}{9}.$$

Então

$$\left(\underbrace{666\cdots 666}_{n \text{ algarismos}}\right)^2 + \underbrace{888\cdots 888}_{n \text{ algarismos}} - \underbrace{444\cdots 444}_{2n \text{ algarismos}} =$$
$$= \frac{10^n-1}{9}\left(6^2\frac{10^n-1}{9} + 8 - 4(10^n+1)\right) =$$
$$= \frac{10^n-1}{9}\left(4(10^n-1) + 8 - 4(10^n+1)\right) =$$
$$= \frac{10^n-1}{9}(0) = 0.$$

Progressão Geométrica Infinita com Razão $|q| < 1$

Se a progressão geométrica possui infinitos termos e a razão $|q| < 1$, então a fórmula (3.10), pode ser escrita na forma

$$S = \frac{b_1}{1-q}.$$

Exemplo 3.29 *Encontre a soma da seguinte progressão geométrica infinita*

$$\frac{1}{6} + \frac{1}{6^2} + \frac{1}{6^3} + \cdots$$

Aqui, temos $b_1 = \dfrac{1}{6}$ e $q = \dfrac{1}{6}$, por isso,

$$S = \frac{\frac{1}{6}}{1 - \frac{1}{6}} = \frac{\frac{1}{6}}{\frac{5}{6}} = \frac{1}{5}.$$

Exemplo 3.30 *Escreva em forma fracionária a seguinte expressão decimal periódica* $0,777\cdots = 0,\overline{7}$.

Podemos escrever a expressão decimal na seguinte forma:

$$\begin{aligned} 0,777\cdots &= \frac{7}{10} + \frac{7}{10^2} + \frac{7}{10^3} + \cdots \\ &= \frac{\frac{7}{10}}{1 - \frac{1}{10}} = \frac{\frac{7}{10}}{\frac{9}{10}} \\ &= \frac{7}{9}. \end{aligned}$$

Exemplo 3.31 *Escreva em forma fracionária a seguinte expressão decimal periódica* $2,575757\cdots = 0,\overline{57}$.

Vamos escrever a expressão decimal como soma de duas progressões geométricas infinitas de razão $q = \dfrac{1}{10^2}$:

$$\begin{aligned} &2,575757\cdots = \\ &= 2 + \left(\frac{5}{10} + \frac{5}{10^3} + \frac{7}{10^5} + \cdots\right) + \left(\frac{7}{10^2} + \frac{7}{10^4} + \frac{7}{10^6} + \cdots\right) \\ &= 2 + \frac{\frac{5}{10}}{1 - \frac{1}{10^2}} + \frac{\frac{7}{10^2}}{1 - \frac{1}{10^2}} \\ &= 2 + \frac{\frac{5}{10}}{\frac{99}{10^2}} + \frac{\frac{7}{10^2}}{\frac{99}{10^2}} \\ &= 2 + \frac{50}{99} + \frac{7}{99} \\ &= 2 + \frac{57}{99} = 2 + \frac{19}{33} \\ &= \frac{85}{33}. \end{aligned}$$

3.4 Exercícios do Capítulo 3

1. Escreva em produto de fatores os seguintes polinômios:

   (a) $x^4 + x^2y^2 + y^4$;

   (b) $(a+b)(a^2+b^2)(a^4+b^4)\cdots\left(a^{2^{n-1}} + b^{2^{n-1}}\right)$;

   (c) $x^2 + xy + x - y - 2$;

   (d) $a^2b + ab^2 + a^2c + ac^2 + b^2c + bc^2 + 2abc$.

2. Simplificar:

   (a) $\dfrac{b^2}{a(a+b)} + \dfrac{ab}{a^2 - ab + b^2} + \dfrac{b^3 - a^2b + a^3}{a^3 + b^3}$;

   (b) $\dfrac{2x^2}{x^2 - a^2} + \dfrac{a}{x+a} + \dfrac{x}{a-x}$;

   (c) $\left(\dfrac{1}{x} + \dfrac{1}{y}\right)[(x-y)^2 + xy] + \left(\dfrac{1}{x} - \dfrac{1}{y}\right)[(x+y)^2 - xy]$;

   (d) $\dfrac{a^6 - b^6}{a^2 - b^2} - \dfrac{a^6 + b^6}{a^2 + b^2}$;

   (e) $(x^{-1} + y^{-1})^{-2}$.

3. Qual é o valor da expressão:

   $$\frac{1 - x^8}{(1+x)(1+x^2)(1+x^4)}$$

   quando $x = 50$?

4. Quanto vale $x^3 + \dfrac{1}{x^3}$ se

   $$\left(x + \frac{1}{x}\right) = 2.$$

5. Sabendo que $x - \dfrac{1}{x} = 50,\ x \neq 0$. Quanto vale
$$x^2 + \frac{1}{x^2}?$$

6. Se $a + b + c = 0$, mostre que
$$a^3 + b^3 + c^3 = 3abc.$$

7. Mostre que da equação
$$a^2 = b^2 + c^2 = ab + ac + bc$$
segue que $a = b = c$.

8. Encontre o desenvolvimento dos seguintes binômios:
   (a) $\left(x - \dfrac{1}{x}\right)^7$;
   (b) $(x - \sqrt{x})^5$;
   (c) $(2 - x)^6$;
   (d) $(1 - \sqrt{2})^5$;
   (e) $\left(\sqrt[3]{x} - \dfrac{1}{\sqrt{x}}\right)^6$;
   (f) $(2x + 1)^4$.

9. Encontre
   (a) o quinto termo do desenvolvimento $(a - 2b)^6$;

(b) o terceiro termo do desenvolvimento $\left(\sqrt[5]{x}+\dfrac{1}{x^2}\right)^7$;

(c) o quarto termo do desenvolvimento $\left(x-\dfrac{\sqrt{2}}{2}\right)^5$;

(d) o sexto termo do desenvolvimento $\left(x^2-\dfrac{1}{x}\right)^{11}$;

(e) o sétimo termo do desenvolvimento $\left(3x-\dfrac{1}{\sqrt[3]{x}}\right)^7$;

(f) o termo intermediário do desenvolvimento $\left(x^3-\dfrac{1}{\sqrt[5]{x}}\right)^8$.

10. Desenvolva a seguinte expressão:

$$\left(1-x+x^2\right)^2$$

11. Qual termo no desenvolvimento binomial:

$$\left(\frac{3}{4}\sqrt[3]{x^2}+\frac{2}{3}\sqrt{x}\right)^{12}$$

contém o termo x^7?

12. Qual termo no desenvolvimento binomial da expressão

$$\left(\frac{2}{x}-\sqrt{x}\right)^7$$

contém o termo $\sqrt{x}$?

13. Para qual valor de x no quinto termo do desenvolvimento binomial da expressão

$$\left(\frac{1}{2x}-\frac{1}{2}\right)^{10}$$

é igual a 105?

14. Qual é o termo do desenvolvimento binomial da expressão

$$\left(1+\sqrt{3}\right)^{100}$$

que será ao mesmo tempo maior que o termo anterior e o termo posterior?

15. Qual é o termo no desenvolvimento binomial da expressão

$$\left(\frac{1}{x^3}-\sqrt[5]{x}\right)^{16}$$

que independe de x? Rta. $k=15$, termo 16.

16. Calcule a soma dos primeiros 100 números ímpares.
Rta. 10000

17. Os números $1, b, c$ formam a progressão aritmética e os números $1, b, c+1$ formam uma progressão geométrica. Encontre c.
Rta. $c=3$

18. Em uma progressão aritmética $\{a_n\}$ é conhecido que $a_3=3$ e $a_5=4$. Encontre a soma dos primeiros 7 termos desta progressão.
Rta. $24,5$

19. Encontre o sexto termo de uma progressão aritmética $\{a_n\}$ se:
$a_2=9,4$ e $a_5=11,6$
Rta. 12.7

20. Entre os números 3 e 48 escreva três números, de tal forma que com os números dados formem uma progressão aritmética.
Rta. $14,25;\ \ 25,5;\ \ 36,75$

21. Os números a, b, c formam uma progressão aritmética com a soma $a + b + c = 341$, ao mesmo tempo que $a - 1, b + 2, c + 13$ formam uma progressão geométrica. Encontre a soma dos termos da progressão geométrica.
Rta. 355

22. A sequência $a, 1, b$ não é uma progressão aritmética constante. A sequência $1, a, b$ é uma progressão geométrica. Encontre b.
Rta. 4.

23. Os números $2, 4, x$ formam uma progressão geométrica e a sequência $3, x, y$ é uma progressão aritmética. Determine o valor de y.
Rta 13

24. Entre o número 3 e o número $b > 3$ se encontra o número a, tal que $3, a, b$ formam uma progressão aritmética. Os números $3, a - 6, b$ formam uma progressão geométrica. Encontre a.
Rta. $a = 15$

25. A progressão aritmética $\{a_n\}$ tem 9 elementos. $a_1 = 1$ e $S_9 = 369$ (a soma de todos os seus elementos é 369). A progressão geomética $\{b_n\}$ também tem 9 elementos. $a_1 = 1$ e $a_9 = b_9$. Determine b_7.
Rta. $b_7 = 27$.

26. Os números $a, b, c, 64$ formam uma progressão geométrica. a, b, c também são o primeiro, quarto e oitavo termos da progressão aritmética não constante, respectivamente. Determine o valor de $a + b - c$.
Rta. 15

27. Os números a, b, c, em uma determinada ordem, formam uma progressão geométrica não constante. Os números $a, 2b, 3c$ formam uma progressão aritmética nessa determinada ordem. Encontre a razão q da progressão geométrica.
Rta. $q = \frac{1}{3}$

28. Os inteiros a, b, c formam uma progressão geométrica. $a, b, c - 64$ formam uma progressão aritmética. $a, b - 8, c - 64$ também formam uma progressão geométrica. Encontre c.
Rta. $c = 100$.

29. Escreva em forma fracionária a seguinte expressão decimal periódica $0,333\cdots$
Rta. $\frac{1}{3}$.

Respostas e Soluções do Capítulo 3

1. (a) $x^4 + x^2y^2 + y^4 = x^4 + 2x^2y^2 + y^4 - x^2y^2 = (x^2 + y^2 - xy)(x^2 + y^2 + xy)$;

(b)

$$
\begin{aligned}
&(a+b)(a^2+b^2)(a^4+b^4)\cdots\left((a^{2^{n-1}}+b^{2^{n-1}}\right)=\\
&=\frac{(a-b)(a+b)(a^2+b^2)(a^4+b^4)\cdots\left((a^{2^{n-1}}+b^{2^{n-1}}\right)}{a-b}=\\
&=\frac{(a^2-b^2)(a^2+b^2)(a^4+b^4)\cdots\left(a^{2^{n-1}}+b^{2^{n-1}}\right)}{a-b}=\\
&\vdots=\vdots\\
&=\frac{\left(a^{2.2^{n-1}}-b^{2.2^{n-1}}\right)}{a-b}=\\
&=\frac{a^{2^n}-b^{2^n}}{a-b}
\end{aligned}
$$

(c) $x^2+xy+x-y-2=x^2-1+xy-y+x-1=(x-1)(x+1)+y(x-1)+x-1=(x-1)(x+y+2);$

(d)

$$
\begin{aligned}
&a^2b+ab^2+a^2c+ac^2+b^2c+bc^2+2abc=\\
&=ab(a+b)+ac(a+c)+bc(b+c)+abc+abc\\
&=ab(a+b+c)+ac(a+b+c)+bc(b+c)=\\
&=a(a+b+c)(b+c)+bc(b+c)\\
&=(b+c)\left[a(a+b+c)+bc\right].
\end{aligned}
$$

2. (a)

$$
\begin{aligned}
&\frac{b^2}{a(a+b)}+\frac{ab}{a^2-ab+b^2}+\frac{b^3-a^2b+a^3}{a^3+b^3}=\\
&=\frac{a^2b^2-ab^3+b^4+a^3b+a^2b^2}{a(a+b)(a^2-ab+b^2}+\frac{b^3-a^2b+a^3}{a^3+b^3}=\\
&=\frac{a^2b^2-ab^3+b^4+a^3b+a^2b^2+ab^3-a^3b+a^4}{a(a^3+b^3)}=\\
&=\frac{2a^2b^2+b^4+a^4}{a(a^3+b^3)}=\\
&=\frac{(a^2+b^2)^2}{a(a^3+b^3)}.
\end{aligned}
$$

(b)

$$\begin{aligned}
&\frac{2x^2}{x^2-a^2}+\frac{a}{x+a}+\frac{x}{a-x}=\\
&=\frac{2x^2}{x^2-a^2}+\frac{a}{x+a}-\frac{x}{x-a}=\\
&=\frac{2x^2}{x^2-a^2}+\frac{ax-a^2-x^2-ax}{x^2-a^2}=\\
&=\frac{x^2-a^2}{x^2-a^2}=1.
\end{aligned}$$

(c)

$$\begin{aligned}
&\left(\frac{1}{x}+\frac{1}{y}\right)[(x-y)^2+xy]+\left(\frac{1}{x}-\frac{1}{y}\right)[(x+y)^2-xy]=\\
&\frac{x+y}{xy}[x^2-xy+y^2]+\frac{y-x}{xy}[x^2+xy+y^2]=\\
&\frac{2y^3}{xy}=\frac{2y^2}{x}.
\end{aligned}$$

(d)

$$\begin{aligned}
&\frac{a^6-b^6}{a^2-b^2}-\frac{a^6+b^6}{a^2+b^2}=\\
&=\frac{(a^2-b^2)(a^4+a^2b^2+b^4)}{a^2-b^2}-\frac{(a^2+b^2)(a^4-a^2b^2+b^4)}{a^2+b^2}=\\
&=2a^2b^2.
\end{aligned}$$

(e)

$$(x^{-1}+y^{-1})^{-2}=\left(\frac{x+y}{xy}\right)^{-2}=\frac{x^2y^2}{(x+y)^2}.$$

3.

$$\frac{1-x^8}{(1+x)(1+x^2)(1+x^4)}=\frac{(1-x)(1+x^2)(1+x^4)}{(1+x)(1+x^2)(1+x^4)}=1-x.$$

Quando $x=50$, a expressão vale -49.

4.
$$\begin{aligned}\left(x+\frac{1}{x}\right)^3 &= 8\\ x^3+\frac{1}{x^3}+3\left(x+\frac{1}{x}\right) &= 8\\ x^3+\frac{1}{x^3} &= 8-6\\ x^3+\frac{1}{x^3} &= 2.\end{aligned}$$

5.
$$\begin{aligned}\left(x-\frac{1}{x}\right)^2 &= 2500\\ x^2+\frac{1}{x^2}-2 &= 2500\\ x^2+\frac{1}{x^2} &= 2502.\end{aligned}$$

6. De $a+b+c=0$, segue $a+b=-c$. Elevando ao cubo temos $a^3+3a^2b+3ab^2b^3=-c^3$, donde

$$a^3+b^3+c^3=-3ab(a+b)=-3ab(-c)=3abc.$$

7. $2a^2+2b^2+2c^2=2ab+2ac+2bc$, donde
$a^2-2ab+b^2+a^2-2ac+c^2+b^2-2bc+c^2=$
$=(a-b)^2+(a-c)^2+(b-c)^2=0$. Daqui, $a=b=c$.

8. (a) $x^7-7x^5+21x^2-35x-\dfrac{35}{x}-\dfrac{21}{x^3}+\dfrac{7}{x^5}-\dfrac{1}{x^7}$;

(b) $x^5-5\sqrt{x^9}+10x^4-10\sqrt{x^7}+5x^3-\sqrt{x^5}$;

(c) $64-192x+240x^2-160x^3+60x^4-12x^5+x^6$;

(d) $41-29\sqrt{2}$;

(e) $x^2 - 6\sqrt[6]{x^7} + 15\sqrt[3]{x} - 20\frac{1}{\sqrt{x}} + 15\frac{1}{\sqrt[3]{x^4}} - 6\frac{1}{\sqrt[6]{x^{11}}} + \frac{1}{x^3}$;

(f) $16x^4 + 32x^3 + 24x^2 + 8x + 1$.

9. Encontre

(a) $T_5 = 240a^2b^4$;

(b) $T_2 = \frac{21}{x^3}$;

(c) $T_3 = \frac{5\sqrt{2}x^2}{2}$;

(d) $T_5 = -462x^7$;

(e) $T_6 = \frac{147}{x}$;

(f) $T_4 = 210\sqrt[5]{x^{56}}$.

10. Desenvolva a seguinte expressão:

$$\begin{aligned}(1 - x + x^2)^2 &= (1-x)^2 + 2(1-x)x^2 + x^4 = \\ &= 1 - 2x + 3x^2 - 2x^3 + x^4.\end{aligned}$$

11. $T_6 = C_6^{12}\left(\frac{3}{4}\sqrt[3]{x^2}\right)^6\left(\frac{2}{3}\sqrt{x}\right)^6 = \frac{231}{16}x^{17}$.

12. $T_5 = C_5^7\left(\frac{2}{x}\right)^2(-1)^5\left(\sqrt{x}\right)^5 = -84\sqrt{x}$.

13. Para qual valor de x no quinto termo do desenvolvimento binomial da expressão $T_4 = C_4^{10}\left(\frac{1}{2x}\right)^6\left(\frac{1}{2}\right)^4 = \frac{210}{2^{10}x^6} = 105$, donde $x = \frac{1}{2\sqrt[6]{8}}$.

14. Pelas hipóteses, $T_k > T_{k-1}$ e $T_k > T_{k+1}$, donde segue $k = 63$, ou seja, o sexagésimo quarto termo T_{63}.

15. $k = 15$, termo décimo sexto.

16. $S = 10000$

17. $c = 3$

18. $24,5$

19. $a_6 = 12,4$

20. $14,25$; $25,5$; $36,75$

21. 355

22. $b = 4$.

23. $y = 13$

24. $a = 15$

25. $b_7 = 27$.

26. $a + b - c = 15$

27. $q = \frac{1}{3}$

28. $c = 100$.

29. $\frac{1}{3}$.

Capítulo 4

Funções e suas Propriedades

Quando estudamos processos reais, que podem ser físicos, biológicos, químicos e/ou outros, lidamos com grandezas que mudam ao longo do processo considerado, e de tal forma que a mudança de uma grandeza pode acarretar a mudança de outra ou de outras grandezas, ou seja, existe uma dependência funcional entre elas. Por exemplo, a área do círculo de raio r, se expressa pela fórmula $A = \pi r^2$, de onde, se o raio é duplicado, então a área do círculo é quadruplicada.

O conceito de função é um dos conceitos principais da matemática. A definição moderna de função foi introduzida em 1837 pelo matemático Dirichlet[1]

"Se uma variável y está relacionada a uma variável x que sempre que um valor numérico é atribuído a x, há uma regra, segundo a qual um valor único de y é determinado, então y é dito ser uma função da variável independente x."

[1]Johann Peter Gustav Lejeune Dirichlet (Duren, 13 de fevereiro de 1805-Gottingen, 5 de maio de 1859) foi um matemático alemão, a quem se atribui a moderna definição formal de função.

Figura 4.1: Peter Gustav Lejeune Dirichlet

Neste capítulo vamos estudar algumas propriedades importantes de uma função, com a finalidade de definir posteriormente função composta e função inversa. E claro, também daremos grande ênfase ao estudo das funções elementares.

4.1 Função e Conceitos Básicos

Sejam X e Y dois conjuntos. Suponhamos que seja dada uma lei ou regra f pela qual a cada número(elemento) $x \in X$ fazemos corresponder com um único número(elemento) $y \in Y$, então dizemos que está definida uma função $y = f(x)$.
A notação que usaremos para dizer que f é uma função de X em Y é a seguinte;

$$\begin{aligned} f: \ & X \to Y \\ & x \mapsto f(x) \end{aligned}$$

onde, $x \mapsto f(x)$ é para indicar que f faz corresponder o elemento x ao elemento $y = f(x)$.
Costuma-se chamar a variável x de variável independente e a

variável y de variável dependente.

Exemplo 4.1 *Consideremos a seguinte função*

$$f(x) = 3x$$

Vejamos, podemos escolher $X = Y = \mathbb{R}$ por simplicidade. Aqui a lei ou função podemos interpretar como uma "caixinha mágica" no seguinte sentido: a qualquer número real x que entra na caixinha corresponde um único número real $3x$, ou seja, a regra é triplicar o número que entra na caixinha.

$$\begin{aligned} x &\mapsto 3x \\ 3 &\mapsto 9 \\ 4 &\mapsto 12 \end{aligned}$$

Figura 4.2: Função $f(x) = 3x$

Definição 4.1 *O conjunto X chama-se domínio da função e o conjunto Y chama-se contradomínio da função.*

Definição 4.2 *O conjunto $Im(f) \subset Y$ de todos os valores de y, tal que para cada um deles existe ao menos um $x \in X$ com $y = f(x)$, chama-se Imagem da função f. Em termos da teoria de conjuntos,*

$$Im(f) = \{y \in Y;\ \exists\ x \in X \quad tal \quad que\ f(x) = y\}.$$

Consideremos mais um exemplo para ilustrar a definição acima de função.
A área de um retângulo inscrito num triângulo é uma função do comprimento da sua base.

Exemplo 4.2 *Expresse a área do retângulo $ABCD$ em função do comprimento de sua base x, se ele está inscrito no triângulo MNP cuja base mede 10cm e cuja altura mede 6cm como indica a seguinte figura.*

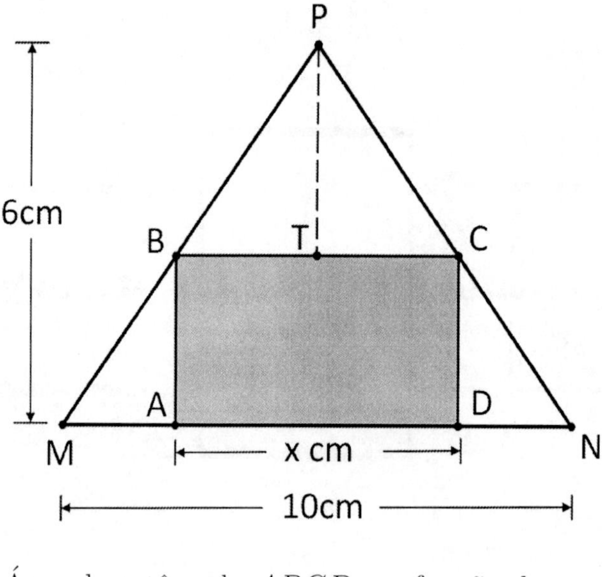

Figura 4.3: Área do retângulo $ABCD$ em função do comprimento de sua base x

A área do nosso retângulo é uma função de x, isto é, a área do retângulo vai depender de como será inscrito o retângulo no triângulo. Assim, denotemos o comprimento da altura do retângulo por $\overline{AB} = a$, e portanto $\overline{PT} = 6 - a$. Podemos escrever a área do triângulo MNP como sendo a soma das áreas de três triângulos mais a soma da área de nosso retângulo, isto é,

$$\begin{aligned}&\text{Área}(\triangle MNP) = \\ &= \text{Área}(\triangle MAB) + \text{Área}(\triangle CDN) + \text{Área}(\triangle PBC) + \text{Área}(\square ABCD),\end{aligned}$$

donde

$$\begin{aligned}\frac{10 \times 6}{2} &= \frac{\overline{MA} \times \overline{AB}}{2} + \frac{\overline{CD} \times \overline{DN}}{2} + \frac{\overline{BC} \times \overline{PT}}{2} + \overline{AB} \times \overline{AD} \\ \frac{10 \times 6}{2} &= \frac{\overline{MA} \times a}{2} + \frac{a \times \overline{DN}}{2} + \frac{x(6-a)}{2} + ax \\ 30 &= \frac{(\overline{MA} + \overline{DN}) \times a}{2} + \frac{x(6-a)}{2} + ax \\ 30 &= \frac{(10-x)a}{2} + \frac{x(6-a)}{2} + ax \\ 60 &= 10a - ax + 6x - ax + 2ax.\end{aligned}$$

Daqui temos, $60 = 10a + 6x$, de onde

$$a = \frac{60 - 6x}{10} = \frac{6(10-x)}{10} = 0,6(10-x).$$

Como a área do retângulo $ABCD$ é dada por ax, então temos

$$\text{Área retângulo ABCD} = 0,6x(10-x),$$

em que x denota o comprimento da base do retângulo $ABCD$ ■

Formas Diferentes para Definir Função

Existem diferentes formas de definir uma função.

Por exemplo, se usarmos uma tabela numérica para anotar os dados do experimento, que consiste em medir a temperatura $T(^oC)$ da fervura da água a uma determinada pressão p(atm), temos uma função de T que depende de p.

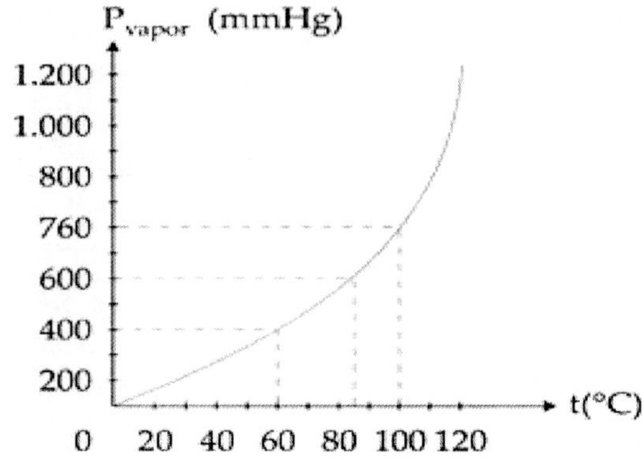

Figura 4.4: Gráfico de dependência entre T^o e p

Também podemos definir uma função pelo método gráfico, por exemplo, pela Lei de Boyle-Mariotte, temos uma relação funcional entre a pressão absoluta e o volume de uma certa quantidade de gás confinado em um cilindro à temperatura constante.

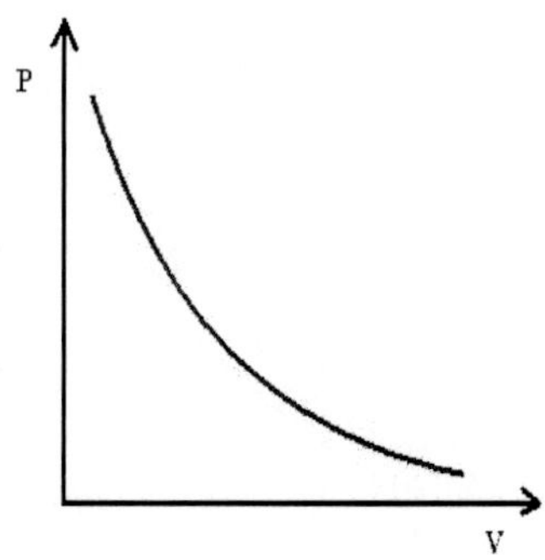

Figura 4.5: Gráfico da lei de Boyle-Mariotte

Se a função está dada mediante uma fórmula, então dizemos que ela está definida de forma analítica, como por exemplo, as seguintes funções:

1. $y = 3x^5 - 5x + 12, \quad x \in [0, \infty)$

2. $y = \dfrac{2x+3}{x^2+3x}, \quad x \in \mathbb{R}\setminus(\{0\} \cup \{-3\})$

3. $y = \begin{cases} 2x^3 - 1, & \text{se } x \leq 0, \\ 3x^2 + x + 5, & \text{se } x > 0, \end{cases}$

4.1.1 Domínio de uma Função

Agora vamos formalizar e considerar alguns exemplos de domínio de uma função introduzidos na seção anterior.
Chamamos de domínio de definição de uma função $f : X \to Y$ ao conjunto de todos os valores de $x \in X$, para os quais a função $f(x)$ esteja bem definida, ou seja, $f(x) \in Y$.

Antes de considerarmos alguns exemplos ilustrativos sobre como encontrar o domínio de uma função, recomendamos ao leitor pular para a seção 4.10, onde são introduzidas as funções elementares.

Exemplo 4.3 *Encontre o domínio da função* $f(x) = \dfrac{1}{\sqrt{9-x^2}}$.

O domínio da função dada consiste de todos os pontos x para os quais a expresão $\sqrt{9-x^2}$ tenha sentido e além disso, seja possível a divisão por $\sqrt{9-x^2}$. Desta forma, temos $9 - x^2 > 0$, isto é $|x| < 3$. Portanto, o domínio da função acima é o intervalo $(-3, 3)$.

Exemplo 4.4 *Encontre o domínio da função* $f(x) + g(x)$, *se*

$$f(x) = \sqrt{\log_5(3 - \sqrt{x-1})} \ \ e \ \ g(x) = \sqrt{\frac{\log_5 x}{\sqrt{-x^2+x+6}}}.$$

O domínio de $f(x) + g(x)$ será o domínio comum de $f(x)$ e $g(x)$. Primeiramente encontremos o domínio da função $f(x)$:

$$\log_5(3 - \sqrt{x-1}) \geq 0 \iff 3 - \sqrt{x-1} \geq 1 \iff 2 \geq \sqrt{x-1}$$
$$\iff \begin{cases} x - 1 \geq 0 \\ 4 \geq x - 1 \end{cases} \iff \begin{cases} x \geq 1 \\ x \leq 5 \end{cases} \iff 1 \leq x \leq 5,$$

segue que o domínio de existência da função $f(x)$ é o intervalo $[1,5]$. Agora calculamos o domínio da função $g(x)$:

$$\begin{aligned}-x^2-x+6>0 &\iff x^2+x-6<0\\ &\iff (x+3)(x-2)<0\\ &\iff -3<x<2,\end{aligned}$$

$$\log_5 x \geq 0 \iff x \geq 1,$$

então, resolvendo o sistema

$$\begin{cases} -3<x<2,\\ x\geq 1,\end{cases}$$

encontramos que o domínio de existência da função $g(x)$ é o intervalo $[1,2)$.

Resolvendo o sistema

$$\begin{cases} 1\leq x\leq 5,\\ 1\leq x<2,\end{cases}$$

encontramos que o domínio da função $f(x)+g(x)$ consiste do intervalo $[1,2)$.

Exemplo 4.5 *Encontre o domínio de existência da função*

$$f(x)=\sqrt{\log_{15}\cos 2x}.$$

Como

$$\begin{aligned}&\log_{15}\cos 2x\geq 0 \iff \cos 2x\geq 1 \iff \cos 2x=1\\ &\iff 2x=2k\pi, \iff x=k\pi,\ k\in\mathbb{Z}.\end{aligned}$$

Exemplo 4.6 *Encontre o domínio da função*

$$f(x)=\sqrt{\log_3\frac{1-x}{x+2}}.$$

Primeiramente, observamos

$$
\begin{aligned}
\log_3 \frac{1-x}{x+2} \geq 0 \quad &\iff \frac{1-x}{x+2} \geq 1,\ x \neq 1,\ x \neq -2 \iff \\
&\iff \frac{1-x}{x+2} - 1 \geq 0 \iff \\
&\iff \frac{(-2x-1)(x+2)}{(x+2)^2} \geq 0 \iff \\
&\iff (2x+1)(x+2) \leq 0,
\end{aligned}
$$

donde, encontramos,

$$x \in (-2, -1/2].$$

Exemplo 4.7 *Encontre o domínio da função* $f(x) = \log_2(5-x) - \log_2(x+8)$.

Da definição de logaritmo, temos, $5 - x > 0$, e $x + 8 > 0$, ou seja, $x < 5$ e $x > -8$, donde

$$-8 < x < 5.$$

Exemplo 4.8 *Encontre o domínio das seguintes funções*

1. $f(x) = \sqrt[3]{x+10} - \sqrt[7]{x-9}$*;*

2. $f(x) = \sqrt{x+8} - \sqrt[4]{12-x}$

1. Observamos que a função $\sqrt[3]{x+10}$ está definida para todo $x + 10 \in \mathbb{R}$, ou seja $-\infty < x + 10 < \infty \iff -\infty < x < \infty$. Da mesma forma, concluímos que a função $\sqrt[7]{x-9}$ está definida para todo $x \in \mathbb{R}$. Logo podemos dizer que a função $f(x) = \sqrt[3]{x+10} - \sqrt[7]{x-9}$ está definida para todo $x \in \mathbb{R}$.

2. A função $\sqrt{x+8}$ está definida para todo $x + 8 \geq 0$, ou seja $x \geq -8$. Da mesma forma, observamos que a função $\sqrt[4]{12-x}$ está definida para todo $12 - x \geq 0$, ou seja $x \leq 12$. Logo podemos dizer que a função $f(x) = \sqrt{x+8} - \sqrt[4]{12-x}$ está definida para todo $x \in [-8, 12]$.

Exemplo 4.9 *Demonstre que as funções* $y = 3x$ *e* $y = |2x - 1| + |x + 1|$ *são iguais no intervalo* $[1, +\infty)$.

Se $x \geq 1$ então $2x - 1 \geq 0$ e $x + 1 > 0$, logo $|2x - 1| = 2x - 1$ e $|x + 1| = x + 1$, portanto,

$$|2x - 1| + |x + 1| = 2x - 1 + x + 1 = 3x.$$

Assim, para cada $x \in [1, +\infty)$, vale a igualdade $|2x - 1| + |x + 1| = 3x$, e por isso, as funções dadas são equivalentes no intervalo $[1, +\infty)$.

Definição 4.3 *O número* x_o *pertencente ao domínio da função* f *chama-se zero (raiz) da função, se* $f(x_o) = 0$.

Assim, por exemplo, para a função $f(x) = x^2 - 5x + 6$ os números $x_o = 2$ e $x_o = 3$, são seus zeros, pois $f(2) = f(3) = 0$, mas a função $f(x) = x^2 + 2x + 3$, não tem zeros. No entanto, existem funções que possuem infinitas raízes, tal como $f(x) = \operatorname{sen} x$, que se anula em infinitos pontos da forma $x = k\pi,\ k \in \mathbb{Z}$.

4.1.2 Gráfico de uma Função

Definição 4.4 *O gráfico de uma função* $f : X \to Y$ *é o subconjunto denotado por* $G(f)$ *e definido, como sendo*

$$G(f) = \{(x, y) \in X \times Y;\ y = f(x)\} \subset X \times Y.$$

No gráfico 4.6, a figura na esquerda representa o gráfico de uma função $f : X \to Y$, no entanto a figura da direita não representa o gráfico da função $f : X \to Y$, pois há um ponto x para o qual corresponde dois valores: b e c.

Exemplo 4.10 *Considere a função* f *definida no conjunto* $\{1, 2, 5, 7\}$ *a valores no conjunto* $\{a, b, c, d, e\}$ *dado por:*

$$f(1) = a, f(2) = b, f(5) = d, f(7) = e.$$

Então podemos escrever o gráfico de f *na seguinte forma:*

$$G(f) = \{(1, a), (2, b), (5, d), (7, e)\}.$$

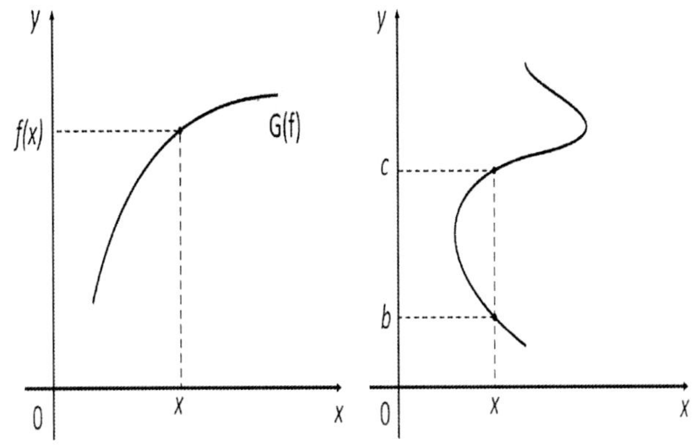

Figura 4.6: Gráfico e não gráfico de uma função

Observa-se da Definição 4.4, que o gráfico de uma função é uma relação e por isso na teoria dos conjuntos, uma função é realmente igual ao seu gráfico.

Exemplo 4.11 *Considere a função quadrática* $f(x) = 3x^2 + 2x - 5,\ x \in \mathbb{R}$.
Então o gráfico da função f *é dado por*

$$G(f) = \{(x, 3x^2 + 2x - 5); x \in \mathbb{R}\}.$$

Definição 4.5 *Uma função* $f : A \to B$ *chama-se injetiva se verificamos o seguinte: dados* $x, y \in A$, $f(x) = f(y)$ *segue que* $x = y$, *ou em outras palavras, se tivermos* $x_1, x_2 \in A$, *com* $x_1 \neq x_2$ *implica*

$$f(x_1) \neq f(x_2).$$

Claramente, a função identidade $I : A \to A,\ I(x) = x$ é injetiva. A função constante $f : A \to \mathbb{R}$, definida por $f(x) = C,\ \forall x \in A$ e $C \in \mathbb{R}$, é uma função injetiva, se e somente se, seu domínio A possuir apenas um elemento.

Definição 4.6 *Uma função* $f : A \to B$ *chama-se sobrejetora (sobrejetiva) se verificamos que* $Im(f) = B$, *ou dito de outra forma, para todo* $y \in B$ *existe pelo menos um* $x \in A$, *tal que* $f(x) = y$.

Por exemplo, a função $f : \mathbb{R} \to \mathbb{R}$, definida por $f(x) = x^3$ é sobrejetora, enquanto a função

$$\begin{aligned} f: \ & \mathbb{R} \to \mathbb{R} \\ & x \mapsto x^2 \end{aligned}$$

não é sobrejetora, pois para $-5 \in \mathbb{R}$ não existe $x \in \mathbb{R}$ tal que $x^2 = -5$. Mas a função

$$\begin{aligned} f: \ & \mathbb{R} \to \mathbb{R}_+ \\ & x \mapsto x^2 \end{aligned}$$

é sobrejetora.

É conveniente fazer o seguinte esclarecimento. Diz-se que f é uma função do conjunto A "sobre"o conjunto B se $f(A) = B$; no caso geral, quando $f(A) \subset B$, dizemos que f é uma função de A "em"B.

Definição 4.7 *Uma função $f : A \to B$ chama-se bijetora (bijetiva) quando é simultaneamente injetora e sobrejetora.*

Exemplo 4.12 *A função $f : \mathbb{R} \to \mathbb{R}$ definida por $f(x) = x^3 + 3$ é bijetora.*

Primeiramente mostremos que f é injetora.
De fato, sejam $x_1, x_2 \in \mathbb{R}$ tais que $x_1 \neq x_2$, basta mostrar que $f(x_1) - f(x_2) \neq 0$:

$$f(x_1)-f(x_2) = x_1^3+3-(x_2^3+3) = x_1^3-x_2^3 = (x_1-x_2)(x_1^2+x_1x_2+x_2^2) \neq 0.$$

Agora mostremos que f é sobrejetora.
Dado $b \in \mathbb{R}(Im(f))$, existe $x = \sqrt[3]{b-3} \in Dom(f)$ tal que $f(x) = (\sqrt[3]{b-3})^3 + 3 = b$.

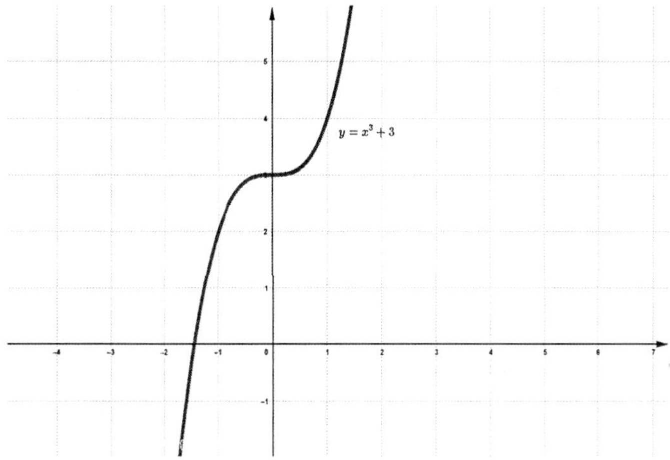

Figura 4.7: Gráfico da função $f(x) = x^3 + 3$

4.2 Função Composta

Consideremos a função $f : A \to B$ com $f(A) \subset C \subset B$. Definamos a função $g : C \to D$, fazendo corresponder a cada $x \in A$ o elemento $g(f(x)) \in D$, pois $f(x) \in f(A) \subset C$.

Agora definamos uma nova função $h : A \to D$ chamada de função composta e denotada por $h = g \circ f$, isto é, para todo $x \in A$,

$$h(x) = (g \circ f)(x) = g(f(x)).$$

A seguir vamos mostrar um resultado importante para funções compostas.

Teorema 4.1 *Sejam A, B, C, D, A_1, D_1 conjuntos, então*

1. *Se a função $f : A \to B$ e $g : C \supset f(A) \to D$, e $A_1 \subset A$, então,*
$$(g \circ f)(A_1) = g(f(A_1)).$$
2. *Se $D_1 \subset (g \circ f)(A)$, então,*
$$(g \circ f)^{-1}(D_1) = f^{-1}(g^{-1}(D_1)).$$

Prova: 1) Se $z \in (g \circ f)(A)$, então $z = (g \circ f)(x)$ para algum $x \in A$, ou seja, pela definição de função composta

$$(g \circ f)(x) = g(f(x)),$$

temos $z = g(f(x))$, sendo $f(x) \in f(A)$,

$$g(f(x)) \in g(f(A)),$$

logo

$$(g \circ f)(A) \subset g(f(A)). \tag{4.1}$$

Se agora $z \in g(f(A))$, então $z = g(y)$ para algum $y \in f(A)$, donde $y = f(x)$ para algum $x \in A$ e

$$z = g(f(x)) = (g \circ f)(x),$$

segue que $z \in (g \circ f)(A)$ e

$$g(f(A)) \subset (g \circ f)(A). \tag{4.2}$$

De (4.1) e (4.2), concluímos que

$$(g \circ f)(A_1) = g(f(A_1)).$$

2) Se $x \in (g \circ f)^{-1}(D_1)$ então $(g \circ f)(x) \in D_1$ ou

$$g(f(x)) \in D_1 \quad \text{e} \quad f(x) \in g^{-1}(D_1),$$

donde

$$x \in f^{-1}(g^{-1}(D_1)) \quad \text{e} \quad (g \circ f)^{-1}(D_1) \subset f^{-1}(g^{-1}(D_1)).$$

Se $x \in f^{-1}(g^{-1}(D_1))$, então $f(x) \in g^{-1}(D_1)$, segue que $g(f(x)) \in D_1$ ou seja $(g \circ f)(x) \in D_1$, donde

$$x \in (g \circ f)^{-1}(D_1) \quad \text{e} \quad f^{-1}(g^{-1}(D_1)) \subset (g \circ f)^{-1}(D_1)$$

e assim fica provado que

$$(g \circ f)^{-1}(D_1) = f^{-1}(g^{-1}(D_1)). \quad \blacksquare$$

Agora consideremos alguns exemplos de função composta.

Exemplo 4.13 *Sejam* $f(x) = 2x$ *e* $g(x) = x^3 + 3$. *Calcule* $(g \circ f)(x)$ *e* $(f \circ g)(x)$.

$$(g \circ f)(x) = g(f(x)) = g(2x) = (2x)^3 + 3 = 8x^3 + 3.$$

$$(f \circ g)(x) = f(g(x)) = g\left(x^3 + 3\right) = 2(x^3 + 3) = 2x^3 + 6.$$

Exemplo 4.14 *Encontre*

$$f(g(x)),\ f(f(x)),\ g(f(x)),\ f(\varphi(a)),\ \varphi[f(a)],\ g(\varphi(a)),$$

onde $f(x) = x^3$, $\varphi(x) = \ln x$ *e* $g(x) = 3^x$.

1. $f(g(x)) = f(3^x) = (3^x)^3 = 3^{3x}$;

2. $f(f(x)) = f(x^3) = (x^3)^3 = x^6$;

3. $g(f(x)) = g(x^3) = 3^{x^3}$;

4. $f(\varphi(a)) = \varphi^3(a) = (\ln a)^3$;

5. $\varphi[f(a)] = \ln a^3 = 3\ln a$;

6. $g(\varphi(a)) = g(\ln a) = 3^{\ln a}$.

Exemplo 4.15 *Encontre a função* $f(x)$ *em cada caso, se sabemos que*

1. $f(x+1) = x^2 + 2x + 2$;

2. $f(x + \frac{1}{x}) = x^2 + \dfrac{1}{x^2}$;

1. $f(x+1) = x^2 + 2x + 2$. Fazendo a seguinte mudança de variáveis $x + 1 = y$, segue

$$\begin{aligned} f(y) &= (y-1)^2 + 2(y-1) + 2 \\ &= y^2 + 1, \end{aligned}$$

donde

$$\begin{aligned} f(y-1) &= (y-1)^2 + 1 \\ &= y^2 - 2y + 2. \end{aligned}$$

Como $x = y - 1$, então

$$\begin{aligned} f(x) &= (x+1)^2 - 2(x+1) + 2 \\ &= x^2 + 1. \end{aligned}$$

2. $f(x + \frac{1}{x}) = x^2 + \dfrac{1}{x^2}$. Seja $x + \dfrac{1}{x} = y$. Escrevendo

$$x^2 + \frac{1}{x^2} = \left(x + \frac{1}{x}\right)^2 - 2,$$

obtemos

$$f(y) = y^2 - 2,$$

donde segue que $f(x) = x^2 - 2$.

4.3 Função Inversa

Uma função inversa é definida como uma função, que pode reverter os elementos produzidos por outra função, ou seja, se qualquer função "f"leva o elemento a para o elemento b então, o inverso de "f" levará b para a.

Para analisar futuras funções elementares, introduzimos a definição de função inversa da seguinte maneira:
Dada a função bijetora $f : X \to Y$, dizemos que a função $f^{-1} : Y \to X, x = f^{-1}(y)$ chama-se função inversa de f. Com

isto, a função inversa possui domínio Y e imagem X, e a cada y_o corresponde um único x_o, tal que $f(x_o) = y_o$, com $x_o \in X$. Portanto, para cada $x \in X$, temos

$$f^{-1}(f(x)) = x, \quad x \in X.$$

Desta forma, o par de funções f e $f^{-1} : Y \to X$ são mutuamente inversas:

$$\begin{aligned} f^{-1}(f) &: X \to X, \\ f(f^{-1}) &: Y \to Y, \end{aligned}$$

ou seja

$$\begin{aligned} f^{-1}(f(x)) &\equiv x, \quad x \in X, \\ f(f^{-1}(y)) &\equiv y, \quad y \in Y. \end{aligned}$$

Como $f(x_1) = y_1 \iff f^{-1}(y_1) = x_1$, significa que o par ordenado (x_1, y_1) pertence ao gráfico de f, se e somente se, (y_1, x_1) pertence ao gráfico de f^{-1}. Desta forma obtemos o par ordenado (y_1, x_1) a partir do par ordenado (x_1, y_1) refletindo-o em torno da reta $y = x$. Podemos usar este resultado para dizer o seguinte: quando trocamos x por y, quando encontramos a função inversa, obtemos o gráfico da função f^{-1} a partir do gráfico de f, ou seja as representações gráficas de f e f^{-1} são simétricas em relação à reta $y = x$.

Quando estudamos as funções inversas f e f^{-1}, as variáveis independentes costuma-se indicar por x, e os valores destas funções indica-se por y. Em outras palavras, para a função $y = f(x)$, $x \in X$, a função inversa escreve-se na forma $y = f^{-1}(x)$, $x \in Y$.

Assim, com estas novas notações, temos as seguintes identidades:

$$\begin{aligned} f^{-1}(f(x)) &= x, \quad x \in X, \\ f(f^{-1}(x)) &= x, \quad x \in Y. \end{aligned}$$

Por exemplo, as funções $y = x + 3, x \in \mathbb{R}$, e $y = x - 3, x \in \mathbb{R}$ são funções inversas, assim como as funções $y = x^5$ e $y = \sqrt[5]{x}$.

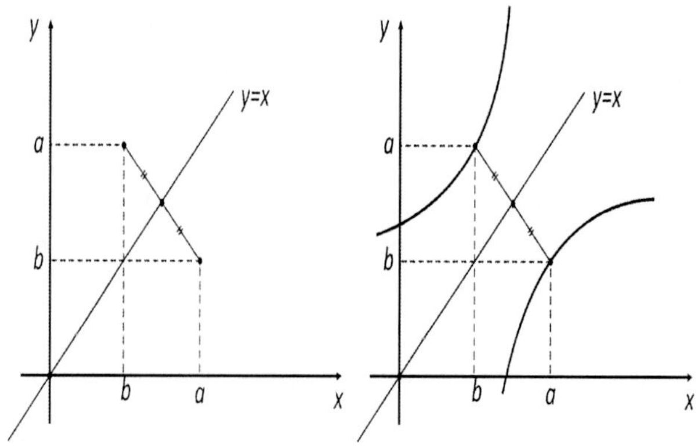

Figura 4.8: Gráficos de uma função e sua respectiva inversa

Teorema 4.2 *Se a função $f : A \to B$ é bijetiva, então existe uma e somente uma função $f^{-1} : B \to A$, tal que*

$$f(f^{-1}(y)) = y$$

qualquer que seja $y \in B$.

Prova: Como f é bijetiva, então $f(A) = B$ e a cada $y \in B$ corresponde um único $x \in A$, tal que $f(x) = y$.
Desta forma fica definida uma função representada por

$$f^{-1} : B \to A \ \text{ tal que } f^{-1}(y) = x.$$

Segue que para todo $y \in B$, temos

$$f(f^{-1}(y)) = y. \qquad \blacksquare$$

Definição 4.8 *Dada uma função $f : A \to B$ e dado $Y \subset f(A)$, o conjunto*

$$f^{-1}(Y) = \{x; x \in A \ \textit{ tal que } f(x) \in Y\}$$

é chamado de imagem inversa do conjunto Y pela função f.

Assim, da definição segue que $f^{-1}(Y) \subset A$.

Exemplo 4.16 *Encontre a função inversa da função* $y = x^2$, $x \in [0, +\infty)$.

Vamos expressar x em função de y:

$$x = \sqrt{y}, y \in [0, +\infty).$$

Agora trocando x por y e y por x, obtemos

$$f^{-1}(x) = y = \sqrt{x}, x \in [0, +\infty).$$

É fácil ver que os gráficos destas funções são simétricos com relação a reta $y = x$.

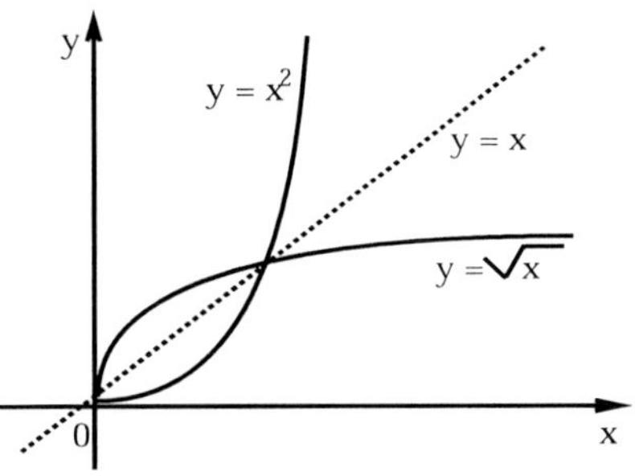

Figura 4.9: Gráficos das funções inversas $y = \sqrt{x}$ e $= x^2$

Exemplo 4.17 *Encontre a função inversa da função* $y = 4x^2 + 3$.

Primeiramente observe que $Im(f) = [3, \infty)$. Agora, escrevendo x com relação a $y: \; x^2 = \dfrac{y-3}{4}$ e extraindo raiz quadrada, obtemos

$$x = \frac{\sqrt{y-3}}{2}$$

ou $f^{-1}(y) = \dfrac{\sqrt{y-3}}{2}$. Claramente, o domínio da função inversa $f^{-1}(y)$ é o intervalo $[3, \infty)$. Trocando de variáveis, temos finalmente

$$f^{-1}(x) = \frac{\sqrt{x-3}}{2}, \; x \in [3, \infty).$$

No próximo exemplo, quando calcularemos a função inversa, faremos uso da definição de logaritmo neperiano ou logaritmo natural, na base e, $\log_e = \ln$, que estudaremos na subseção 4.4

Exemplo 4.18 *Encontre a função inversa da função* $y = 7 - 5^{-x}$.

Vamos resolver a equação abaixo com relação a x,

$$5^{-x} = 7 - y,$$

tomando logaritmo aos dois membros da equação, obtemos

$$-x \ln 5 = \ln(7 - y)$$

ou seja,

$$x = -\frac{\ln(7-y)}{\ln 5}.$$

É obvio que o domínio da função inversa $f^{-1}(y)$ é o intervalo $(-\infty, 7)$.

Exemplo 4.19 *Encontre a função inversa da função* $f(x) = x^2 + x,\ x \in [1/2, 2]$.

Claramente a função $f(x)$ é injetiva. Podemos escrever a função $f(x) = x^2 + x$ na forma:

$$f(x) = x^2 + x = (x + 1/2)^2 - 1/4 \geq 0,\ x \in [1/2, 2],$$

ou seja,

$$\begin{aligned} f(x) + 1/4 = (x+1/2)^2 \quad &\Longleftrightarrow \frac{4f(x)+1}{4} = (x+1/2)^2 \Longleftrightarrow \\ &\Longleftrightarrow \sqrt{4f(x)+1}/2 = x + 1/2 \Longleftrightarrow \\ &\Longleftrightarrow x = (\sqrt{4f(x)+1} - 1)/2. \end{aligned}$$

Donde

$$y = f^{-1}(x) = (\sqrt{4x+1} - 1)/2, \quad x \in [3/4, 6],$$

é a função inversa de $f(x)$.

4.4 Função Par e Função Ímpar

O Conjunto de pontos X da reta numérica(reta que representa o conjunto $\mathbb{R}$) chama-se simétrico com relação à origem de coordenadas, se para qualquer ponto $x \in X$ o número $-x$ também pertence a X.
Exemplos de tais conjuntos podem ser:
a) a união dos intervalos $(-\infty, 0)$ e $(0, +\infty)$; *b*) o intervalo $[-a, a]$; *c*) o intervalo $(-a, a)$; *d*) o conjunto $\{-3, -1, 1, 3\}$.

Definição 4.9 *A função $y = f(x)$, definida no conjunto X simétrico com relação à origem de coordenadas, chama-se par, se:*

$$f(x) = f(-x), \quad \textit{para} \quad \textit{qualquer } x \in X.$$

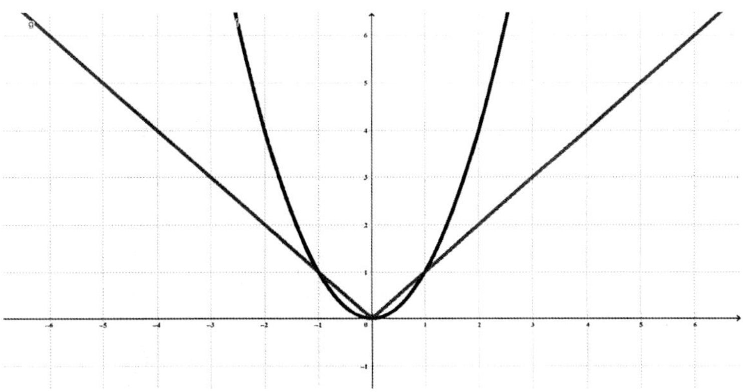

Figura 4.10: Gráficos de funções pares

Exemplos de funções pares são as seguintes funções

$$f(x) = 5x^8 \; f(x) = \frac{x^6}{12 + 5x^4}, \;\; f(x) = 4\cos 2x, \;\; f(x) = 2^{|7x|} - |\tan x|,$$

Por exemplo, analisando a função $f(x) = \dfrac{x^6}{12 + 5x^4}$, temos

$$f(-x) = \frac{(-x)^6}{12 + 5(-x)^4} = \frac{x^6}{12 + 5x^4} = f(x).$$

Se $f(x)$, $x \in X$, é par, então para cada $x \in X$ os pontos do seu gráfico $(x, f(x))$ e $(-x, f(-x)) = (-x, f(x))$ são simétricos com relação ao eixo y. Desta forma, o gráfico de uma função par é simétrico com relação ao eixo y.

Definição 4.10 *A função $y = f(x)$, definida no conjunto X simétrico com relação à origem de coordenadas, chama-se ímpar, se:*

$$f(-x) = -f(x), \quad \textit{para} \quad \textit{qualquer } x \in X.$$

Exemplos de funções ímpares são as seguintes funções

$$y = 5x^7 \quad y = \frac{2x^5}{3 - x^4}, \quad y = 5 \operatorname{sen} 3x, \quad y = x^3\sqrt{x^6 - 24}.$$

Se $f(x)$, $x \in X$, é ímpar, então para cada $x \in X$ os pontos do seu gráfico $(x, f(x))$ e $(-x, f(-x)) = (-x, -f(x))$ são simétricos com relação à origem de coordenadas. Desta forma, o gráfico de uma função ímpar é simétrico com relação à origem de coordenadas.

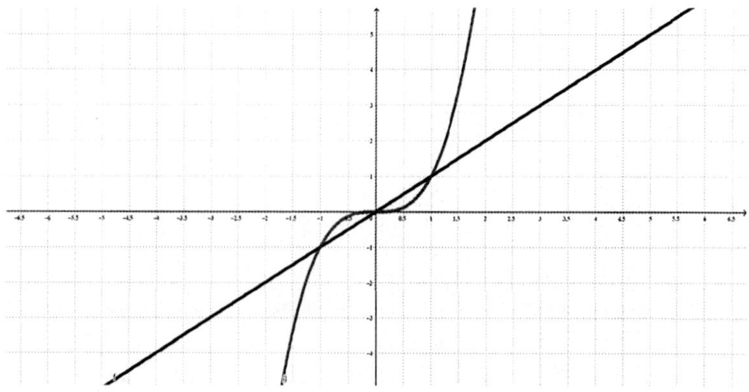

Figura 4.11: Gráficos de funções ímpares

Não vamos concluir daqui, que todas as funções se dividem em funções pares e funções ímpares, pois a maioria das funções não são pares nem ímpares. Por exemplo, podemos citar duas funções:

1. A função $y = \sqrt{2x^5}$ não é par nem ímpar, pois seu domínio não é um conjunto simétrico com relação à origem de coordenadas;

2. A função $y = (1/7)^x$ também não é par nem ímpar, ainda que seu domínio seja um conjunto simétrico com relação à origem de coordenadas. No entanto, por exemplo,

$$y(1) = 1/7 \neq 7 = y(-1), \qquad y(1) = 1/7 \neq -7 = -y(-1).$$

A única função, definida num conjunto simétrico M com relação à origem de coordenadas que é par e ímpar ao mesmo tempo neste conjunto, é a função identicamente nula $f(x) \equiv 0, \quad x \in M \subset \mathbb{R}$.

Qualquer função $y = f(x)$, definido no conjunto X simétrico com relação à origem de coordenadas pode-se escrever como soma de uma função par $\varphi(x)$ e de uma função ímpar $\psi(x)$: $f(x) = \varphi(x) + \psi(x)$, donde

$$\varphi(x) = \frac{f(x) + f(-x)}{2}, \qquad \psi(x) = \frac{f(x) - f(-x)}{2}.$$

Exemplo 4.20 *Escreva a função $f(x) = e^x + x + 1$ como soma de uma função par e uma função ímpar.*

Podemos escrever

$$\begin{aligned}\varphi(x) &= \frac{f(x) + f(-x)}{2} = \frac{e^x + x + 1 + e^{-x} - x + 1}{2} = \\ &= \frac{e^x + e^{-x} + 2}{2},\end{aligned}$$

e

$$\begin{aligned}\psi(x) &= \frac{f(x) - f(-x)}{2} = \frac{e^x + x + 1 - e^{-x} + x - 1}{2} = \\ &= \frac{e^x - e^{-x} + 2x}{2}.\end{aligned}$$

Donde segue, $f(x) = \varphi(x) + \psi(x)$.

Exemplo 4.21 *Escreva como soma de uma função par e uma função ímpar a seguinte função*

$$y = 3^x.$$

Escrevamos

$$\varphi(x) = \frac{3^x + 3^{-x}}{2}, \qquad \psi(x) = \frac{3^x - 3^{-x}}{2}.$$

Assim, $\varphi(-x) = \varphi(x)$, $\psi(-x) = -\psi(x)$, isto é, $\varphi(x)$ é uma função par, e $\psi(x)$ é uma função ímpar. Assim

$$y(x) = \varphi(x) + \psi(x).$$

Propriedades das Funções Pares e Ímpares

1. Se $f(x)$ e $g(x)$ são funções pares no mesmo conjunto X, então as funções $f(x) + g(x)$, $f(x) - g(x)$, $f(x)g(x)$, $f(x)/g(x)$, com $g(x) \neq 0$, são funções pares no conjunto X.

2. Se $f(x)$ e $g(x)$ são funções ímpares no mesmo conjunto X, então as funções $f(x)+g(x)$, $f(x)-g(x)$, são funções ímpares no conjunto X. A função $f(x)g(x)$ é par no conjunto X; da mesma forma, a função $f(x)/g(x)$ é par desde que $g(x) \neq 0$.

Exemplo 4.22 *Mostre que a seguinte função é ímpar*

$$y = \log_5(x^3 + \sqrt{1 + x^6}).$$

O domínio de existência da função dada é o conjunto de todos os pontos x tais que $x^3 + \sqrt{1 + x^6} > 0$. Esta desigualdade é satisfeita para qualquer $x \in \mathbb{R}$. Na verdade se $x = 0$, então $x^3 + \sqrt{1 + x^6} = 1 > 0$. Para qualquer $x \neq 0$ temos

$$x^3 + \sqrt{1 + x^6} = x^3 + |x^3|\sqrt{1 + \frac{1}{x^6}} > x^3 + |x^3| \geq 0.$$

Desta forma, o domínio da função dada é $\mathbb{R}$ e portanto, simétrica com relação à origem de coordenadas.

Continuando com a análise, temos para quaisquer x real, valem as seguintes igualdades

$$\begin{aligned} y(-x) &= \log_5((-x)^3 + \sqrt{1+(-x)^6}) = \log_3(-x^3 + \sqrt{1+x^6}) \\ &= \log_5 \frac{(-x^3 + \sqrt{1+x^6})(x^3 + \sqrt{1+x^6})}{x^3 + \sqrt{1+x^6}} = \log_3 \frac{1}{x^3 + \sqrt{1+x^6}} \\ &= \log_5(x^3 + \sqrt{1+x^6})^{-1} = -\log_3(x^3 + \sqrt{1+x^6}) = \\ &= -y(x). \end{aligned}$$

Como o domínio da função dada é a reta numérica e $y(x) = -y(-x)$ para todo $x \in \mathbb{R}$, então a função dada é ímpar.

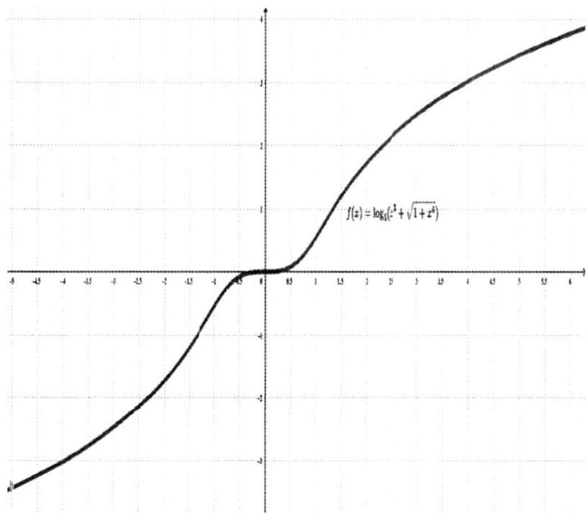

Figura 4.12: Gráfico da função logaritmo $y = \log_5(x^3 + \sqrt{1+x^6})$

Exemplo 4.23 *Verifique se a seguinte função é par,*

$$f(x) = \left(\log_{3/2} \frac{x+3}{x-3}\right)\left(x - \log_4 \frac{4+x}{4-x}\right).$$

Primeiramente calculemos o domínio da função;

$$\begin{cases} \dfrac{x+3}{x-3} > 0, & \text{Dom}(\log_{3/2} \dfrac{x+3}{x-3}) = (-\infty, -3) \cup (3, +\infty) \\ \dfrac{4+x}{4-x} > 0, & \text{Dom}(x - \log_4 \dfrac{4+x}{4-x}) = (-4, 4) \end{cases}$$

Assim,

$$\text{Dom}f(x) = [(-\infty, -3) \cup (3, +\infty)] \cap (-4, 4) = (-4, -3) \cup (3, 4),$$

é simétrica com relação a origem de coordenadas.

Para qualquer x pertencente ao domínio da função, temos

$$\begin{aligned}
f(-x) &= \left(\log_{3/2} \frac{-x+3}{-x-3}\right)\left(-x - \log_4 \frac{4-x}{4-(-x)}\right) = \\
&= -\left(\log_{3/2} \frac{x-3}{x+3}\right)\left(x + \log_4 \frac{4-x}{4+x}\right) = \\
&= \left(\log_{3/2} \left(\frac{x-3}{x+3}\right)^{-1}\right)\left(x - \log_4 \left(\frac{4-x}{4+x}\right)^{-1}\right) = \\
&= \left(\log_{3/2} \frac{x+3}{x-3}\right)\left(x - \log_4 \frac{4+x}{4-x}\right) = \\
&= f(x).
\end{aligned}$$

Portanto, a função $f(x)$ é par.

4.5 Função Limitada

A função $y = f(x)$, definida no conjunto X, chama-se limitada inferiormente neste conjunto se existe um número real A, tal que $f(x) \geq A$ para todo $x \in X$.

O número A chama-se cota inferior da função $f(x)$ no conjunto X. Por exemplo, a função $f(x) = x^2 + 3$ é limitada por baixo no conjunto $\mathbb{R}$, pois temos $x^2 + 3 \geq 3$ para todo $x \in \mathbb{R}$.

A função $y = f(x)$, definida no conjunto X, chama-se limitada superiormente neste conjunto se existe um número B, tal que $f(x) \leq B$ para todo $x \in X$.

O número B chama-se cota superior da função $f(x)$ no conjunto X. Por exemplo a função $f(x) = 5\cos 7x$ é limitada por cima pelo número 5 para todo $x \in \mathbb{R}$.

Exemplo 4.24 *Mostre que a função $y = 7\cos 5x + 3\,\text{sen}\,5x$ é limitada superiormente no conjunto dos números reais $\mathbb{R}$.*

Para cada $x \in \mathbb{R}$ podemos usar as limitações grossas das funções $\text{sen}\,x$ e $\cos x$: $\cos 5x \leq 1$ e $\text{sen}\,5x \leq 1$. Assim, temos

$$5\cos 3x + 2\,\text{sen}\,3x \leq 5 \cdot 1 + 2 \cdot 1 = 7,$$

é limitada superiormente e o problema está resolvido.

No entanto, podemos usar a seguinte igualdade para refinar ainda mais a limitação,

$$5\cos 3x + 2\,\text{sen}\,3x = \sqrt{29}\left(\frac{5}{\sqrt{29}}\cos 3x + \frac{2}{\sqrt{29}}\,\text{sen}\,3x\right) = \sqrt{29}\cos(x-\varphi),$$

onde $\varphi = \text{arcsen}\,\frac{2}{\sqrt{29}}$, e concluir que $5\cos 3x + 2\,\text{sen}\,3x \leq \sqrt{29}$. Assim $\sqrt{29}$ é a menor de todas as cotas superiores.

Definição 4.11 *Diz-se que a função $f(x)$ definida no conjunto X, é limitada neste conjunto, se existe um número real positivo M, tal que, para qualquer $x \in X$, tem-se $|f(x)| \leq M$.*

Exemplo 4.25 *A função $f(x) = 7^{\text{sen}^5 x} + 3\cos 3x$ é limitada no conjunto $\mathbb{R}$.*

De fato,

$$|7^{\text{sen}^5 x} + 3\cos 3x| \leq |7^{\text{sen}^5 x}| + 3|\cos 3x| \leq 7 + 3 = 10.$$

Exemplo 4.26 *Analisar a limitação da função $f(x) = \sqrt{16 - x^2}$.*

Como a função $f(x) = \sqrt{16 - x^2}$ está definida no intervalo $[-4, 4]$, é fácil ver que

$$0 \leq \sqrt{16 - x^2} \leq 4.$$

Exemplo 4.27 *Analisar a limitação da função $f(x) = \dfrac{1 + x^2}{1 + x^4}$ no intervalo $(-\infty, +\infty)$.*

Como os expoentes da variável x são pares, segue que $f(x) > 0$, pois $x^2 + 1 > 0$. Da desigualdade $(1 - x^2)^2 \geq 0$, segue que $1 + x^4 \geq 2x^2$, ou seja $\dfrac{x^2}{1 + x^4} \leq \dfrac{1}{2}$. Assim

$$0 < \frac{1 + x^2}{1 + x^4} = \frac{1}{1 + x^4} + \frac{x^2}{1 + x^4} \leq 1 + \frac{1}{2} = \frac{3}{2}, \quad \forall x \in (-\infty, +\infty).$$

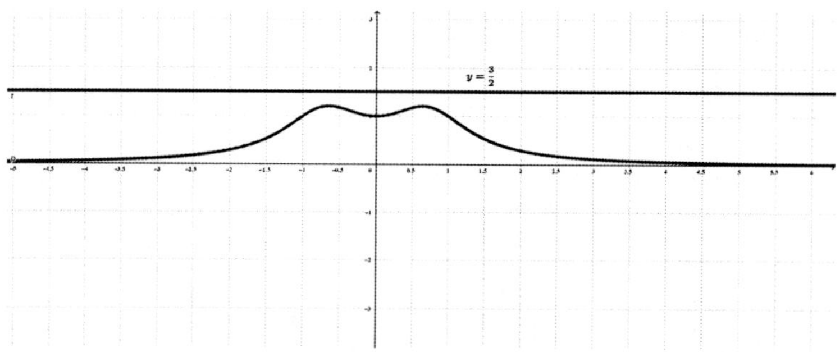

Figura 4.13: Gráfico da função $f(x) = \dfrac{1 + x^2}{1 + x^4}$

A interpretação geométrica da definição de uma função $f(x)$ limitada superiormente no conjunto X, significa que o gráfico da função encontra-se embaixo de uma reta horizontal $y = B$.

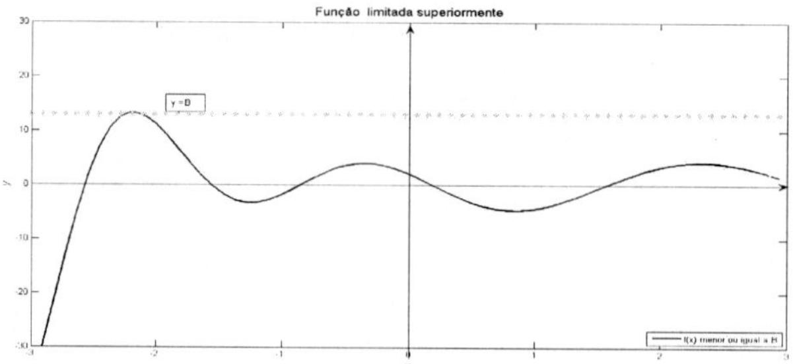

Figura 4.14: Gráfico de uma função limitada superiormente

A função $f(x)$ é limitada inferiormente no conjunto X, significa dizer que o gráfico da função encontra-se em cima de uma reta horizontal $y = A$.

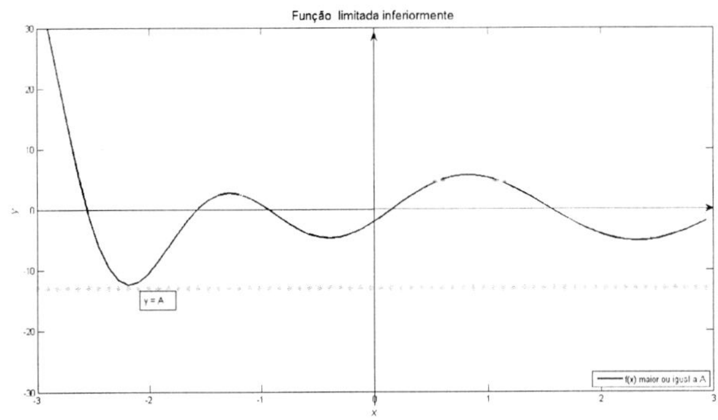

Figura 4.15: Gráfico de uma função limitada inferiormente

A função $f(x)$ é limitada no conjunto X, significa dizer que o gráfico da função encontra-se numa faixa limitada por duas retas horizontais.

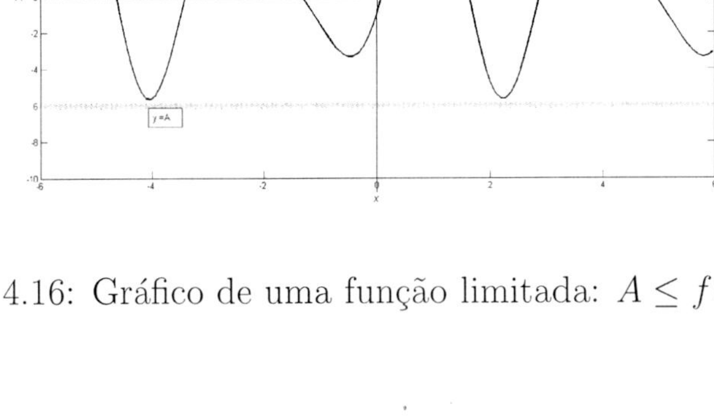

Figura 4.16: Gráfico de uma função limitada: $A \leq f(x) \leq B$

Propriedades das Funções Limitadas

1. Se as funções $f(x)$ e $g(x)$ estão definidas e são limitadas no mesmo conjunto X, então as funções $f(x) + g(x)$, $f(x) - g(x)$, $f(x)g(x)$, $|f(x)|$, também são funções limitadas no conjunto X.

2. Se $f(x)$ e $g(x)$ são funções definidas no mesmo conjunto X, a função $f(x)$ é limitada em X, e a função $g(x)$ é tal que $|g(x)| > M > 0$, então a função $f(x)/g(x)$ é limitada no conjunto X.

3. Se a função $f(x)$ é limitada, então as funções

$$\sqrt[n]{f(x)},\quad a^{f(x)},\quad \operatorname{sen} f(x),\quad \ln f^4(x),\quad \arccos f(x),\quad \operatorname{arctg} f(x)$$

são limitadas no mesmo conjunto onde a função $f(x)$ está definida.

4.6 Funções Monótonas

A função $y = f(x)$, $x \in X$, chama-se crescente no conjunto $M \subseteq X$, se para quaisquer $x_1, x_2 \in M$, tais que $x_1 < x_2$, temos

$$f(x_1) < f(x_2).$$

A função $y = f(x)$, $x \in X$, chama-se decrescente no conjunto $M \subseteq X$, se para quaisquer $x_1, x_2 \in M$, tais que $x_1 < x_2$, temos

$$f(x_1) > f(x_2).$$

A função $y = f(x)$, $x \in X$, chama-se não decrescente no conjunto $M \subseteq X$, se para quaisquer $x_1, x_2 \in M$, tais que $x_1 < x_2$, temos

$$f(x_1) \leq f(x_2).$$

A função $y = f(x), \quad x \in X$, chama-se não crescente no conjunto $M \subseteq X$, se para quaisquer $x_1, x_2 \in M$, tais que $x_1 < x_2$, temos

$$f(x_1) \geq f(x_2).$$

Se a função $y = f(x)$, $x \in X$, possui uma das 4 propriedades acima no conjunto $M \subseteq X$, então dizemos que tal função é monótona em M.

Exemplo 4.28 *Mostre que a função $y = 2x^4$ é crescente no conjunto $[0, +\infty)$ e decrescente no conjunto $(-\infty, 0]$.*

De fato, para quaisquer x_1, x_2 tais que $0 \leq x_1 < x_2 < +\infty$, temos

$$\begin{aligned} y(x_1) - y(x_2) &= 2x_1^4 - 2x_2^4 = 2(x_1^2 - x_2^2)(x_1^2 + x_2^2) = \\ &= 2(x_1 - x_2)(x_1 + x_2)(x_1^2 + x_2^2) < 0, \end{aligned}$$

pois $x_1 + x_2 > 0, \ x_1 - x_2 < 0$. Portanto, $y(x_1) < y(x_2)$, isto é, a função $y = 2x^4$ é crescente no intervalo $[0, +\infty)$.

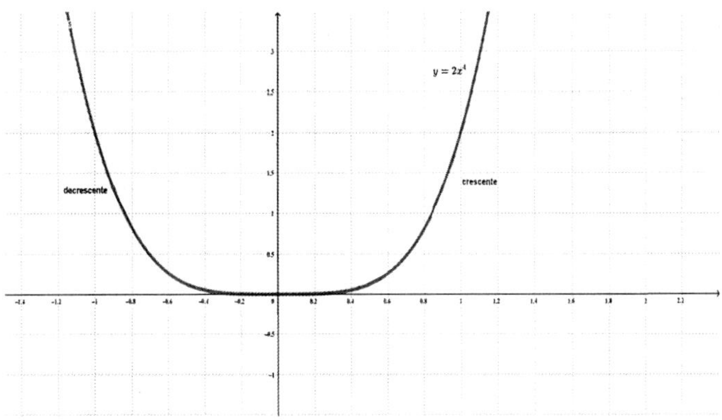

Figura 4.17: Gráfico da função $f(x) = 2x^4$, onde mostra em quais intervalos ela é crescente e decrescente.

Agora, para quaisquer x_1, x_2 tais que $-\infty < x_1 < x_2 \leq 0$, temos

$$y(x_1) - y(x_2) = 2x_1^4 - 2x_2^4 = 2(x_1 - x_2)(x_1 + x_2)(x_1^2 + x_2^2) > 0,$$

pois $x_1 + x_2 < 0, \ x_1 - x_2 < 0$. Portanto, $y(x_1) > y(x_2)$, e por definição, a função $y = 2x^4$ é decrescente no intervalo $(-\infty, 0]$.

Exemplo 4.29 *Mostre que a função* $y = \sqrt{x+3}$ *é crescente no conjunto* $[-3, +\infty)$.

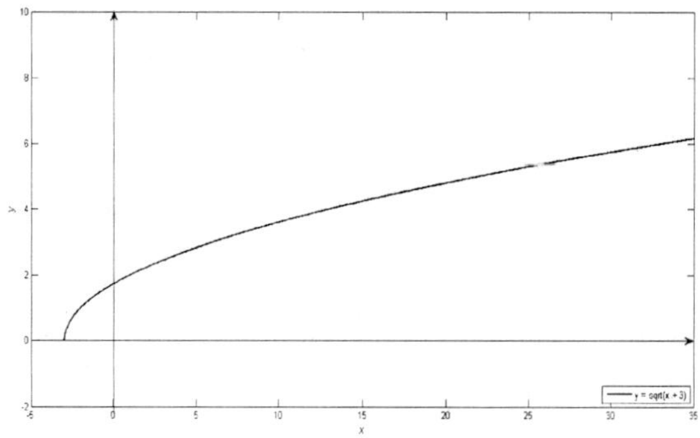

Figura 4.18: Gráfico da função $f(x) = \sqrt{x+3}$.

Obviamente o domínio da função $f(x) = \sqrt{x+3}$ é o intervalo $[-3, +\infty)$. Consideremos dois elementos arbitrários x_1 e x_2 tais que, $-3 \leq x_1 < x_2$, então

$$\begin{aligned}
\sqrt{x_2+3} - \sqrt{x_1+3} &= \frac{(\sqrt{x_2+3} - \sqrt{x_1+3})(\sqrt{x_2+3} + \sqrt{x_1+3})}{(\sqrt{x_2+3} + \sqrt{x_1+3})} = \\
&= \frac{x_2 - x_1}{(\sqrt{x_2+3} + \sqrt{x_1+3})} \\
&> 0,
\end{aligned}$$

pois $x_2 - x_1 > 0$.

Segue daqui que $\sqrt{x_2+3} > \sqrt{x_1+3}$, e portanto, a função $y = \sqrt{x+3}$ é crescente.

Exemplo 4.30 *Encontre os intervalos de crescimento e decrescimento da função*

$$f(x) = \frac{1}{x^2+1}.$$

Como $f(0) = 1$, é o maior valor da função, vamos analisar os sinais da função nos intervalos $(-\infty, 0]$ e $[0, +\infty)$.

Se $0 \leq x_1 < x_2 < \infty$, então

$$f(x_2)-f(x_1) = \frac{1}{x_2^2+1}-\frac{1}{x_1^2+1} = \frac{x_1^2 - x_2^2}{(x_2^2+1)(x_1^2+1)} = \frac{(x_1-x_2)(x_1+x_2)}{(x_2^2+1)(x_1^2+1)} <$$

e portanto, a função decresce.
Se $-\infty < x_1 < x_2 \leq 0$, então

$$f(x_2)-f(x_1) = \frac{1}{x_2^2+1}-\frac{1}{x_1^2+1} = \frac{x_1^2 - x_2^2}{(x_2^2+1)(x_1^2+1)} = \frac{(x_1-x_2)(x_1+x_2)}{(x_2^2+1)(x_1^2+1)} >$$

e portanto, a função cresce.

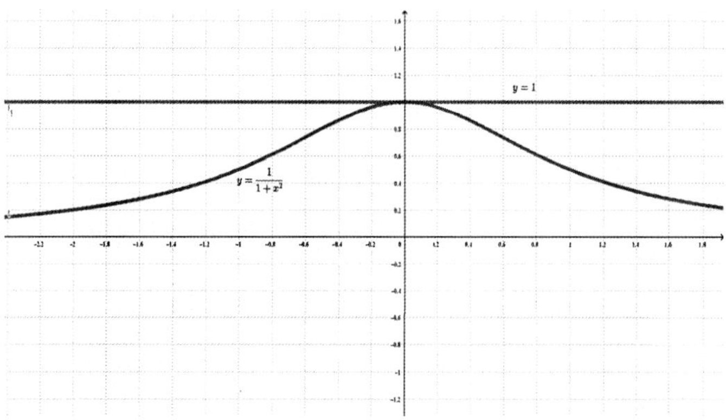

Figura 4.19: Gráfico da função $f(x) = \dfrac{1}{x^2+1}$.

4.7 Máximos e Mínimos de uma Função

O ponto $x_o \in X$ chama-se ponto de máximo local da função $f(x)$, $x \in X$, se existe um intervalo $(x_o - \delta, x_o + \delta)$, $\delta > 0$, contido em X e tal que para todo x deste intervalo temos a desigualdade $f(x) \leq f(x_o)$.

O ponto $x_o \in X$ chama-se ponto de mínimo local da função $f(x)$, $x \in X$, se existe um intervalo $(x_o - \delta, x_o + \delta)$, $\delta > 0$, contido em X e tal que para todo x deste intervalo temos a desigualdade $f(x) \geq f(x_o)$.

Os pontos de máximo local e mínimo local chamam-se pontos de extremo.

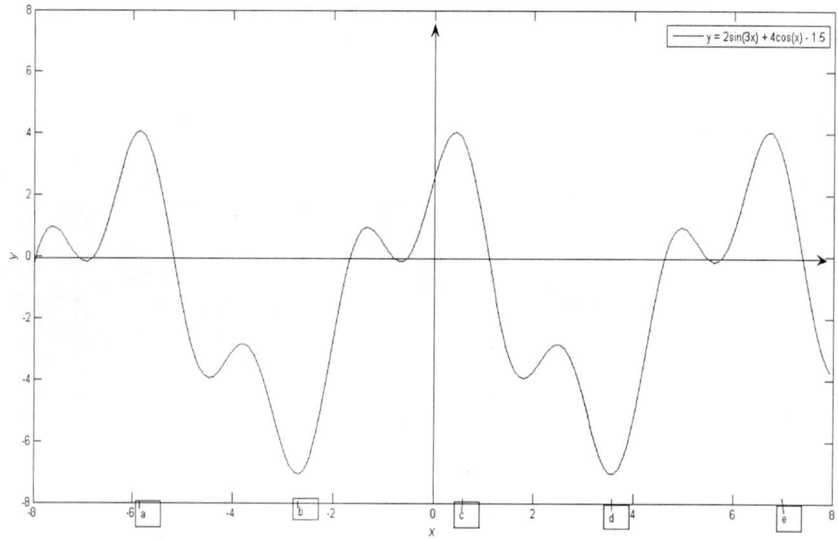

Figura 4.20: b e d são pontos de mínimo, a, c e e são pontos de máximo.

A seguir enunciaremos um critério importante para calcular os pontos de extremo.

Teorema 4.3 (Condição suficiente para o extremo local) *Se a função $y = f(x)$, $x \in X$ cresce (decresce) num intervalo da forma $(x_o - \delta, x_o] \subset X$ e decresce(cresce) num intervalo $[x_o, x_o + \delta) \subset X$, $\delta > 0$, então, o ponto x_o é um ponto de máximo(mínimo) local da função $f(x)$.*

Prova: Vejamos, suponhamos que f seja crescente em $(x_o - \delta, x_o]$ ou seja $f(x_o) \geq f(x)$ $\forall x \in (x_o - \delta, x_o]$ e f seja decrescente em $[x_o, x_o + \delta)$ ou seja $f(x_o) \geq f(x)$ $\forall x \in [x_o, x_o + \delta, x_o)$. Segue daqui que $f(x_o) \geq f(x)$, $\forall x \in (x_o - \delta, x_o + \delta, x_o)$. Logo x_o é ponto de máximo.

Para provar que x_o é ponto de mínimo de f, quando $f(x)$ é decrescente em $(x_o - \delta, x_o]$ e crescente no intervalo $[x_o, x_o + \delta)$, o procedimento é análogo ao caso anterior. ■

Exemplo 4.31 *Encontrar os pontos de máximo local e mínimo local (pontos de extremo) da função*

$$f(x) = \frac{|x|}{1 + x^2},$$

e também os valores extremos.

Para encontrar os pontos de extremo local, é suficiente encontrar os intervalos de crescimento e os intervalos de decrescimento da função.

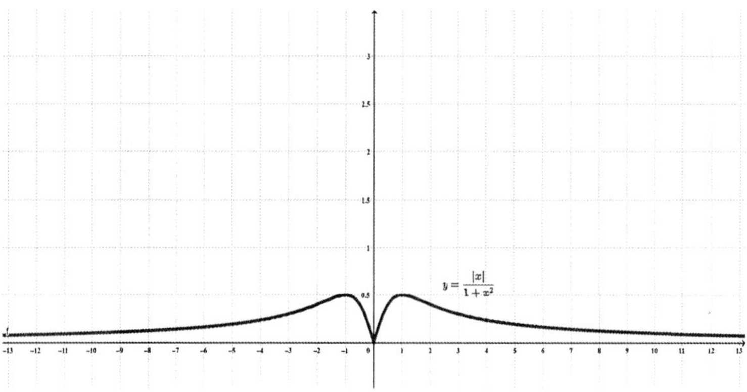

Figura 4.21: Gráfico da função $f(x) = \dfrac{|x|}{1 + x^2}$

Uma análise rápida mostra que a função é par e se anula quando $x = 0$. Isto significa que podemos analisar a função no intervalo

$[0, \infty)$. De fato, neste intervalo $|x| = x \geq x^2$, se $x \in [0, 1]$ e $|x| = x \leq x^2$, se $x \in [1, \infty)$:

$$0 \leq \frac{x}{1+x^2} \leq \frac{1}{2}, \quad x \in [0, 1]$$
$$0 \leq \frac{x}{1+x^2} \leq \frac{1}{2}, \quad x \in [1, +\infty)$$

Agora, usando o fato que $f(x)$ é par em $\mathbb{R}$, temos

1. A função $f(x)$ cresce estritamente nos intervalos $(-\infty, -1]$ e $[0, 1]$;

2. A função $f(x)$ decresce estritamente nos intervalos $[-1, 0]$ e $[1, +\infty)$.

Desta forma, os pontos $x = -1$ e $x = 1$ são pontos de máximo local, enquanto o ponto $x = 0$ é um ponto de mínimo local. Portanto, os valores extremos da função são;

$$f(-1) = 1/2, \quad f(1) = 1/2, \quad f(0) = 0.$$

Se a função $y = f(x)$ cresce(decresce) no intervalo $[a, b]$, então o menor (maior)valor da função é alcançado quando $x = a$ e o maior valor(menor) da função é atingido quando $x = b$.

Assim, por exemplo a função $y = \log_3 x$ cresce no intervalo $[1/3, 9]$(já sabemos), portanto, o menor valor da função $y = \log_3 x$ é atingido no ponto $x = 1/3$ e é igual a $\log_3 1/3 = -1$, enquanto o maior valor é igual a $\log_3 9 = 2$, e é atingido no ponto $x = 9$.

Se a função $y = f(x)$, $x \in X$, não é limitada superiormente no conjunto $M \subseteq X$, então ela não atinge seu máximo valor no conjunto M; se a função $y = f(x)$, $x \in X$, não é limitada inferiormente no conjunto $M \subseteq X$, então ela não atinge seu mínimo valor no conjunto M.

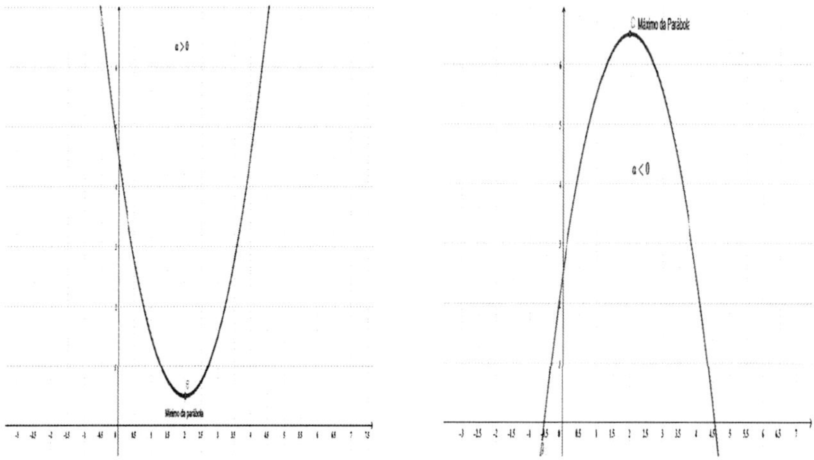

Figura 4.22: $B = (-b/(2a), c - b^2/(4a))$, $C = (-b/(2a), c - b^2/(4a))$

Exemplo 4.32 *Analise os valores máximo e mínimo da função*

$$y = ax^2 + bx + c, \ a \neq 0.$$

Lembremos que o domínio da função quadrática é o conjunto dos números reais $\mathbb{R}$. Reescrevendo y na seguinte forma:

$$y = ax^2 + bx + c = a\left(x + \frac{b}{2a}\right)^2 + c - \frac{b^2}{4a},$$

podemos concluir:

1. Se $a > 0$, a função $y = ax^2 + bx + c$ atinge seu valor mínimo igual a $c - \dfrac{b^2}{4a}$, e é atingido quando $x = -\dfrac{b}{2a}$;

2. Se $a < 0$, a função $y = ax^2 + bx + c$ atinge seu valor máximo igual a $c - \dfrac{b^2}{4a}$, e ele é atingido quando $x = -\dfrac{b}{2a}$.

Exemplo 4.33 *Analise os valores máximo e mínimo da função*

$$y = 4x^2 + 8x + 15.$$

Escrevamos y na seguinte forma

$$4x^2 + 8x + 15 = 4(x+1)^2 + 11.$$

Então daqui segue, que a função $y = 4x^2 + 8x + 15$ atinge seu valor mínimo igual a $15 - \dfrac{8^2}{4 \times 4} = 11$, e ele é atingido quando $x = -1$. Como a função $y = 4x^2 + 8x + 15$ não é limitada superiormente, então a função não possui valor máximo.

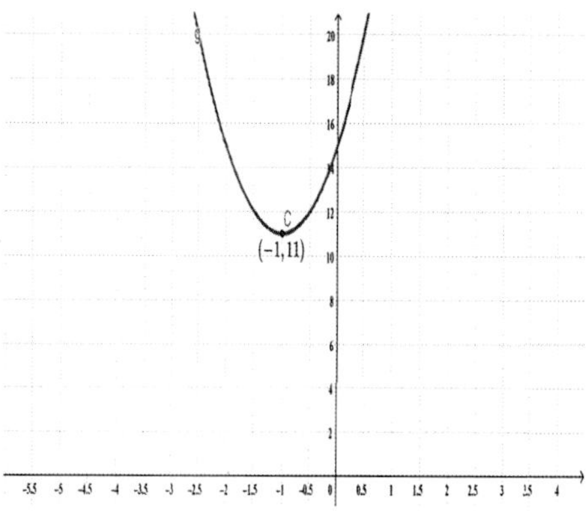

Figura 4.23: Gráfico da função $y = 4x^2 + 8x + 15$

Exemplo 4.34 *Encontre os valores máximo e mínimo da função*

$$y = 2\,\mathrm{sen}\,3x + 5\cos 3x.$$

Escrevamos a função y da seguinte forma;

$$\begin{aligned} y &= 2\,\mathrm{sen}\,3x + 5\cos 3x = \\ &= \sqrt{2^2+5^2}\left(\frac{2}{\sqrt{2^2+5^2}}\,\mathrm{sen}\,3x + \frac{5}{\sqrt{2^2+5^2}}\cos 3x\right) = \\ &= \sqrt{29}(\cos\alpha\sin 3x + \mathrm{sen}\,\alpha\cos 3x) = \\ &= \sqrt{29}\,\mathrm{sen}(3x+\alpha), \end{aligned}$$

onde $\alpha = \arccos\frac{2}{\sqrt{29}} = \mathrm{arcsen}\,\frac{5}{\sqrt{29}}$. Como o máximo valor da função $\mathrm{sen}(3x+\alpha)$ é igual a 1 e o mínimo valor é igual a -1, então o valor máximo da função $y = 2\,\mathrm{sen}\,3x + 5\cos 3x$ é $\sqrt{29}$ e o valor mínimo é $-\sqrt{29}$.

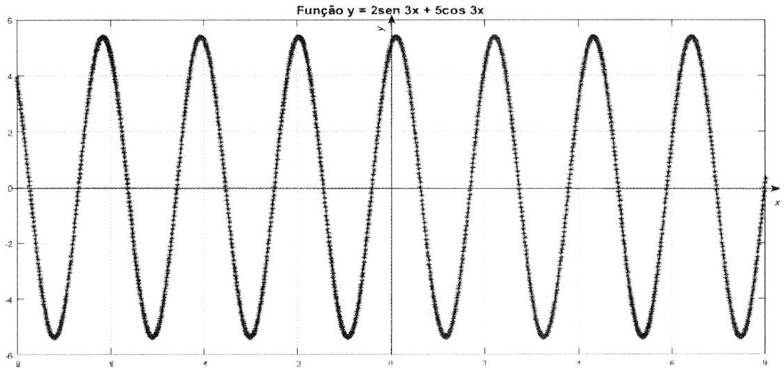

Figura 4.24: Gráfico da função $y = 2\,\mathrm{sen}\,3x + 5\cos 3x$

4.8 Funções Periódicas

A função $f : X \to \mathbb{R}, \quad x \mapsto f(x)$ chama-se periódica em X, se existe um número $T > 0$, chamado período da função, tal que:

1. $x + T$ e $x - T$ pertencem ao conjunto X para cada $x \in X$;

2. Para cada $x \in X$ temos a igualdade

$$f(x + T) = f(x).$$

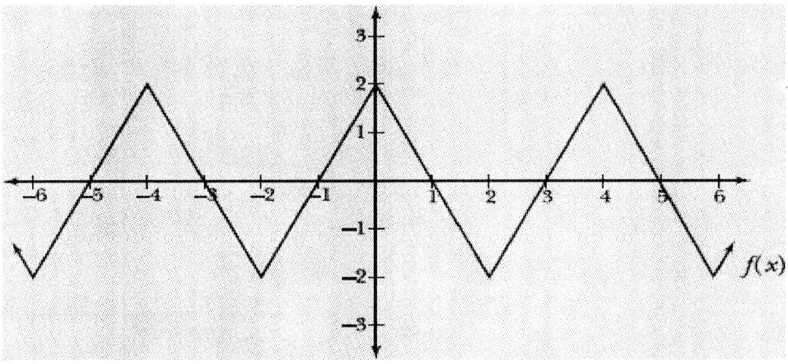

Figura 4.25: Gráfico de uma função com período $T = 4$

Exemplo 4.35 *Mostre que se a função*

$$f(x) = \cos x + \operatorname{sen} \alpha x$$

é periódica, então α é um número racional.

Observamos que o domínio da função é $\mathbb{R}$. Por hipótese $f(x)$ é periódica. Seja $T > 0$ o período da função, então para cada x e α, temos

$$\cos(x + T) + \operatorname{sen} \alpha(x + T) = \cos x + \operatorname{sen} \alpha x.$$

Escrevendo nesta igualdade, $x = 0$ e $x = -T$, obtemos

$$\begin{aligned} \cos T + \operatorname{sen} \alpha T &= 1 \\ 1 &= \cos T - \operatorname{sen} \alpha T. \end{aligned}$$

Subtraindo a segunda equação da primeira e logo simplificando por 2, obtemos

$$\cos T = 1, \quad \text{isto é}, \ T = 2\pi m, \ m \in \mathbb{Z}.$$

Agora, somando as duas equações, obtemos

$$2 \operatorname{sen} \alpha T = 0, \quad \text{isto é}, \ \alpha T = k\pi, \ k \in \mathbb{Z}.$$

Como $T \neq 0$, então $k, m \neq 0$, portanto,

$$\alpha 2\pi m = k\pi, \ \text{donde} \ \alpha = k/(2m), \ \text{isto é}, \ \alpha \in \mathbb{Q}.$$

Definição 4.12 *O menor dos períodos positivos de uma função periódica chama-se período principal.*

Exemplo 4.36 *Encontre o período da seguinte função*

$$y = \operatorname{sen} \frac{3x}{2}.$$

Sabemos que a função $\operatorname{sen} x$ tem período $T = 2\pi$. Denotemos por T o período da função $y = \operatorname{sen} \frac{3x}{2}$. Então

$$y = \operatorname{sen} \frac{3x}{2} = \operatorname{sen} \frac{3(x + T)}{2} = \operatorname{sen} \left(\frac{3x}{2} + \frac{3T}{2} \right),$$

donde $\frac{3T}{2} = 2\pi$. Assim, $T = \dfrac{4\pi}{3}$.

Exemplo 4.37 *Encontre o período principal da função*

$$y = 4\cos x + 2\cos 2x - 3\,\text{sen}\,3x.$$

Observamos que o domínio da função é toda a reta numérica. O menor período da função $\cos x$ é 2π, o menor período da função $\cos 2x$ é π e o menor período da função $\text{sen}\,3x$ é $2\pi/3$. Portanto o menor período comum das três funções é 2π. De fato,

$$\begin{aligned} y &= 4\cos(x + 2\pi) + 2\cos 2(x + 2\pi) - 3\,\text{sen}\,3(x + 2\pi) = \\ &= 4\cos x + 2\cos 2x - 3\,\text{sen}\,3x. \end{aligned}$$

4.9 Funções Côncava para Cima e Côncava para Baixo

Definição 4.13 *A função $f(x)$ definida no intervalo X chama-se côncava para cima se para quaisquer x_1 e x_2 deste intervalo e qualquer $\alpha \in (0,1)$ temos a desigualdade*

$$f(\alpha x_1 + (1-\alpha)x_2) \leq \alpha f(x_1) + (1-\alpha)f(x_2). \tag{4.3}$$

E côncava para baixo se

$$f(\alpha x_1 + (1-\alpha)x_2) \geq \alpha f(x_1) + (1-\alpha)f(x_2). \tag{4.4}$$

Geometricamente, a propriedade de concavidade para baixo da função $f(x)$ no intervalo X, significa que os pontos de qualquer arco AB do gráfico da função $y = f(x)$, onde $A = (x_1, f(x_1))$ e $B = (x_2, f(x_2))$ estão acima da corda que contém estes pontos.

Analogamente dizemos que a função $y = f(x)$ é côncava para cima se qualquer arco AB do gráfico da função $y = f(x)$, onde $A = (x_1, f(x_1))$ e $B = (x_2, f(x_2))$ estão abaixo da corda que contém estes pontos.

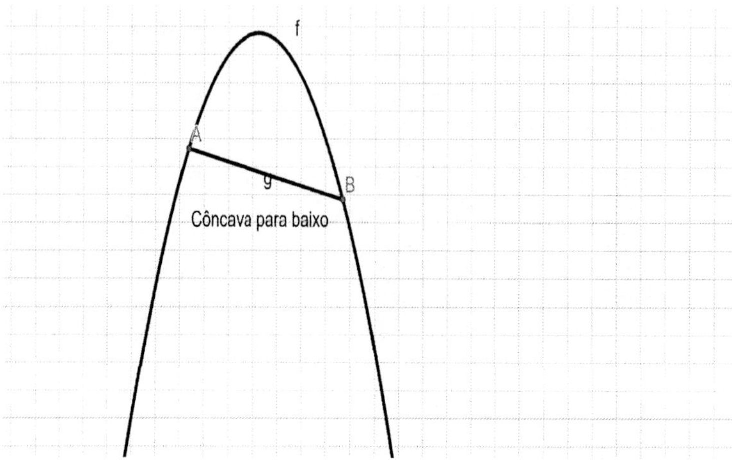

Figura 4.26: $A = (x_1, f(x_1))$ e $B = (x_2, f(x_2))$. Côncava para baixo

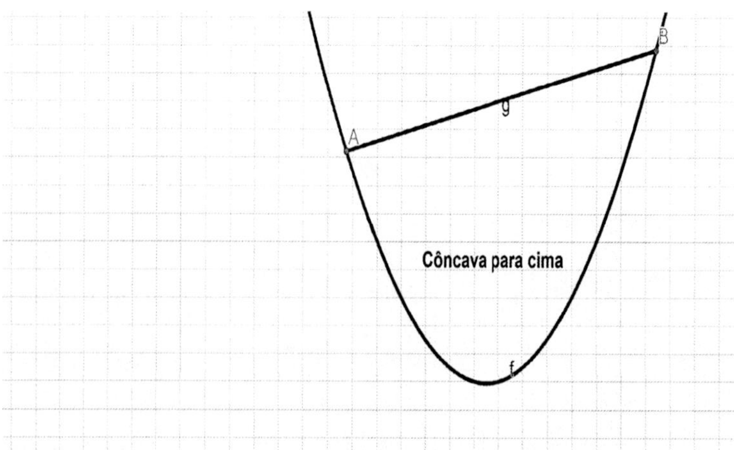

Figura 4.27: $A = (x_1, f(x_1))$ e $B = (x_2, f(x_2))$. Côncava para cima

Observação 4.1 *Notemos que qualquer ponto da forma* $\alpha x_1 + (1-\alpha)x_2$, *com* $\alpha \in (0,1)$ *pertence ao intervalo* (x_1, x_2).

Para mostrar a concavidade para cima ou concavidade para baixo das funções definidas no intervalo X, basta verificar as desigualdades (4.3) e (4.4) para $\alpha = 1/2$, ou seja:

Definição 4.14 *A função* $f(x)$, *definida no intervalo* X, *chama-se côncava para cima, se para quaiquer* x_1 *e* x_2 *deste intervalo temos a seguinte desigualdade*

$$f\left(\frac{x_1+x_2}{2}\right) \leq \frac{f(x_1)+f(x_2)}{2}.$$

e é côncava para baixo se

$$f\left(\frac{x_1+x_2}{2}\right) \geq \frac{f(x_1)+f(x_2)}{2}.$$

Exemplo 4.38 *Mostre que a função exponencial* $y = a^x, a > 0$ *é côncava para cima em todo* $\mathbb{R}$.

Vamos analisar o sinal da diferença $f\left(\dfrac{x_1+x_2}{2}\right) - \dfrac{f(x_1)+f(x_2)}{2}$ para a função dada. Assim, temos

$$\begin{aligned}
& a^{\frac{x_1+x_2}{2}} - \frac{a^{x_1+x_2}}{2} = a^{\frac{x_1}{2}} \times a^{\frac{x_2}{2}} - \frac{a^{x_1}}{2} - \frac{a^{x_2}}{2} = \\
& = \frac{a^{\frac{x_1}{2}} \times a^{\frac{x_2}{2}}}{2} + \frac{a^{\frac{x_1}{2}} \times a^{\frac{x_2}{2}}}{2} - \frac{a^{x_1}}{2} - \frac{a^{x_2}}{2} = \\
& = \frac{1}{2}a^{\frac{x_1}{2}}\left[a^{\frac{x_2}{2}} - a^{\frac{x_1}{2}}\right] + \frac{1}{2}a^{\frac{x_2}{2}}\left[a^{\frac{x_1}{2}} - a^{\frac{x_2}{2}}\right] = \\
& = \frac{1}{2}a^{\frac{x_1}{2}}\left[a^{\frac{x_2}{2}} - a^{\frac{x_1}{2}}\right] - \frac{1}{2}a^{\frac{x_2}{2}}\left[a^{\frac{x_2}{2}} - a^{\frac{x_1}{2}}\right] = \\
= \ & \frac{1}{2}\left[a^{\frac{x_2}{2}} - a^{\frac{x_1}{2}}\right]\left[a^{\frac{x_1}{2}} - a^{\frac{x_2}{2}}\right] = \\
= \ & -\frac{1}{2}\left[a^{\frac{x_2}{2}} - a^{\frac{x_1}{2}}\right]\left[a^{\frac{x_2}{2}} - a^{\frac{x_1}{2}}\right] = -\frac{1}{2}\left(a^{\frac{x_2}{2}} - a^{\frac{x_1}{2}}\right)^2 < 0.
\end{aligned}$$

Desta forma, para quaisquer $x_1, x_2 \in \mathbb{R}$, a desigualdade acima é negativa e portanto, a função $y = a^x$ é côncava para cima. Qualquer

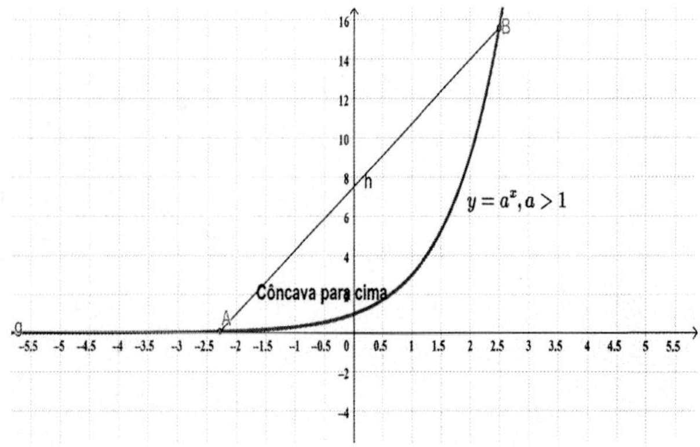

Figura 4.28: Gráfico da função a^x côncava para cima em $\mathbb{R}$

corda AB sempre está acima do arco AB do gráfico da curva de a^x.

Exemplo 4.39 *Mostre que a função* $y = \cos x$ *é côncava para baixo no intervalo* $[-\pi/2, \pi/2]$.

É necessário mostrar que

$$\cos\frac{x_1 + x_2}{2} \geq \frac{\cos x_1 + \cos x_2}{2}, \quad \text{para quaisquer } x_1, x_2 \in [-\pi/2, \pi/2].$$

Temos

$$\begin{aligned} \cos\frac{x_1 + x_2}{2} - \frac{\cos x_1 + \cos x_2}{2} &= \cos\frac{x_1 + x_2}{2} - \frac{2\cos\frac{x_1+x_2}{2}\cos\frac{x_1-x_2}{2}}{2} = \\ &= \cos\frac{x_1 + x_2}{2}\left(1 - \cos\frac{x_1 - x_2}{2}\right). \end{aligned}$$

Como $-\pi/2 \leq x_1 \leq \pi/2$ e $-\pi/2 \leq x_2 \leq \pi/2$ então $-\pi/2 \leq \dfrac{x_1 + x_2}{2} \leq \pi/2$, e portanto, $\cos\dfrac{x_1 + x_2}{2} \geq 0$. Além disso $\left(1 - \dfrac{\cos(x_1 - x_2)}{2}\right) \geq 0$, então para quaisquer x_1 e x_2 do intervalo $[-\pi/2, \pi/2]$, temos a seguinte desigualdade

$$\cos\frac{x_1 + x_2}{2} \geq \frac{\cos x_1 + \cos x_2}{2}. \quad \blacksquare$$

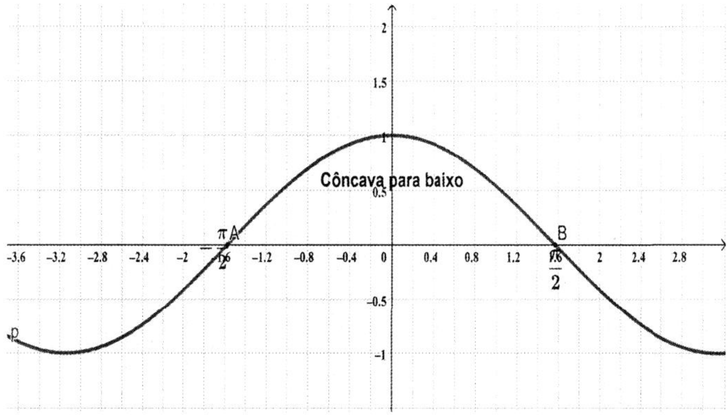

Figura 4.29: Gráfico da função $\cos x$ côncava para baixo.

Exemplo 4.40 *Mostre que a função* $y = \log_a x$*,* $a > 1$*, é uma função côncava para baixo no intervalo* $(0, \infty)$*.*

Consideremos $x_1, x_2 \in (0, \infty)$ dois pontos quaisquer tais que $0 < x_1 < x_2$. Temos

$$\begin{aligned}\log_a \frac{x_1 + x_2}{2} - \frac{\log_a x_1 + \log_a x_2}{2} &= \log_a \frac{x_1 + x_2}{2} - \frac{1}{2}\log_a x_1 - \frac{1}{2}\log_a x_2 = \\ &= \log_a \frac{x_1 + x_2}{2} + \log_a \frac{1}{\sqrt{x_1}} + \log_a \frac{1}{\sqrt{x_2}}.\end{aligned}$$

Assim, usando a propriedade dos logaritmos, podemos escrever a igualdade acima, na forma:

$$\log_a \frac{x_1 + x_2}{2} - \frac{\log_a x_1 + \log_a x_2}{2} = \log_a \frac{x_1 + x_2}{2\sqrt{x_1 x_2}}.$$

Usando a propriedade da média aritmética e média geométrica para dois números

$$\frac{x_1 + x_2}{2} \geq \sqrt{x_1 x_2},$$

obtemos

$$\frac{x_1 + x_2}{2\sqrt{x_1 x_2}} \geq 1,$$

e portanto,

$$\log_a \frac{x_1 + x_2}{2\sqrt{x_1 x_2}} \geq 0.$$

Isto significa que

$$\log_a \frac{x_1 + x_2}{2} \geq \frac{\log_a x_1 + \log_a x_2}{2},$$

o que implica que a funçaõ $y = \log_a x, \ a > 1$, é uma função côncava para baixo no intervalo $(0, \infty)$. ∎

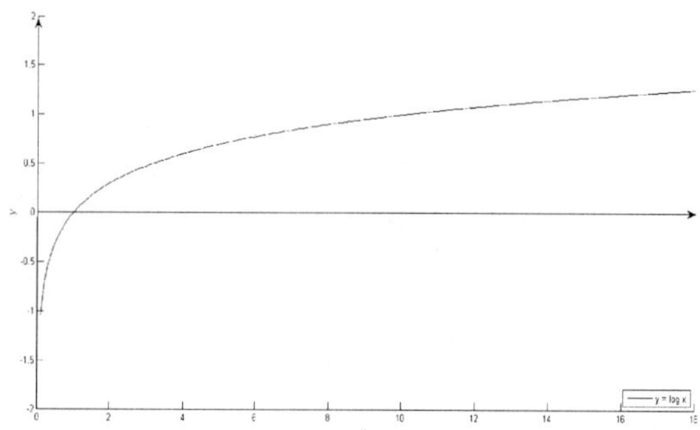

Figura 4.30: Gráfico da função $\log x$ côncava para baixo.

Exemplo 4.41 *Analisar a concavidade da função*

$$y = ax^2 + bx + c.$$

Se $a = 0$, então a função dada é linear e por isso, a função pode ser considerada ou côncava para cima ou côncava para baixo.

Se $a \neq 0$, então podemos escrever a função dada como

$$y = a\left(x + \frac{b}{2a}\right)^2 - \frac{b^2 - 4ac}{4a}.$$

Daqui, notamos que a função $y = ax^2 + bx + c$, obtém-se da função $y = \left(x + \dfrac{b}{2a}\right)^2$ multiplicando por uma constante a e adicionando o número $\dfrac{b^2 - 4ac}{4a}$. Como a adição de uma constante ao valor da função não influencia na concavidade, segue que é suficiente analisar a concavidade da função $y = a\left(x + \dfrac{b}{2a}\right)^2$.

Se $a > 0$, a função $y = a\left(x + \dfrac{b}{2a}\right)^2$ é côncava para cima em toda a reta numérica, por conseguinte, a função $y = ax^2 + bx + c$ é côncava para cima em toda a reta numérica. Se $a < 0$ a função $y = ax^2 + bx + c$ é côncava para baixo em toda a reta numérica. ■

Observação 4.2 *Observamos que se a função $f(x)$ é côncava para cima (para baixo), então a função $-f(x)$ é côncava para baixo(para cima). Além disso, o produto de duas funções côncavas para baixo num mesmo intervalo, pode não ser côncava para baixo. De fato, consideremos a função real $y = x^{3/4}$ para $x \geq 0$. Esta função é côncava para baixo, no entanto a função $y = x^{3/4}.x^{3/4} = x^{6/4}$, $x \geq 0$, é uma função côncava para cima.*

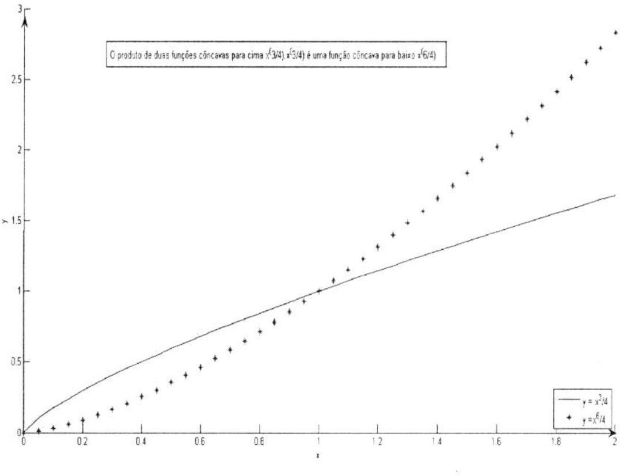

4.10 Funções Elementares

Vamos chamar funções elementares aquelas funções que podem ser definidas por fórmulas provenientes de operações elementares, tais como soma, subtração, multiplicação, divisão e raiz. Assim, por exemplo, as funções, constante, exponencial, potência, logaritmo, trigonométricas e trigonométricas inversas são funções elementares.

A seguir vamos estudar cada uma destas funções elementares, exceto as funções trigonométricas e funções trigonométricas inversas, que estudaremos separadamente no capítulo 6.

4.10.1 Função Constante

Uma função constante pode estar definida no conjunto de todos os números reais ou uma parte de $\mathbb{R}$ pela fórmula $f(x) = C$, em que C é algum número real. Em uma função constante, a cada valor real da variável independente x corresponde o mesmo valor da variável dependente $y = C$.

O gráfico da função constante é uma reta paralela ao eixo x que passa pelo ponto com coordenadas $(0, C)$. Por exemplo, vamos mostrar os gráficos das funções constantes $y = 5$, $y =$ e $y = 8$.

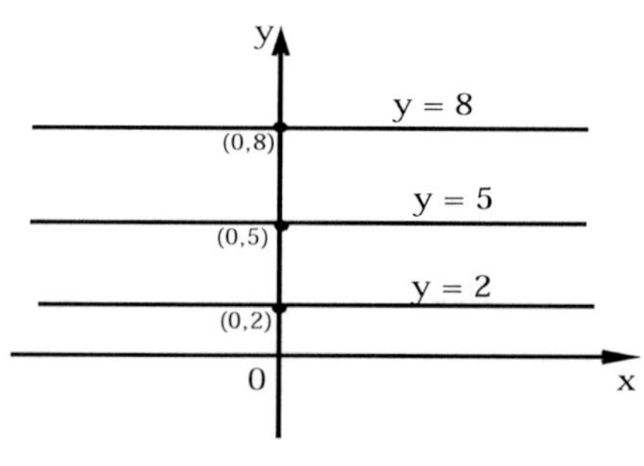

Figura 4.31: Gráficos das funções constantes $y = 2, y = 5$ e $y = 8$

4.10.2 Função Potência

A função do tipo $f(x) = x^{\alpha}$, onde α é uma constante real, chamase função potência.

Dependendo do valor do expoente α temos vários casos para serem analisados. Examinemos somente três casos particulares:

1. $\alpha = 2n, \; n \in \mathbb{N}$

   (a) Domínio: $(-\infty, +\infty)$;

   (b) Imagem: $[0, +\infty)$;

   (c) A função se anula em um único ponto, $x = 0$;

   (d) A função não é limitada superiormente.

2. $\alpha = 2n + 1, \; n \in \mathbb{N}$

   (a) Domínio: $(-\infty, +\infty)$;

   (b) Imagem: $(-\infty, +\infty)$;

   (c) A função se anula em um único ponto, $x = 0$;

   (d) A função não é limitada nem inferiormente nem superiormente.

3. $\alpha = -(2n), \; n \in \mathbb{N}$

   (a) Domínio: $(-\infty, 0) \cup (0 + \infty)$;

   (b) Imagem: $(0, +\infty)$;

   (c) A função não se anula em nenhum ponto;

   (d) A função é limitada inferiormente, mas não é limitada superiormente.

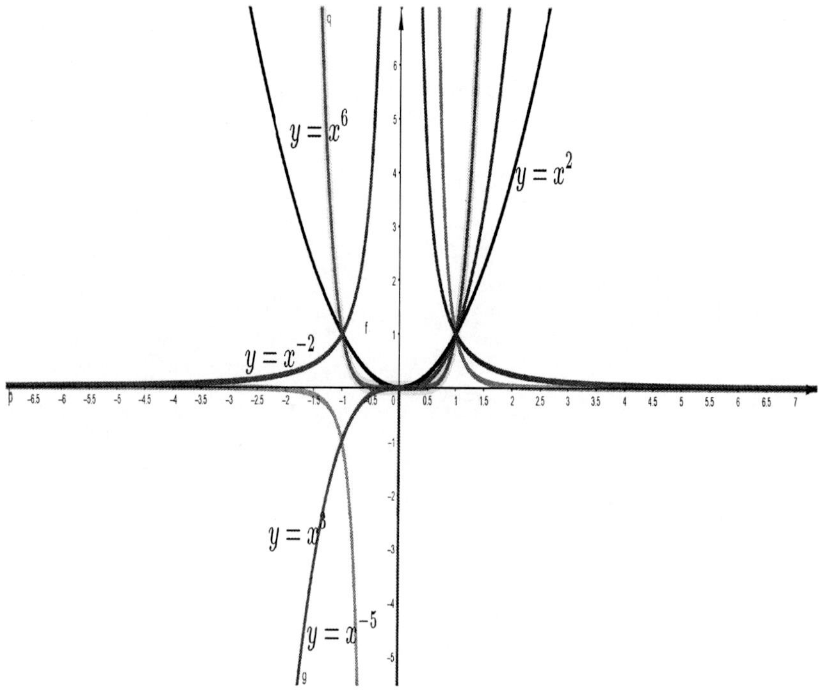

Figura 4.32: Gráficos das funções $y = x^2, y = x^3, y = x^6, y = x^{-2}$ e $y = x^{-5}$

Assim, por exemplo, as funções

$$f(x) = x^4, \quad f(x) = x^{-1/2}, \quad f(x) = x^{1/3}, \quad f(x) = x^{7/4},$$

são funções potência.

4.10.3 Polinômios, Funções Racionais e Funções Irracionais

Função Polinômio

Definição 4.15 *Uma função polinomial de grau n é uma função $f : \mathbb{R} \to \mathbb{R}$ do tipo*

$$f(x) = P_n(x) = a_n x^n + a_{n-1}x^{n-1} + \cdots + a_1 x + a_o, \quad a_n \neq 0,$$

onde os coeficientes $a_o, a_1, \cdots, a_n$ são constantes reais, com $n \in \mathbb{N}$, chamado de grau do polinômio quando $a_n \neq 0$.

Cada termo do polinômio $a_n x^n$, possui coeficiente, a_n e expoente, n.
Esta função goza das seguintes propriedades:

1. Domínio: $(-\infty, +\infty)$;

2. Imagem: pode ser $(-\infty, +\infty)$ ou uma parte de $\mathbb{R}$.
   Por exemplo, a imagem da função $P_2(x) = x^2 + 3$ é o intervalo $[3, +\infty)$, no entanto, a imagem da função $P_5(x) = 3x^5 - 3x^4 + 7x^2 - x + 12$ é o intervalo $(-\infty, +\infty)$;

3. A função se anula no máximo em n pontos, isto é, $P_n(x) = 0$ para no máximo n valores de x diferentes ou repetidos. Por exemplo o polinômio

$$P_3(x) = x^3 + 3x^2 + 3x + 1$$

tem uma raiz de multiplicidade 3, no entanto, o polinômio

$$P_3(x) = x^3 - 3x^2 + 2x$$

têm três raízes diferentes: $x = 0, x = 1$ e $x = 2$;

4. A função não é limitada nem inferior, nem superiormente, se n é ímpar, pois $a_n x^n$ cresce ou decresce infinitamente quando $x \to +\infty$ ou $\to -\infty$, ou seja, $a_n x^n \to \pm\infty$.
   Se n é par, a função pode ser limitada superiormente ou limitada inferiormente. Por exemplo a função $f(x) = 2x^4 - 3x^3 + 5x + 8$ é limitada inferiormente, mas não é limitada superiormente, pois

   $$2x^4 - 3x^3 + 5x + 8 \text{ tende a } +\infty, \text{ quando} x \to \pm\infty.$$

   Enquanto a função $f(x) = -3x^4 + 2x^3 - 3x^2 + 2x - 1$ é limitada superiormente, mas não é limitada inferiormente, pois

   $$-3x^4 + 2x^3 - 3x^2 + 2x - 1 \text{ tende a } -\infty, \text{ quando } x \to \pm\infty.$$

Consideremos dois casos particulares de polinômios, função afim e função quadrática.

Função Afim

Quando $n = 1$ na Definição 4.15, obtemos um polinômio de grau 1 chamado de função afim:

$$f(x) = ax + b, \ a \neq 0.$$

Para construir o gráfico da função afim, basta conhecer as coordenadas de dois pontos pertencentes ao gráfico da função.

Exemplo 4.42 *Encontre a função afim* $f(x)$, *se* $f(-2) = 6$ *e* $f(6) = 14$.

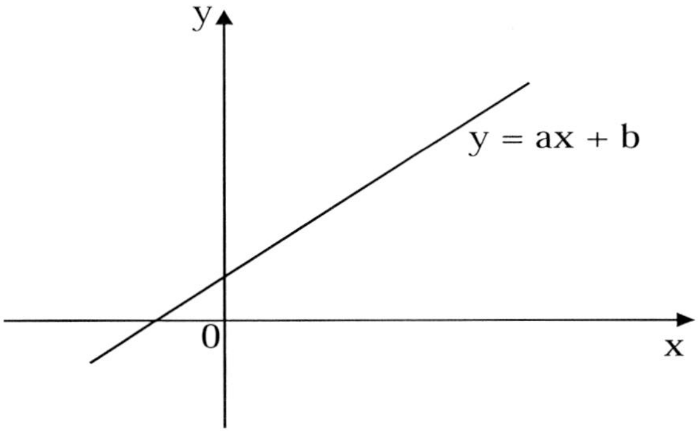

Figura 4.33: Gráfico da função linear $f(x) = ax + b$

Seja $f(x) = ax+b$ a função afim. Então de acordo com as condições do problema, temos

$$\begin{cases} f(-2) = 6 & = a(-2) + b \\ f(6) = 14 & = a(6) + b. \end{cases}$$

Subtraindo a primeira equação da segunda equação, obtemos $8a = 8$, donde $a = 1$. Substituindo este valor, em qualquer uma das equações, encontramos $b = 8$. Desta forma,

$$f(x) = x + 8.$$

Função Quadrática

Se $n = 2$, obtemos o polinômio de grau 2 chamado de função quadrática:

$$f(x) = ax^2 + bx + c, \ a \neq 0.$$

O gráfico da função quadrática chama-se parábola.

Exemplo 4.43 *Encontre a função quadrática* $f(x)$, *se* $f(2) = 3, f(0) = 5$ *e* $f(1) = 3$.

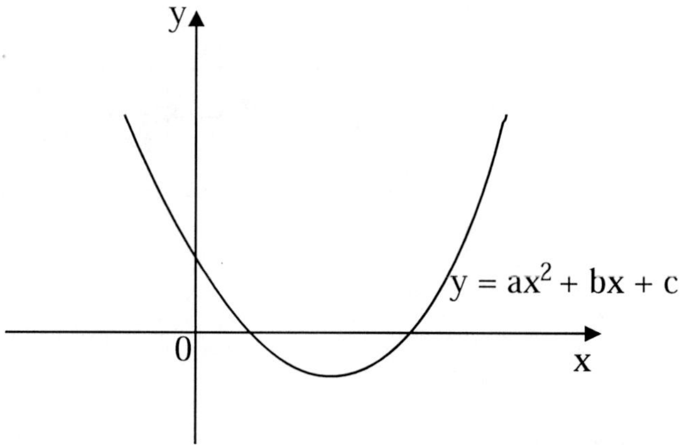

Figura 4.34: Gráfico da função quadrática $f(x) = ax^2 + bx + c$

Seja $f(x) = ax^2 + bx + c$ a função quadrática. Então de acordo com as condições do problema, temos

$$\begin{cases} f(2) = 3 & = a(2)^2 + b(2) + c \\ f(0) = 5 & = a(0)^2 + b(0) + c \\ f(1) = 3 & = a(1)^2 + b(1) + c, \end{cases}$$

isto é,

$$\begin{cases} 3 & = 4a + 2b + c \\ 5 & = c \\ 3 & = a + b + c, \end{cases}$$

donde, da segunda equação obtemos $c = 5$. Substituindo o valor de c na primeira e terceira equações do sistema e efetuando as simplificações correspondentes, obtemos o seguinte sistema;

$$\begin{cases} 1 & = -2a - b \\ -2 & = a + b. \end{cases}$$

Resolvendo este sistema simples, obtemos, $a = 1$ e $b = -3$. Desta forma, a função quadrática requerida é;

$$f(x) = x^2 - 3x + 5.$$

No próximo capítulo, faremos uma análise mais profunda sobre função afim ou linear e função quadrática.

Função Racional e Função Irracional

Definição 4.16 *A razão entre dois polinômios, isto é, uma função do tipo*

$$f(x) = \frac{a_n x^n + a_{n-1}x^{n-1} + \cdots + a_1 x + a_o}{b_m x^m + b_{m-1}x^{m-1} + \cdots + b_1 x + b_o}, \quad a_n,\ b_m \neq 0,$$

chama-se função racional.

Esta função goza das seguintes propriedades,

1. Domínio: $\mathbb{R}\backslash\{x \in \mathbb{R}; b_m x^m + b_{m-1}x^{m-1} + \cdots + b_1 x + b_o = 0\}$;

2. Imagem: pode ser $(-\infty, +\infty)$ ou uma parte de $\mathbb{R}$;

3. A função se anula nos pontos onde $a_n x^n + a_{n-1}x^{n-1} + \cdots + a_1 x + a_o = 0$;

4. A função pode ou não ser limitada.

Assim por exemplo, as funções

$$f(x) = x + \sqrt{5}, \quad f(x) = x^3 + 5x, \quad f(x) = \frac{x-2}{3x^2+4x},$$
$$f(x) = \frac{1}{2+x^4}, \quad f(x) = \frac{x^7 - 2x^5 + 6x}{3x^8 + 4x^3 + 2x - 5}$$

são exemplos de funções racionais.

Definição 4.17 *Chama-se função irracional a uma função que não é função racional, obtida como uma composição de um número finito de funções racionais, funções potência com expoente fracionário e quatro operações aritméticas.*

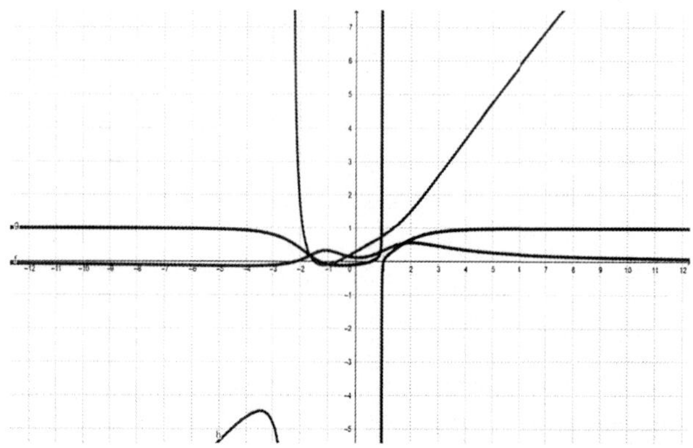

Figura 4.35: Gráfico das funções racionais $f(x) = \dfrac{x^3+2x^2+1}{x^4+3x+3}$, $f(x) = \dfrac{x^5-2x+1}{x^5+12x-12}$, $f(x) = \dfrac{x^4+6x+4}{x^3+13}$

Da definição acima, observa-se que não há uma definição rigorosa para função irracional. Sendo assim, fica difícil elencar suas propriedades.

Por exemplo, as funções

$$f(x) = x^2 + \sqrt{x}, \quad f(x) = \sqrt[5]{x^3+5x} + 2\sqrt[3]{x} - 4, \quad f(x) = \frac{\sqrt{x+2}}{x^2 - 5\sqrt[3]{x}},$$

$$f(x) = \sqrt[3]{\frac{\sqrt{x} + \frac{1}{\sqrt{x}}}{x + \frac{1}{x}}}, \quad f(x) = \sqrt[7]{\frac{x^2 + \frac{1}{\sqrt{x}}}{x^2 + x}}$$

são exemplos de funções irracionais.

4.10.4 Função Exponencial

Lembremos que no Capítulo 2 já foi apresentado brevemente um estudo sobre exponencial numérica, quando os expoentes eram números natural, inteiro e racional. Agora daremos uma definição mais ampla, envolvendo expoentes reais.

As funções exponenciais são um conceito fundamental na matemática básica e superior que desempenha um papel importante

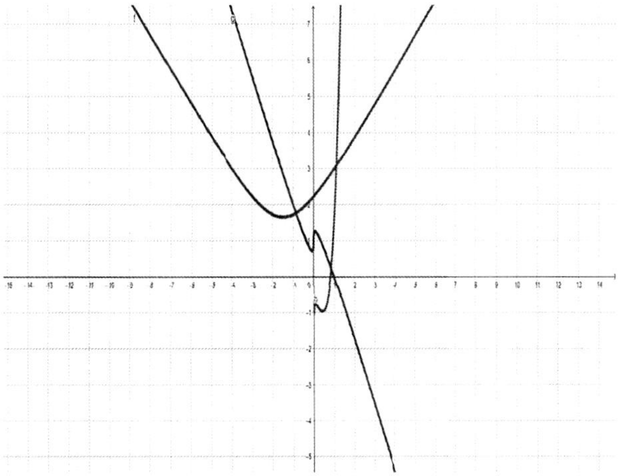

Figura 4.36: Gráfico das funções irracionais $f(x) = \sqrt{x^2+3x+5}$, , $f(x) = \sqrt[3]{x} - 2x + 1$, $f(x)\sqrt[6]{x} + 3x^4 - \sqrt{2x} - 1$

em vários campos, por exemplo, finanças, biologia, física e ciência da computação.

Definição 4.18 *A função do tipo $f(x) = a^x$, onde a é uma constante real positiva e $a \neq 1$, chama-se função exponencial.*

A função exponencial possui as seguintes propriedades,

1. Domínio: $(-\infty, +\infty)$;

2. Imagem: $(0, +\infty)$;

3. A função não se anula em nenhum ponto do domínio, mas os gráficos de todas as funções exponenciais passam pelo ponto $(0, 1)$;

4. A função não é limitada superiormente. Se $a > 1$, a função $f(x) = a^x$ cresce monotonamente; se $a < 1$, a função $f(x) =$

a^x decresce monotonamente. De fato, seja $a > 1$ e $x_1 < x_2$, então

$$a^{x_2} - a^{x_1} = a^{x_1}(a^{x_2 - x_1} - 1) > 0, \quad \text{donde} \quad a^{x_2} > a^{x_1}.$$

5. $a^{x+y} = a^x.a^y$, $a^{-x} = \dfrac{1}{a^x}$, $(a^x)^y = a^{xy}$.

6. Para $x < y$, temos

$$a^x > a^y, \text{ se } a < 1, \quad \text{e} \quad a^x < a^y, \text{ se } a > 1.$$

Assim por exemplo, as funções

$$f(x) = 4^x, \quad f(x) = e^x, \quad f(x) = \left(\frac{1}{2}\right)^x,$$

são exemplos de funções exponenciais.

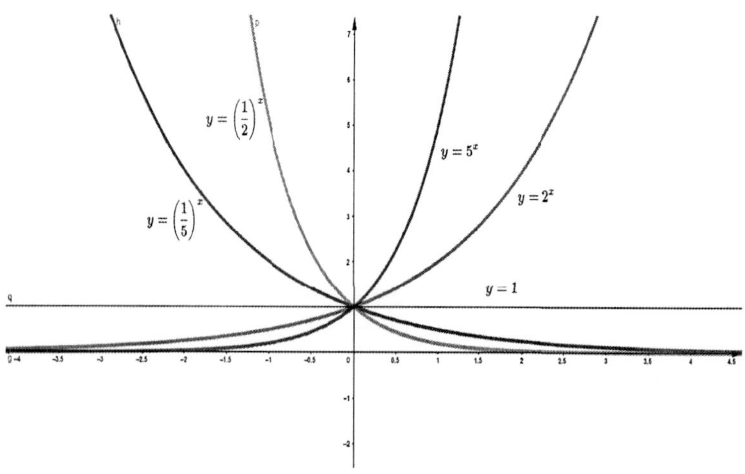

Figura 4.37: Todos os gráficos da função a^x cortam o eixo $0y$ no ponto $y = 1$

Exemplo 4.44 *Encontrar x na seguinte equação*

$$\frac{(0,2)^{x-0,5}}{\sqrt{5}} = 5.(0,04)^{x-2}.$$

O segredo para encontrar x é escrever todos os termos na base 5. Assim

$$\begin{aligned}
\frac{(0,2)^{x-0,5}}{\sqrt{5}} &= 5.(0,04)^{x-2} \\
\frac{\left(\frac{1}{5}\right)^{x-\frac{1}{2}}}{5^{\frac{1}{2}}} &= 5.(5^{-2})^{x-2} \\
\frac{1}{5^{\frac{1}{2}-\frac{1}{2}+x}} &= 5^{1-2x+4} \\
\frac{1}{5^x} &= 5^{5-2x} \\
\frac{1}{5^x} &= \frac{5^5}{5^{2x}} \\
5^x &= 5^5
\end{aligned}$$

donde $x = 5$.

Aplicações da Função Exponencial na Vida Real

As funções exponenciais desempenham um papel crucial em vários aspectos de nossas vidas diárias, muitas vezes sem que estejamos cientes. Desde as finanças ao crescimento populacional, essas funções fornecem informações valiosas e nos ajudam a entender o mundo ao nosso redor:

1. **Juros compostos.** Uma das aplicações mais comuns de funções exponenciais é o financiamento, especialmente quando se trata de calcular juros compostos. investimentos e empréstimos. A fórmula para juros compostos envolve uma função exponencial, em que o montante cresce exponencialmente com base na taxa de juros e no período de tempo.

2. **Crescimento populacional.** As funções exponenciais também desempenham um papel importante no estudo do crescimento populacional. Em muitos casos, as populações tendem a crescer a uma taxa exponencial quando os recursos são abundantes e não há fatores limitantes. E justamente, esse padrão de crescimento pode ser modelado usando uma função exponencial.

3. **Decaimento de uma substância radioativa.** As funções exponenciais também desempenham um papel crucial na modelagem de processos de decaimento. Por exemplo, o decaimento radioativo segue um padrão exponencial, onde a quantidade de material radioativo diminui com o tempo. O tempo de vida de uma substância determina a rapidez com que ela decai, e o expoente nos permite identificar esse decaimento.

4.10.5 Função Logaritmo

Primeiramente apresentaremos brevemente um estudo sobre logaritmo numérico.
Consideremos a seguinte igualdade

$$a^x = N.$$

O objetivo é procurar e encontrar um dos três números: a, x, N quando dois deles são dados.
Assim, se são dados os números a e x, então N encontra-se pela operação de potenciação.
Se são dados N e x, então a encontra-se extraindo a raiz x-ésima (radiciação) de N.
Agora vejamos o caso quando são dados N e a e precisamos encontrar x.
Sejam $N > 0$ e $a > 0$ e $a \neq 1$.

Definição 4.19 *O Logaritmo do número N na base a chama-se o expoente que devemos elevar a para obter N.*

Denotamos este logaritmo por: $\log_a N$:

$$a^{\log_a N} = N. \tag{4.5}$$

Desta forma da igualdade (4.5), são equivalentes

$$a^x = N \text{ e } x = \log_a N.$$

É importante considerar $a \neq 1$, para não obter resultados ambíguos, pois

$$a^x = a^y \Longrightarrow x = y.$$

Se $a = 1$, $1^x = 1^y$ vale para $x \neq y$.

Exemplo 4.45 *Calcule* $3^{\log_3 5}$

Pela definição (4.5), $3^{\log_3 5} = 5$.

Exemplo 4.46 *Encontre* $\log_3 \frac{1}{27}$

$$3^x = \frac{1}{27} = \left(\frac{1}{3}\right)^3 = 3^{-3} \Longrightarrow x = -3.$$

Assim, $\log_3 \frac{1}{27} = -3$.

Propriedades do Logaritmo

Consideremos algumas propriedades importantes do Logaritmo:

Propriedade 4.1 $\log_a a = 1$.

Seja $N = a$. Por definição $a^{\log_a a} = a = a^1$, donde

$$\log_a a = 1.$$

Propriedade 4.2 $\log_a 1 = 0$.

Por definição $a^{\log_a 1} = 1 = a^0$, donde $\log_a 1 = 0$.

Propriedade 4.3 *Sejam* N_1, N_2 *dois números positivos. Então,*

$$\log_a (N_1.N_2) = \log_a N_1 + \log_a N_2.$$

Por definição do logaritmo (4.5), temos

$$a^{\log_a (N_1 N_2)} = N_1 N_2 = a^{\log_a N_1} a^{\log_a N_2} = a^{\log_a N_1 + \log_a N_2},$$

donde $\log_a (N_1 . N_2) = \log_a N_1 + \log_a N_2$. Esta propriedade pode ser estendida para n números positivos. Sejam $N_1, N_2, N_3, \cdots N_n$ números positivos. Então

$$\log_a (N_1 . N_2 . N_3 \cdots N_n) = \log_a N_1 + \log_a N_2 + \log_a N_3 + \cdots + \log_a N_n .$$

Exemplo 4.47 *Simplifique* $\log_3 4 + \log_3 7$.

$$\log_3 4 + \log_3 7 = \log_3 (4.7) = \log_3 28.$$

Propriedade 4.4 *Sejam* N_1 *e* N_2 *dois números positivos. Então,*

$$\log_a \frac{N_1}{N_2} = \log_a N_1 - \log_a N_2 .$$

Sejam N_1, N_2 dois números positivos. Então,

$$\log_a \frac{N_1}{N_2} = \log_a N_1 - \log_a N_2 .$$

Por definição do logaritmo (4.5), temos

$$a^{\log_a \frac{N_1}{N_2}} = \frac{N_1}{N_2} = \frac{a^{\log_a N_1}}{a^{\log_a N_2}} = a^{\log_a N_1 - \log_a N_2},$$

donde $\log_a \dfrac{N_1}{N_2} = \log_a N_1 - \log_a N_2$.

Propriedade 4.5

$$\log_a N^n = n \log_a N.$$

Por definição

$$a^{\log_a N^n} = N^n = \underbrace{N \cdot N \cdots N}_{n-fatores} = \underbrace{a^{\log_a N} \cdot a^{\log_a N} \cdots a^{\log_a N}}_{n-fatores} = a^{n \log_a N},$$

donde $\log_a N^n = n \log_a N$.

Exemplo 4.48 *Calcule*

$$\log_5 125$$

Como $125 = 5^3$, temos

$$\log_5 125 = \log_5 5^3 = 3\log_5 5 = 3.1 = 3.$$

Corolário 4.1

$$\log_a \sqrt[n]{N} = \frac{1}{n}\log_a N.$$

Por definição

$$a^{\log_a \sqrt[n]{N}} = \sqrt[n]{N} = \sqrt[n]{a^{\log_a N}} = a^{\frac{\log_a N}{n}}$$

donde, $\log_a \sqrt[n]{N} = \dfrac{1}{n}\log_a N$.

Exemplo 4.49 *Simplifique*

$$\log_3 10 + \log_9 20.$$

$$\begin{aligned}\log_3 10 + \log_9 20 &= \log_3 10 + \log_{3^2} 20 = \\ &= \log_3 10 + \frac{1}{2}\log_3 20 = \log_3 10 + \log_3 \sqrt{20} = \\ &= \log_3 10\sqrt{20} = \\ &= \log_3 20\sqrt{5}.\end{aligned}$$

Exemplo 4.50 *Logaritmar na base a as seguintes expressões algébricas:*

a) $\sqrt[5]{\dfrac{(b+c)^2}{(d-e)^3}}$;

b) $\sqrt[7]{\dfrac{b^2c^3}{d^4e^5}}$.

Nestes dois exemplos é mais fácil escrever as raízes em forma exponencial:

a) $\log_a \sqrt[5]{\dfrac{(b+c)^2}{(d-e)^3}} = \dfrac{2}{5}\log_a(b+c) - \dfrac{3}{5}\log_a(d-e).$

b) $\log_a \sqrt[7]{\dfrac{b^2c^3}{d^4e^5}} = \log_a \dfrac{b^{27}c^{37}}{d^{4/7}e^{5/7}} == \dfrac{2}{7}\log_a b + \dfrac{3}{7}\log_a c - \dfrac{4}{7}\log_a d - \dfrac{5}{7}\log_a e.$

Exemplo 4.51 *Encontre N se*

$$\log_a N = \frac{2}{3}\log_a b - \frac{1}{3}\log_a c.$$

$$\begin{aligned}\log_a N &= \log_a b^{2/3} - \log_a c^{1/3} = \\ &= \log_a \frac{b^{2/3}}{c^{1/3}}.\end{aligned}$$

Donde, $N = \dfrac{b^{2/3}}{c^{1/3}} = \dfrac{\sqrt[3]{b^2}}{\sqrt[3]{c}} = \dfrac{\sqrt[3]{b^2c^2}}{c}.$

Propriedade 4.6

$$\log_{a^n} N = \frac{1}{n}\log_a N.$$

Propriedade 4.7 *Se o número N e a base a são menores ou maiores que um simultaneamente, então o logaritmo é positivo. Se o número N e a base a são maior(menor) e menor(maior) que um respectivamente, então o logaritmo é negativo, ou seja:*

$$\begin{array}{ll} a > 1, N > 1, & (\log_a N > 0) \\ a < 1, N < 1, & (\log_a N > 0) \\ a > 1, N < 1, & (\log_a N < 0) \\ a < 1, N > 1, & (\log_a N < 0). \end{array}$$

Exemplo 4.52 *Esclarecer quais dos logaritmos são positivos e quais negativos:*

1. $\log_{13} 15$;

2. $\log_{100} 3$;

3. $\log_{4,1} 0,3$;

4. $\log_{2/3} \frac{3}{5}$;

5. $\log_{0,5} 2,3$.

Usando a Propriedade 4.7, obtemos:

1. $\log_{13} 15 > 0$, pois os números 13 e 12 são maiores que 1;

2. $\log_{100} 3 > 0$, pois os números 100 e 3 são maiores que 1;

3. $\log_{4,1} 0,3 < 0$, pois o número $4,1 > 1$ e o número $0,3 < 1$;

4. $\log_{2/3} \frac{3}{5} > 0$, pois os números $2/3$ e $\frac{3}{5}$ são menores que 1;

5. $\log_{0,5} 2,3 < 0$, pois o número $0,5 < 1$ e o número $2,3 > 1$.

Propriedade 4.8 (Mudança de Base)

$$\log_b N = \frac{\log_a N}{\log_a b}, \quad a, b, N > 0.$$

Por definição

$$b^{\log_b N} = N.$$

Tomando logaritmo na base a, obtemos

$$\log_a b^{\log_b N} = \log_a N,$$

$$\log_b N \,(\log_a b) = \log_a N,$$

donde $\log_b N = \dfrac{\log_a N}{\log_a b}$.
Se na propriedade 4.8, escrevemos $a = N$, obtemos

$$\log_b N = \frac{1}{\log_N b}.$$

Exemplo 4.53 *Escreva* $\log_{25} 9$ *na base* 5.

Usando a propriedade acima

$$\log_{25} 9 = \frac{\log_5 9}{\log_5 25} = \frac{\log_5 9}{\log_5 5^2} = \frac{\log_5 9}{2}.$$

Exemplo 4.54 *Calcule* $\left(\sqrt{5}^{\log_{\sqrt{2}} 7}\right)^{\log_7 \sqrt{2}}$

Pela Propriedade 4.8, $\log_7 \sqrt{2} = \dfrac{1}{\log_{\sqrt{2}} 7}$. Assim,

$$\left(\sqrt{5}^{\log_{\sqrt{2}} 7}\right)^{\log_7 \sqrt{2}} = \left(\sqrt{5}^{\log_{\sqrt{2}} 7}\right)^{\frac{1}{\log_{\sqrt{2}} 7}} = \left(\sqrt{5}\right)^{\frac{\log_{\sqrt{2}} 7}{\log_{\sqrt{2}} 7}} = \sqrt{5}.$$

Agora vamos definir formalmente a função logaritmo.

Definição 4.20 *A função do tipo* $f(x) = \log_a x$, *onde* a *é uma constante positiva e* $a \neq 1$ *é a função inversa da função exponencial* $y = a^x$, *chama-se função logarítmica.*

Em caso de $a = e$ (número neperiano[2]), usamos a seguinte notação:

$$\ln x = \log_e x$$

e chama-se logaritmo natural ou logaritmo neperiano.
Em caso de $a = 10$, usamos a notação $\log x = \log_{10} x$ e chama-se logaritmo decimal.

A função logaritmo goza das seguintes propriedades,

[2]John Neper (1550-1617), matemático escocês

1. Domínio: $(0, +\infty)$;

2. Imagem: $(-\infty, +\infty)$;

3. A função se anula em um único ponto, quando $x = 1$, ou seja $\log_a 1 = 0$;

4. A função não é limitada.

Assim por exemplo, as funções

$$f(x) = \log_e x = \ln x, \quad f(x) = \log_{1/2} x,$$

são funções logarítmicas.

Usando as propriedades das funções exponenciais, facilmente podemos mostrar:

- $\log_a x^\alpha = \alpha \log_a x, \quad x > 0, \ \alpha \in \mathbb{R}$;

- $\log_a xy = \log_a x + \log_a y, \quad x, y > 0$;

- $\log_a \frac{y}{x} = \log_a y - \log_a x$;

- $\log_a b . \log_b a = 1, \quad a, b > 0, \quad a \neq 1, b \neq 1$.

Cabe mencionar mais uma propriedade da função logaritmo, similar a Propriedade 4.7.

Propriedade: Se o número x e a base a são menores ou maiores que 1 simultaneamente, então o logaritmo é positivo. Se o número x e a base a são maior(menor) e menor(maior) que 1 respectivamente, então o logaritmo é negativo, ou seja:

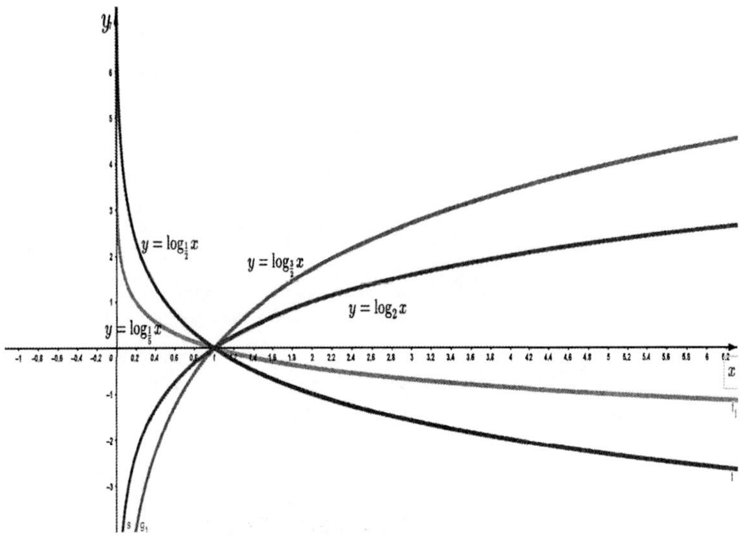

Figura 4.38: Todos os gráficos da função $\log_a x$ cortam o eixo $0x$ no ponto $x = 1$

1. Se $a > 1$ e $x > 1$, então $\log_a x > 0$;

2. se $a < 1$ e $x < 1$, então $\log_a x > 0$;

3. se $a > 1$ e $x < 1$, então $\log_a x < 0$;

4. se $a < 1$ e $x > 1$, então $\log_a x < 0$.

Assim por exemplo,

1. $\log_{13} 15 > 0$, pois os números 13 e 12 são maiores que 1;

2. $\log_{100} 3 > 0$, pois os números 100 e 3 são maiores que 1;

3. $\log_{4,1} 0,3 < 0$, pois os números $4,1 > 1$ e $0,3 < 1$;

4. $\log_{2/3} 5/6 > 0$, pois os números $2/3$ e $5/6$ são menores que 1.

Observação 4.3 *As funções potência e exponencial podem ser escritas como:*

$$\begin{aligned} x^{\alpha} &= e^{\ln x^{\alpha}} = e^{\alpha \ln x}, \ x > 0; \\ a^{x} &= e^{\ln a^{x}} = e^{x \ln a}. \end{aligned}$$

4.11 Exercícios do Capítulo 4

1. Encontre o domínio de definição das funções:

   (a) $f(x) = \sqrt{\log_{1/4} \dfrac{2x^2 - 5x + 3}{x^2 - 1}}$;

   (b) $f(x) = \sqrt{\log_6 \dfrac{1 - 2x}{x + 3}}$;

   (c) $f(x) = \sqrt{\dfrac{\log_2 x}{\log_x 4} - \dfrac{1}{\log_x 8} - \dfrac{7}{2}}$;

   (d) $f(x) = \log_2(4 - x) - \log_2(x + 7)$;

   (e) $f(x) = \sqrt[5]{\dfrac{2 + x}{1 - x}}$;

   (f) $f(x) = \sqrt{x} + \sqrt{1 - x}$;

   (g) $f(x) = 4^{\log_2 x}$;

   (h) $f(x) = \sqrt{-\log_8(x - x^2)}$;

   (i) $f(x) = \sqrt{x - 1} + \sqrt{1 - x}$;

   (j) $f(x) = \log_3 x^2$.

2. Considere a função

   $$f : \mathbb{R} \setminus \{-\frac{d}{c}\} \to \mathbb{R} \setminus \{\frac{a}{c}\},\ f(x) = \frac{ax + b}{cx + d}, ad - bc \neq 0, c \neq 0.$$

   (a) Mostre que f possui função inversa;

   (b) Encontre a função inversa $f^{-1}(x)$;

(c) Em qual caso teremos $f = f^{-1}$?

3. Encontre a função inversa da função $f(x)$:

   (a) $f(x) = \sqrt{2-x} + \sqrt{x^2-4} + 5, \quad x \in \{2\}$;

   (b) $f(x) = x^2 + x, \quad x \in [1/2, 2]$;

   (c) $f(x) = |x-1|, \quad x \in [-5, 0]$.

4. calcular as seguintes funções compostas

   (a) $f(\varphi(x))$ e $\varphi(f(x))$ se $f(x) = x^3$ e $\varphi(x) = 3^x$;

   (b) $f(f(f(x)))$ se $f(x) = \dfrac{1}{1-x}$;

   (c) $f(f(f(x)))$ se $f(x) = \dfrac{\beta x + 1}{x + \beta}, \quad \beta \in \mathbb{R}, x \in \mathbb{R} \setminus \{\beta\}$;

   (d) Encontre $f(g(x))$, $f(f(x))$, $g(f(x))$, $f(\varphi(a)), \varphi[f(a)]$ e $g(\varphi(a))$, em que $f(x) = (x-1)^3$, $\varphi(x) = \sqrt{x+2}$ e $g(x) = 2^{x+1}$;

   (e) $f(\varphi(x))$ e $\varphi(f(x))$ se $f(x) = x^3$ e $\varphi(x) = 3^x$;

   (f) $f(f(f(x)))$ se $f(x) = \dfrac{1}{1-x}$;

   (g) $g(f(x))$ se $f(x) = \sqrt[3]{x-1}$ e $g(x) = x^3 + 1$;

   (h) $f(g(x))$ se $f(x) = |x-3|$ e $g(x) = 5 - x$;

   (i) $f(g(x))$ e $g(f(x))$ se $f(x) = \dfrac{3}{x^2-1}$ e $g(x)\sqrt{x+2}$.

5. Prove que se

$$f(x) = ax + b, \quad a, b - \text{constantes},$$

e os números x_1, x_2, x_3 formam uma progressão aritmética, então os números $f(x_1), f(x_2)$ e $f(x_3)$ também formam uma progressão aritmética.

6. Sabe-se que $f(x) = \cos x, \quad x \in [0, 2\pi]$. Mostre que;

   (a) $f(2x) = 2f^2(x) - 1$;

   (b) $f(\frac{x}{2}) = \sqrt{\dfrac{1 + f(x)}{2}}$.

7. Verifique a paridade das seguintes funções:

   (a) $f(x) = \dfrac{3^x + 3^{-x}}{3^x - 3^{-x}}$;

   (b) $f(x) = \ln \dfrac{1 - x}{1 + x}$;

   (c) $f(x) = \log_5(x + \sqrt{1 - x^2})$;

   (d) $f(x) = \dfrac{1}{x + \dfrac{1}{x + \frac{1}{x}}}$;

   (e) $f(x) = \sqrt[3]{(x - 1)^2} + \sqrt[3]{(x + 1)^2}$;

   (f) $f(x) = \dfrac{1 + \operatorname{sen} x}{\operatorname{sen} x}$.

8. Analise a limitação das funções;

   (a) $f(x) = 3\cos x + \operatorname{sen} x$;

(b) $f(x) = \dfrac{x^2+x+1}{x^2+1}$;

(c) $f(x) = 2^{\left(\frac{x^2-4}{x-2} - x\right)}$;

(d) $f(x) = \dfrac{x+1}{x^2+1}$.

9. Dizer quais das seguintes funções são monótonas;

   (a) $f(x) = \log_3 x$;

   (b) $f(x) = \dfrac{2x+3}{x+1}$;

   (c) $f(x) = \left(\dfrac{1}{3}\right)^x$.

10. Encontre os valores extremos (máximo e/ou mínimo) das seguintes funções;

    (a) $f(x) = \sqrt{1-x} + \sqrt{1+x}$;

    (b) $f(x) = \dfrac{1}{\sqrt{1+x+x^2}}$;

    (c) $f(x) = 3 + x + \dfrac{1}{x}$;

    (d) $f(x) = 2\sqrt[3]{x} + \dfrac{1}{\sqrt[3]{x}}$.

11. Encontre o período principal das seguintes funções;

    (a) $f(x) = \dfrac{\cos x}{6 + \operatorname{sen}^2 x}$;

    (b) $f(x) = \cos x + \operatorname{sen} 5x$;

(c) $f(x) = \operatorname{sen}^4 x$.

12. Encontre os intervalos de concavidade das funções nos intervalos indicados;

    (a) $f(x) = \operatorname{sen} x, x \in [0, 2\pi]$;

    (b) $f(x) = 2x^2 - 3x + 5, \ x \in \mathbb{R}$;

    (c) $f(x) = \dfrac{x+1}{x+2}, \ \ x \in \mathbb{R}$;

    (d) $f(x) = \sqrt{x}, \ \ x \in [1, 16]$

13. Simplifique

$$\log_b a. \log_c b. \log_a c.$$

14. Encontre o valor dos seguintes logaritmos:

    (a) Se $\log_3 k = -3,4$, calcule $\log_3 27k$;

    (b) Se $\log_2 s = t$, calcule $\log_4 16s^3$.

15. Encontre

    (a) $\log_3 27$;

    (b) $\log_5 8 + \log_5 15 - \log_5 6$; $1 + \log_5 4$

    (c) $\log_{\sqrt{5}} 125$;

    (d) $\log 0,001$;

    (e) $\log_{\frac{1}{27}} \sqrt[4]{243}$;

(f) $\log_{\frac{1}{8}} 0,25$;

(g) $\log_2 \log_4 16$

(h) $\log_{\sqrt{a}} \sqrt[10]{a}$;

(i) $\log_{a^2} \sqrt[4]{a^3}$.

16. Calcule

(a) $8^{\log_{\sqrt{2}} 3}$;

(b) $729^{1/2+\log_{81} 4}$;

(c) $2401^{1/4+\log_{49} 3}$.

17. Calcule

$$\frac{\log_{a^2} b}{\log_{\sqrt{a}} \sqrt[3]{b}}.$$

18. Resolver as seguintes equações logarítmicas:

(a) $\log_5(x+3) = \log_5 6$;

(b) $\log_9(3x-12) = 1$;

(c) $\log_{\frac{1}{3}}(2x+5) = -2$;

(d) $\log_{x-2} 4 = 2$;

(e) $\log_{4x+5} 125 = 3$;

(f) $\log_{49} 7^{3x+1} = 2$;

(g) $\dfrac{x^2-1}{\log_3 x} = \dfrac{7x-7}{\log_3 x}$;

(h) $\log_{\cos\frac{\pi}{6}}\left(x+\frac{1}{3}\right) = -2$;

(i) $\log_{\text{sen}\frac{\pi}{4}}(3x+1) = 8$;

Respostas e Soluções do Capítulo 4

1. (a) $x \neq \pm 1$, $\log_{1/4}\dfrac{2x^2-5x+3}{x^2-1} \geq 0$, $\log_4\dfrac{2x-3}{x+1} \leq 0$.
Segue da definição que $\dfrac{2x-3}{x+1} \leq 1$ e $\dfrac{2x^2-5x+3}{x^2-1} > 0$,
donde $x \in (\frac{3}{2}, 4]$.

(b) $x \neq -3$, $\log_6\dfrac{1-2x}{x+3} \geq 0$, $\dfrac{1-2x}{x+3} \geq 1$. Donde $x \in (-3, -\frac{2}{3}]$.

(c) $x \in (0, \dfrac{1}{4\sqrt[3]{2}}) \cup [8, +\infty)$.

(d) $x \in (-7, 4)$.

(e) $x \in \mathbb{R} \setminus \{1\}$.

(f) $x \in [0, 1]$.

(g) $x > 0$.

(h) $x \in (0,1)$.

(i) $x = 1$.

(j) $x \neq 0$.

2. Considere a função

$$f : \mathbb{R} \setminus \{-\frac{d}{c}\} \to \mathbb{R} \setminus \{\frac{a}{c}\},\ f(x) = \frac{ax+b}{cx+d}, ad - bc \neq 0, c \neq 0.$$

(a) Mostre que f possui função inversa;

(b) Encontre a função inversa $f^{-1}(x)$;

(c) Em qual caso teremos $f = f^{-1}$?

3. (a) $f^{-1}(x) = 5$.

(b) $y = (x + \frac{1}{2})^2 - \frac{1}{4}$. Donde $x = (y + 1/4)^{1/2} - \frac{1}{2} = f^{-1}(x)$.

(c) $f^{-1}(x) = 1 - x$.

4. (a) $f(\varphi(x)) = (3^x)^3 = 27^x$, e $\varphi(f(x)) = 3^{x^3}$.

(b) $f(f(f(x))) = \dfrac{1}{1 - \dfrac{1}{1 - \dfrac{1}{1-x}}} = x$.

(c) $f(f(f(x)))$ se $f(x) = \dfrac{\beta x + 1}{x + \beta}$, $\beta \in \mathbb{R}, x \in \mathbb{R} \setminus \{\beta\}$;

(d) Encontre $f(g(x))$, $f(f(x))$, $g(f(x))$, $f(\varphi(a)), \varphi[f(a)]$ e $g(\varphi(a))$, em que $f(x) = (x-1)^3$, $\varphi(x) = \sqrt{x+2}$ e $g(x) = 2^{x+1}$;

(e) $f(\varphi(x))$ e $\varphi(f(x))$ se $f(x) = x^3$ e $\varphi(x) = 3^x$;

(f) $f(f(f(x)))$ se $f(x) = \dfrac{1}{1-x}$;

(g) $g(f(x))$ se $f(x) = \sqrt[3]{x-1}$ e $g(x) = x^3 + 1$;

(h) $f(g(x))$ se $f(x) = |x-3|$ e $g(x) = 5 - x$;

(i) $f(g(x))$ e $g(f(x))$ se $f(x) = \dfrac{3}{x^2-1}$ e $g(x)\sqrt{x+2}$.

5. $f_1(x) + f_3(x) = a(x_1 + x_3) + 2b = 2ax_2 + 2b = 2(ax_2 + b) = 2f(x_2)$.

6. (a) $f(2x) = \cos 2x = 2\cos^2 x - 1 = 2f^2(x) - 1$.

(b) $\cos x = 2\cos^2 x/2 - 1$, donde $\cos^2 x/2 = \dfrac{\cos x + 1}{2}$. Então

$$f(\frac{x}{2}) = \cos x/2 = \sqrt{\frac{1+\cos x}{2}} = \sqrt{\frac{1+f(x)}{2}}.$$

7. (a) $f(-x) = \dfrac{3^{-x} + 3^{-(-x)}}{3^{-x} - 3^{-(-x)}} = \dfrac{3^x + 3^{-x}}{3^x - 3^{-x}} = -f(x)$. Ímpar.

(b) $f(-x) = \ln \dfrac{1-(-x)}{1+(-x)} = \ln \left(\dfrac{1-x}{1+x}\right)^{-1} = -\ln \dfrac{1--x}{1+x} = -f(x)$. Ímpar.

(c) nem par nem ímpar.

(d) Ímpar.

(e) $f(-x) = \sqrt[3]{(-x-1)^2} + \sqrt[3]{(-x+1)^2} = \sqrt[3]{(x+1)^2} + \sqrt[3]{(x-1)^2} = f(x)$. Par.

(f) Nem par nem ímpar.

8. (a) $f(x) = 3\cos x + \operatorname{sen} x = \sqrt{10}\left(\dfrac{3}{\sqrt{10}}\cos x + \dfrac{1}{\sqrt{10}}\operatorname{sen} x\right) = \sqrt{10}\operatorname{sen}(x+\beta) \leq \sqrt{10}$.

(b) $1 < \dfrac{x^2+x+1}{x^2+1} \leq 1 + \dfrac{x}{x^2+1} \leq 1+1 = 2$.

(c) $f(x) = 2^{\frac{(x+2)(x-2)}{x-2} - x} = 2^2 = 4$.

(d) $0 < \dfrac{x+1}{x^2+1} < 1$.

9. (a) Monótona crescente.

(b) Decrescente em $(-\infty, -1) \cup (-1, +\infty)$.

(c) Decrescente.

10. (a) $f_{\max}(0) = 2$.

(b) $f(x) = \dfrac{1}{\sqrt{(x++1/2)^2 + \dfrac{3}{4}}} \leq \dfrac{1}{\frac{3}{4}}$; $f_{\max}(-1/2) = 2\sqrt{3}/3$.

(c) $f(x) = 3 + x + \dfrac{1}{x} = \left(\sqrt{x} - \dfrac{1}{\sqrt{x}}\right)^2 + 5 \geq 5$; $f_{\min}(1) = 5$.

(d) $f_{\max}(-1/2\sqrt{2}) = \dfrac{2}{\sqrt[6]{8}} + \sqrt[6]{8}$.

11. (a) 2π.

    (b) 2π.

    (c) π.

12. (a) $f(x) = \operatorname{sen} x$ cônvava para cima no intervalo $[\pi, 2\pi]$ e côncava para baixo no intervalo $[0, \pi]$;

    (b) $f(x) = 2x^2 - 3x + 5$ côncava para cima em todo $\mathbb{R}$;

    (c) $f(x) = \dfrac{x+1}{x+2}$ côncava para cima no intervalo $(-\infty, -2)$ e côncava para baixo no intervalo $(-2, +\infty)$;

    (d) $f(x) = \sqrt{x}$ côncava para baixo no intervalo $[1, 16]$.

13. Mudemos a base dos logaritmos de base a e c para base b:

$$\log_b a. \log_c b. \log_a c = \frac{\log_c a}{\log_c b} \log_c b \frac{\log_c c}{\log_c a} = 1.$$

14. (a) $\log_3 27k = \log_3 3^3 + \log_3 k = 0,6$.

    (b) $\log_4 16s^3 \log_4 4^2 + 3 \log_{2^2} s = 2 + \frac{3t}{2}$.

15. (a) 3;

    (b) $\log_5 8 + \log_5 15 - \log_5 6 = \log_5 \dfrac{8.15}{6} = \log_5 20 = 1 + \log_5 4$;

    (c) $\log_{\sqrt{5}} 125 = 2.3 \log_5 5 = 6$;

    (d) $\log 0,001 = \log 10^{-3} = -3$

(e) $\dfrac{5}{12}$;

(f) $\log_{\frac{1}{8}} 0,25 = \dfrac{2}{3} \log_2 2 = \dfrac{2}{3}$

(g) $\log_2 \log_4 16 = \log_2 2 = 1$;

(h) $\log_{\sqrt{a}} \sqrt[10]{a} = \dfrac{2}{10} \log_a a = \dfrac{1}{5}$;

(i) $\log_{a^2} \sqrt[4]{a^3} = \dfrac{3}{8}$.

16. (a) $8^{\log_{\sqrt{2}} 3} = 8^{2\log_2 3} = 2^{6\log_2 3} 3^6 = 729$;

(b) $729^{1/2+\log_{81} 4} = 9^{3/2+\frac{3}{2}\log_9 4} = 27.8 = 216$;

(c) $2401^{1/4+\log_{49} 3} = 7^{4/4+\frac{4}{2}\log_7 3} = 2.9 = 18$.

17.
$$\frac{\log_{a^2} b}{\log_{\sqrt{a}} \sqrt[3]{b}} = 3.$$

18. (a) $x = 3$

(b) $x = 7$

(c) $x = 2$

(d) Observe que $x > 2$, por isso, $x = 4$

(e) Aqui, $x > -\frac{5}{4}$, $x = 0$

(f) $x = 1$

(g) $x \neq 1, x = 6$

(h) $x = 1$

(i) $x = 5.$

Capítulo 5

Equações, Sistemas de Equações e Inequações

5.1 Introdução

Neste capítulo vamos estudar alguns métodos de resoluções de equações lineares, sistemas de equações lineares, equações quadráticas e alguns tipos de inequações, de uma incógnita apenas, de primeiro e segundo grau. Quando resolvemos equações e desigualdades, além das técnicas utilizadas ou transformações realizadas, é necessário superar dificuldades lógicas e, em especial, estar atento à perda de raízes ou à aquisição de raízes estranhas. Desta forma, o domínio destas técnicas é essencial para entender conceitos matemáticos mais complexos e resolver problemas do mundo real, pois muitos problemas matemáticos são reduzidos à solução de equações e desigualdades, e não é por acaso que por muito tempo se acreditou que a álgebra é, antes de tudo, a ciência da resolução de equações.

Por isso, métodos de ensino para resolver equações e desigualdades têm sido tradicionalmente a parte mais importante nos projetos pedagógicos das escolas e universidades brasileiras.

5.2 Equações

Muitos problemas matemáticos se reduzem a encontrar soluções da seguinte expressão algébrica

$$g_1(x) = g_2(x), \tag{5.1}$$

em que $g_1(x)$ e $g_2(x)$ são duas funções dependentes de uma variável ou incógnita x.
Se escrevemos $g_1(x) - g_2(x) = f(x)$ em (5.1), obtemos a seguinte equação:

Definição 5.1 *Uma equação é uma igualdade que contém uma incógnita ligada por uma dependência funcional,*

$$f(x) = 0.$$

Cada valor de x que satisfaz a equação (5.1) chama-se solução ou raiz. Assim, o problema principal consiste em encontrar todas as soluções de (5.1).

Obviamente para resolver a equação (5.1) é necessário indicar o domínio a qual pertence a variável incógnita.
Consideremos dois exemplos para esclarecer esta observação.

Exemplo 5.1 *Resolva a equação* $x^3 - x^2 = 0, \ x \in \mathbb{R}$.

Resolvendo a equação: $x^2(x-1) = 0$, encontramos duas soluções ou raízes:

$$x_1 = 0 \quad \text{e } x_2 = 1.$$

Exemplo 5.2 *Resolva a equação* $x^4 + 1 = 0, \ x \in \mathbb{R}$.

Esta equação não possui raízes reais, isto significa que não há um número real qua satisfaça a equação e portanto, o conjunto solução é $\emptyset$.
Mas, se o domínio da variável x fosse o conjunto dos números complexos $\mathbb{C}$, então teremos quatro raízes. No capítulo Números Complexos, mostraremos estas quatro soluções complexas da

equação acima.

Se as funções g_1 e g_2 em (5.1) dependem de duas, três, quatro ou mais incógnitas, então, as equações podem conter duas, três, quatro ou mais incógnitas que podem ser representadas pelas expressões:

$$f(x, y) = 0, \quad F(x, y, z) = 0, \quad G(x, y, z, w) = 0.$$

5.2.1 Equação de Primeiro Grau

Nesta seção consideraremos equações com uma incógnita de grau 1.

A forma geral de uma equação de primeiro grau pode ser escrita na seguinte forma:

$$ax + b = 0 \tag{5.2}$$

em que $a, b \in \mathbb{R}$ e $a \neq 0$.

Definição 5.2 *Uma raiz ou solução de (5.2) é um valor de x que transforma a equação em uma igualdade.*

Um exemplo particular de uma equação de primeiro grau, pode ser a seguinte equação $2x + 3 = 9$.
A equação acima tem uma única raiz, $x = 3$. De fato, se substituirmos x pelo valor 3 na equação, obteremos a igualdade:

$$2 \times 3 + 3 = 9.$$

Para resolvermos a equação (5.2), encontrar a raiz, devemos achar o valor da incógnita, no caso, x e, para que isso seja possível, basta isolar o valor do x na igualdade, ou seja, no membro esquerdo da equação deve ficar apenas x:
Primeiro, movemos o termo livre b para o lado direito com sinal oposto. Para ficar somente com x no lado esquerdo, dividimos as

dois membros por a.

$$
\begin{aligned}
&ax + b = 0\\
&ax = -b\\
&\frac{ax}{a} = \frac{-b}{a}\\
&x = -\frac{b}{a}.
\end{aligned}
$$

Exemplo 5.3 *Resolver*

$$2x + 3 = 9.$$

Pelo método acima, temos

$$
\begin{aligned}
&2x + 3 = 9\\
&2x = 6\\
&\frac{2x}{2} = \frac{6}{2}\\
&x = 3.
\end{aligned}
$$

Exemplo 5.4 *Resolver*

$$x + 3 = 23 - 3x.$$

Primeiramente vamos escrever as incógnitas no primeiro membro e as constantes no segundo membro, levando em consideração que quando um termo muda de membro seu sinal também muda.

$$
\begin{aligned}
&x + 3 = 23 - 3x\\
&x + 3x = 23 - 3\\
&4x = 20\\
&\frac{4x}{4} = \frac{20}{4}\\
&x = 5.
\end{aligned}
$$

Exemplo 5.5 *Resolver*

$$\frac{x-3}{2} + \frac{2x+1}{3} = \frac{7}{6}.$$

Primeiramente calculamos o $MMC(2,3,6) = 6$, assim e as constantes no segundo membro, levando em consideração que quando um termo muda de membro seu sinal também muda.

$$\frac{x-3}{2} + \frac{2x+1}{3} = \frac{7}{6}$$
$$3(x-3) + 2(2x+1) = 1(7)$$
$$7x - 7 = 7$$
$$7x = 14$$
$$\frac{7x}{7} = \frac{14}{7}$$
$$x = 2.$$

Exemplo 5.6 *A soma de* 5 *números pares consecutivos é* 50*. Diga quais são esses números?*

Vamos indicar por $2x$ o primeiro par da sequência. Então $2x+2$, é o segundo par, $2x+4$, é o terceiro par, $2x+6$, é o quarto par e $2x+8$, é o quinto par. Assim

$$2x + 2x + 2 + 2x + 4 + 2x + 6 + 2x + 8 = 50,$$

donde $10x + 20 = 50$ e $10x = 30$. Dividindo a última equação por 5, obtemos $2x = 6$. Portanto

$$6, 8, 10, 12, 14$$

são os 5 pares consecutivos.

Exemplo 5.7 *A pressão inicial é* 15 *atmosferas mais alta que a pressão final. A soma das duas pressões é* 33 *atmosferas. Quál é a pressão final?*

Seja x a pressão final. Então a pressão inicial = pressão final +15. Como a soma destas duas pressões é 33, então

$$x + x + 15 = 33,$$

donde $x = 9$. Portanto, a pressão final é 9 atmosferas.

Para finalizar esta seção vamos considerar um problema com idades que se reduz a resolver uma equação de primeiro grau.

Exemplo 5.8 *Há 3 anos a idade de Ana era o triplo da idade de Luís e dentro de dois anos será o dobro. Que idades têm Luís e Ana?*

Vamos denotar a idade de Luís por x. Há três anos ele tinha $x - 3$ e dentro de dois anos terá $x + 2$, por isso,

$$3 + 3(x - 3) = 2(x + 2) - 2.$$

Resolvendo, obtemos, $x = 8$ e $3 + 3(x - 3) = 18$. Finalmente, Luís tem 8 anos e Ana tem 18 anos.

5.2.2 Equações Modulares de Primeiro Grau

Primeiro vamos lembrar a definição de módulo da seção 2.7 do capítulo 2. $|x| = x$, se $x > 0$, $|x| = 0$, se $x = 0$ e $|x| = -x$, se $x < 0$. Geometricamente, o módulo de um número é a distância na reta numérica desse número até zero.

Consideremos apenas alguns casos particulares de equações modulares.

1. Equações da forma $|x| = m$

Seja m um certo número. Se $m < 0$, a equação $|x| = m$ não tem soluções, pois o módulo não pode ser negativo. Se $m = 0$, a equação tem uma única solução, $x = 0$. Quando $m > 0$, a equação tem duas soluções, $x = m$ e $x = -m$.

Exemplo 5.9 *A equação $|x| = 5$, possui duas soluções, $x = 5$ e $x = -5$.*
A equação $|x| = -5$, não possui solução.

2. Equações da forma $|ax + b| = c$

Se $c < 0$, então a equação não tem soluções, uma vez que o módulo de um número não pode ser negativo.

Se $c = 0$, então a equação tem uma única raiz, $x = -\frac{b}{a}$
Se $c > 0$, então a expressão sob o sinal do módulo têm dois valores c e $-c$. Isso significa que x pode tomar dois valores:

$$ax + b = c, \quad \text{donde} \quad x = \frac{c-b}{a}$$

e

$$ax + b = -c, \quad \text{donde} \quad x = -\frac{c+b}{a}.$$

Exemplo 5.10 *Resolva a equação* $|2x - 3| = 7$

Existem duas soluções:

$$2x - 3 = 7, \quad \text{donde} \quad x = \frac{7+3}{2} = 5$$

e

$$2x - 3 = -7, \quad \text{donde} \quad x = \frac{-7+3}{2} = -2.$$

3. Equações da forma $|ax + b| = cx + d$

Pela definição de módulo, temos
$|ax + b| = cx + d$: $ax + b = cx + d$ se $ax + b > 0$
$|ax + b| = cx + d$: $ax + b = -cx - d$ se $ax + b < 0$

Exemplo 5.11 *Resolva a equação* $|2x + 1| = x + 3$

Existem duas soluções:

$$2x + 1 = x + 3, \quad \text{donde} \quad x = 2.$$

e

$$2x + 1 = -x - 3, \quad \text{donde} \quad x = -\frac{4}{3}.$$

Como $x + 3 > 0$, quando $x = 2$ e $x + 3 > 0$, quando $x = -\frac{4}{3}$, então temos que duas soluções: $x = 2$ e $x = -\frac{4}{3}$.

4. Equações da forma $|ax + b| = |cx + d|$

As expressões $ax+b$ e $cx+d$ tem o mesmo sinal ou sinais opostos, por isto, basta considerar uma equação quando $ax + b$ e $cx + d$ tem o mesmo sinal ou uma equação quando $ax + b$ e $cx + d$ opostos, ou seja, basta considerar dois casos:
ou $ax + b = cx + d$ ou $ax + b = -(cx + d)$.

Exemplo 5.12 *Resolva a equação* $|3x - 5| = |x + 7|$

Existem duas soluções:

$$3x - 5 = x + 7, \quad \text{donde} \quad x = 6.$$

ou

$$3x - 5 = -x - 7, \quad \text{donde} \quad x = -\frac{1}{2}.$$

5. Equações da forma $|ax + b| + |cx + d| + ex + f| = g$

Para resolver equações com módulos, sigamos o seguinte esquema:

1. Igualamos a zero todas as expressões contidas nos módulos;

2. Encontramosos os pontos críticos, valores de x que transformam os módulos em zero;

3. Estes pontos críticos dividem a reta numérica em subintervalos;

4. Em cada subintervalo encontramos os sinais das expressões dentro dos módulos;

5. Resolvemos a equação em cada subintervalo e observamos se a solução pertence ao subintervalo;

6. As soluções, se existirem serão aquelas que pertençam ao subintervalo analisado.

Exemplo 5.13 *Resolva a equação* $|x+1| + |x-2| = 4$

Existem dois pontos críticos: $x + 1 = 0, x = -1$ e $x - 2 = 0, x = 2$. Portanto temos três subintervalos:

$$(-\infty, -1), \quad [-1, 2), \quad [2, +\infty).$$

No intervalo $(-\infty, -1)$, temos

$$-(x+1)-(x-2) = 4, \text{ donde } -2x+1 = 4 \text{ e } x = -\frac{3}{2} \in (-\infty, -1).$$

No intervalo $[-1, 2)$, temos

$$(x+1) - (x-2) = 4, \quad \text{donde} \quad 3 \neq 4.$$

No intervalo $[2, +\infty)$, temos

$$(x+1) + (x-2) = 4, \quad \text{donde} \quad 2x - 1 = 4 \quad \text{e} \quad x = \frac{5}{2} \in [2, +\infty).$$

Assim, as soluções são $x = -\dfrac{3}{2}$ e $x = \dfrac{5}{2}$.

5.2.3 Equações de Segundo Grau

A forma geral de uma equação de segundo grau é

$$ax^2 + bx + c = 0, \tag{5.3}$$

em que $a, b, c \in \mathbb{R}$ e $a \neq 0$. Tais equações também são chamadas de equações quadráticas. É importante observar que $a \neq 0$, caso contrário, a equação (5.3) seria de primeiro grau se $b \neq 0$.

Resolver uma equação quadrática significa encontrar todas as suas raízes ou mostrar que não existem raízes reais.

As duas maneiras mais comuns de resolver as equações quadráticas, a primeira, mais comum é com a ajuda da fórmula de Bháskara e a segunda é com a ajuda do teorema de Vieta.

1. Fórmula de Bháskara

Vamos deduzir um método de resolução de uma equação quadrática (Bháskara, aqui no Brasil) que nos permita encontrar suas duas raízes quando existirem.

$$\begin{aligned}
&ax^2 + bx + c = 0\\
&a\left(x^2 + \frac{b}{a}x + \frac{c}{a}\right) = 0\\
&a\left[\left(x + \frac{b}{2a}\right)^2 - \frac{b^2}{4a^2} + \frac{c}{a}\right] = 0\\
&a\left[\left(x + \frac{b}{2a}\right)^2 + \frac{4ac - b^2}{4a^2}\right] = 0.
\end{aligned}$$

Como $a \neq 0$, segue que $\left[\left(x + \frac{b}{2a}\right)^2 + \frac{4ac - b^2}{4a^2}\right] = 0$. Por isso,

$$x + \frac{b}{2a} = \pm\frac{\sqrt{b^2 - 4ac}}{2a}$$

e finalmente

$$x = \frac{-b \pm \sqrt{b^2 - 4ac}}{2a}. \tag{5.4}$$

Vamos denotar por Δ e expressão que está dentro da raiz em (5.4), ou seja, $\Delta = b^2 - 4ac$ e vamos chamá-lo de discriminante da equação. O discriminante de uma equação quadrática é importante, pois ele vai definir o tipo de raiz da equação.

Assim, a equação (5.4):

- Possui duas raízes reais e diferentes se $\Delta > 0$;

- Possui duas raízes reais iguais ou uma raiz de multiplicidade 2 se $\Delta = 0$;

- Não possui nenhuma raiz real se $\Delta < 0$.

Exemplo 5.14 *Resolva a seguinte equação*

$$x^2 + x - 12 = 0$$

Aqui observamos que $\Delta = 1^2 - 4(1)(-12) = 49 > 0$, por isso a equação possui duas raízes reais diferentes. Pela fórmula (5.4), calculamos as raízes:

$$\begin{aligned} x_1 &= \frac{-1 + \sqrt{1^2 - 4(1)(-12)}}{2} = \frac{-1 + \sqrt{49}}{2} = \frac{6}{2} = 3; \\ x_2 &= \frac{-1 - \sqrt{1^2 - 4(1)(-12)}}{2} = \frac{-1 - \sqrt{49}}{2} = -\frac{8}{2} = -4. \end{aligned}$$

Exemplo 5.15 *Resolva a seguinte equação*

$$x^2 - 4x + 4 = 0$$

Aqui observamos que $\Delta = (-4)^2 - 4(4) = 0$, por isso, a equação possui apenas uma raiz de multiplicidade $2: \ x = 2$.

Exemplo 5.16 *Resolva a seguinte equação*

$$2x^2 - 3x + 2 = 0$$

Primeiramente calculamos o discriminante:

$$\Delta = (-3)^2 - 4(3)(2) = 9 - 24 = -15.$$

Como $\Delta < 0$, segue que a equação não tem raízes reais.

Exemplo 5.17 *Para que valor de α a equação*

$$x^2 + 2\alpha x + \alpha = 0$$

possui uma raiz.

Conforme foi visto acima, uma equação quadrática tem uma raiz, quando $\Delta = 0$. Calculemos Δ:

$$\Delta = (2\alpha)^2 - 4\alpha = 4\alpha^2 - 4\alpha = 4\alpha(\alpha - 1),$$

donde $\alpha = 0$ e $\alpha = 1$.

Exemplo 5.18 *Encontre as raízes da equação*

$$ax^2 + bx + c = 0$$

se $a + b + c = 0$.

Por hipótese, $b = -a - c$ e pela fórmula (5.4), temos

$$x_{1,2} = \frac{-b \pm \sqrt{b^2 - 4ac}}{2a}.$$

Escrevendo a primeira raiz:

$$\begin{aligned} x_1 &= \frac{-b + \sqrt{b^2 - 4ac}}{2a} = \frac{(a+c) + \sqrt{(-a-c)^2 - 4ac}}{2a} \\ &= \frac{(a+c) + \sqrt{a^2 + 2ac + c^2 - 4ac}}{2a} = \frac{(a+c) + \sqrt{a^2 - 2ac + c^2}}{2a} \\ &= \frac{(a+c) + \sqrt{(a-c)^2}}{2a} = \frac{(a+c) + a - c}{2a} \\ &= 1. \end{aligned}$$

Agora escrevendo a segunda raiz:

$$\begin{aligned} x_2 &= \frac{-b - \sqrt{b^2 - 4ac}}{2a} = \frac{(a+c) - \sqrt{(-a-c)^2 - 4ac}}{2a} \\ &= \frac{(a+c) - \sqrt{a^2 + 2ac + c^2 - 4ac}}{2a} = \frac{(a+c) - \sqrt{a^2 - 2ac + c^2}}{2a} \\ &= \frac{(a+c) - \sqrt{((a-c)^2}}{2a} = \frac{(a+c) - a + c}{2a} \\ &= \frac{c}{a}. \end{aligned}$$

Exemplo 5.19 *Encontre as raízes da equação*

$$ax^2 + bx + c = 0$$

se $b = a + c$.

$$\begin{aligned}
x_1 &= \frac{-b + \sqrt{b^2 - 4ac}}{2a} = \frac{(-a-c) + \sqrt{(a+c)^2 - 4ac}}{2a} \\
&= \frac{(-a-c) + \sqrt{a^2 + 2ac + c^2 - 4ac}}{2a} = \frac{(a+c) + \sqrt{a^2 - 2ac + c^2}}{2a} \\
&= \frac{(-a-c) + \sqrt{(a-c)^2}}{2a} = \frac{(-a-c) + a - c}{2a} \\
&= -\frac{c}{a}.
\end{aligned}$$

Agora escrevendo a segunda raiz:

$$\begin{aligned}
x_2 &= \frac{-b - \sqrt{b^2 - 4ac}}{2a} = \frac{(-a-c) - \sqrt{(-a-c)^2 - 4ac}}{2a} \\
&= \frac{(-a-c) - \sqrt{a^2 + 2ac + c^2 - 4ac}}{2a} = \frac{(-a-c) - \sqrt{a^2 - 2ac + c^2}}{2a} \\
&= \frac{(-a-c) - \sqrt{((a-c)^2}}{2a} = \frac{(-a-c) - a + c}{2a} \\
&= -1.
\end{aligned}$$

Exemplo 5.20 *Encontre as raízes da equação*

$$2x^2 - 3x + 1 = 0$$

Como $2 - 3 + 1 = 0$, segue que

$$x_1 = 1 \text{ e } x_2 = \frac{1}{2}.$$

Exemplo 5.21 *Seja* $(x) = x^2 - 5x + 2025$. *Resolva a seguinte equação*

$$f(3-x) = f(3x-1).$$

Primeiramente encontremos $f(3-x)$ e $f(3x-1)$:

$$f(3-x) = (3-x)^2 - 5(3-x) + 2025 = x^2 - x - 6 + 2025$$

e

$$f(3x-1) = (3x-1)^2 - 5(3x-1) + 2025 = 9x^2 - 21x - 9 + 2025.$$

De $f(3-x) = f(3x-1)$, segue

$$x^2 - x - 6 + 2025 = 9x^2 - 21x - 9 + 2025$$

Simplificando, obtemos

$$2x^2 - 5x + 3 = (2x-3)(x-1) = 0$$

donde $x_1 = \dfrac{3}{2}$ e $x_2 = 1$.

Exemplo 5.22 *Encontre as raízes da equação*

$$3x^2 + 5x + 2 = 0$$

Como $5 = 3 + 2$, segue que

$$x_1 = -1 \quad \text{e} \quad x_2 = -\frac{2}{3}.$$

Exemplo 5.23 *Um jardim retangular mede* $6m$ *por* $4m$*. Se estiver cercado por uma faixa pavimentada de largura uniforme cuja área é equivalente a do jardim, Qual é a largura da faixa pavimentada?*

Primeiramente observamos que a área do jardim é $6m \times 4m = 24m^2$. Denotemos por x a largura da faixa pavimentada. Então

$$2\left[x(4+2x)\right] + 2\left[6.x\right] = 24.$$

donde obtemos $x^2 + 5x - 6 = 0$. Usando a fórmula (5.4), $x_1 = -6$ $x_2 = 1$. Como x representa a medida da largura da faixa, escolhemos $x = 1m$.

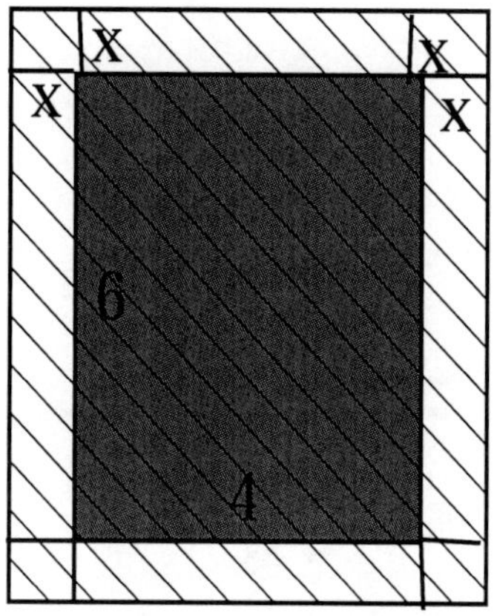

Figura 5.1: Jardim retangular de $6m \times 4m$.

2. Teorema de Vieta

Primeiramente vamos escrever a equação quadrática (5.3) de forma mais simples,

$$x^2 + px + q = 0, \tag{5.5}$$

em que $p = \dfrac{b}{a}$ e $q = \dfrac{c}{a}$. Desta forma as raízes de (5.5), por (5.4), podem ser escritas na forma

$$x = \frac{-p \pm \sqrt{p^2 - 4q}}{2},$$

donde

$$x_1 = \frac{-p + \sqrt{p^2 - 4q}}{2}$$

e

$$x_2 = \frac{-p - \sqrt{p^2 - 4q}}{2}.$$

Assim, provamos o Teorema de Vièta[1]

[1]François Viète, matemático francês (1540-1603)

Figura 5.2: François Viète

$$\begin{cases} x_1 + x_2 = -p \\ x_1x_2 = q \end{cases}$$

Se denotarmos por $S = x_1+x_2$ e $P = x_1x_2$, então podemos escrever a equação (5.5) na seguinte forma

$$x^2 - Sx + P = 0.$$

Exemplo 5.24 *Encontre as raízes da equação*

$$x^2 - 3x - 18 = 0$$

Pelo Teorema de Vieta

$$\begin{cases} x_1 + x_2 = 3 \\ x_1x_2 = -18 \end{cases}$$

É fácil observar que 6 e -3 satisfazem o sistema, por isso,

$$x_1 = 6 \quad \text{e} \quad x_2 = -3 \quad \text{são as raízes.}$$

Exemplo 5.25 *A soma de dois números é* 24 *e seu produto é* 143. *Encontre esses números.*

Sejam x_1 e x_2 esses números. Interpretando esses números como as raízes da equação $x^2 + px + q = 0$, temos pelo Teorema de Vièta

$$\begin{cases} x_1 + x_2 = -24 \\ x_1 x_2 = 143 \end{cases}$$

Observando que $143 = 13.11$ e $13 + 11 = 24$, segue que:

$$x_1 = 11 \quad \text{e} \quad x_2 = 13 \quad \text{são os números procurados.}$$

Exemplo 5.26 *Encontre a soma dos quadrados das raízes da equação*

$$x^2 - 7x + 6 = 0$$

Sejam x_1 e x_2 as raízes da equação. Pelo Teorema de Vièta

$$\begin{cases} x_1 + x_2 = 7 \\ x_1 x_2 = 6 \end{cases}$$

Então

$$x_1^2 + x_2^2 = (x_1 + x_2)^2 - 2x_1x_2 = 7^2 - 12 = 37.$$

2.1 Relação de Girard ou Generalização das Fórmulas de Vièta

A fórmula de Vièta para uma equação quadrática (5.5) pode ser estendido para uma equação polinômica de grau n.
Consideremos um polinômio geral qualquer de grau n

$$P(x) = a_n x^n + a_{n-1} x^{n-1} + \cdots + a_1 x + a_o,$$

em que os coeficientes $a_i, i = 0, 1, 2, \cdots, n$ são números reais ou complexos e obviamente $a_n \neq 0$. A equação de grau n

$$P(x) = a_n x^n + a_{n-1} x^{n-1} + \cdots + a_1 x + a_o = 0$$

segundo o Teorema Fundamental da Álgebra possui n raízes, sejam estas reais ou complexas (não necessariamente distintas) $x_1, x_2, \cdots, x_n$.

A relação de Girard ou as fórmulas de Vièta relacionam os coeficientes do polinômio a_i, $i = 0, 1, 2, \cdots, n$ com somas e produtos (positivos ou negativos) de suas raízes x_i, segundo o seguinte esquema: **Relação de Girard ou Fórmulas de Vièta**

$$\begin{cases} x_1 + x_2 + x_3 + \cdots + x_n &= -\dfrac{a_{n-1}}{a_n} \\ x_1x_2 + x_1x_3 + x_1x_4 + \cdots x_{n-2}x_{n-1} + x_{n-1}x_n &= \dfrac{a_{n-2}}{a_n} \\ x_1x_2x_3 + x_1x_2x_4 + x_1x_2x_5 + \cdots x_{n-2}x_{n-1}x_n &= -\dfrac{a_{n-3}}{a_n} \\ \vdots &= \vdots \\ x_1x_2x_3 \cdots x_n &= (-1)^n \dfrac{a_o}{a_n} \end{cases}$$

Exemplo 5.27 *Dada a equação*

$$x^3 - 9x^2 + 26x - 24 = 0. \tag{5.6}$$

Suponhamos que as raízes de (5.6) sejam x_1, x_2 e x_3. Calcule

$$a) x_1 + x_2 + x_3, \quad b) \frac{1}{x_1} + \frac{1}{x_2} + \frac{1}{x_3}.$$

$a)$ Pela relação de Girard para $n = 3$, obtemos

$$x_1 + x_2 + x_3 = 9.$$

Sabemos pela segunda e terceira relação de Girard ou fórmula de Vièta, para o caso $n = 3$:

$$x_1x_2 + x_1x_3 + x_2x_3 = 26$$

e

$$x_1x_2x_3 = 24.$$

Agora, $b)$

$$\begin{aligned} \frac{1}{x_1} + \frac{1}{x_2} + \frac{1}{x_3} &= \frac{x_2x_3 + x_1x_3 + x_2x_3}{x_1x_2x_3} = \\ & \frac{26}{24} = \\ &= \frac{13}{12}. \end{aligned}$$

Exercício 5.2.1 *Os números α e β, $(\alpha \neq \beta)$ são raízes da equação*

$$x^3 + px + q = 0 \tag{5.7}$$

e satisfazem a relação $\alpha + \alpha\beta + \beta = 0$. Encontre a relação entre p e q e expresse a terceira raiz através de α e β.

Suponhamos que γ seja a terceira raiz da equação (5.7) : $\gamma^3 + p\gamma + q = 0$. Então pela fórmula de Vièta:

$$\left\{\begin{array}{rl} \alpha + \beta + \gamma & = 0 \\ \alpha\beta + \alpha\gamma + \beta\gamma & = p \\ \alpha\beta\gamma & = -q. \end{array}\right. \tag{5.8}$$

Da primeira equação de (5.8), temos $\gamma = -(\alpha + \beta)$.
Por hipótese: $\alpha + \alpha\beta + \beta = 0$, donde segue

$$\alpha\beta = -(\alpha + \beta) = \gamma$$

Da terceira equação de Vièta (5.8): $\alpha\beta\gamma = -q$, obtemos

$$\gamma^2 = -q. \tag{5.9}$$

Da segunda equação de (5.8): $\alpha\beta + \alpha\gamma + \beta\gamma = p$, obtemos

$$\alpha\beta + \gamma(\alpha + \beta) = p,$$

donde

$$\gamma - \gamma\gamma = p,$$

ou seja

$$\gamma - \gamma^2 = p.$$

Como $\gamma^2 = -q$, por (5.9), segue $\gamma = p + q$. Elevando esta última expressão ao quadrado e comparando com (5.9), obtemos

$$-q = (p + q)^2$$

ou

$$(p + q)^2 + q = 0.$$

Por fim, a terceira raiz γ através de α e β já foi encontrada acima:

$$\gamma = -(\alpha + \beta) = \alpha\beta.$$

Exemplo 5.28 *Resolva a seguinte equação*

$$3x^3 - 16x^2 + 23x - 6 = 0,$$

se o produto de duas raízes é 1.

Sejam x_1, x_2 e x_3 as raízes da equação. Pelo Teorema de Vieta:

$$\begin{cases} x_1 + x_2 + x_3 &= \dfrac{16}{3} \\ x_1x_2 + x_1x_3 + x_2x_3 &= \dfrac{23}{3} \\ x_1x_2x_3 &= -\dfrac{-6}{3} = 2. \end{cases}$$

Da terceira equação, é fácil ver, $x_3 = 2$.
Da primeira equação

$$x_1 + x_2 + 2 = \frac{16}{3}$$

donde $x_1 + x_2 = \dfrac{10}{3}$. Assim

$$\begin{cases} x_1 + x_2 &= \dfrac{10}{3} \\ x_1x_2 &= 1 \end{cases}$$

ou de forma equivalente

$$3x_1^2 - 10x_1 + 3 = (3x_1 - 1)(x_1 - 3) = 0.$$

Por fim, encontramos $x_1 = \dfrac{1}{3}$ e $x_2 = 3$ ou $x_1 = 3$ e $x_2 = \dfrac{1}{3}$.

Exemplo 5.29 *Resolver* $x^4 - 5x^3 + 6x^2 - 5x + 1 = 0$.

Como $x = 0$ não é raiz da equação, dividimos por x^2. Obtemos

$$x^2 - 5x + 6 - 5\frac{1}{x} + \frac{1}{x^2} = 0,$$

donde

$$\left(x^2 + \frac{1}{x^2}\right) - 5\left(x + \frac{1}{x}\right) + 6 = 0.$$

Escrevendo $\left(x + \frac{1}{x}\right) = t$, segue que $\left(x^2 + \frac{1}{x^2}\right) = t^2 - 2$. Assim, a equação fica:
$t^2 - 2 + 6 - 5t = 0$. Simplificando, obtemos $t^2 - 5t + 4 = 0$. Esta equação tem duas raízes: $t = 1$ e $t = 4$.

$$x + \frac{1}{x} = 1, \text{ não tem solução.}$$

De $x + \frac{1}{x} = 4$, segue que, $x_1 = 2 + \sqrt{3}$ e $x_2 = 2 - \sqrt{3}$ são as raízes reais da equação.

5.3 Sistemas de Equações de Primeiro Grau

Um sistema de equações de primeiro grau é uma dependência funcional de várias equações de primeiro grau contendo várias incógnitas. Dependendo do número de incógnitas, estudaremos sistemas de equações de dois e três incógnitas. Nesta seção estudaremos algumas técnicas para resolver sistemas 2×2 e por analogia, estenderemos estas técnicas para sistemas 3×3.

Assim, por exemplo

$$\begin{cases} a_1x + b_1y = c_1 \\ a_2x + b_2y = c_2 \end{cases} \tag{5.10}$$

em que $a_i, b_i, c_i,\ i = 1, 2$ são constantes e x e y são as duas incógnitas, representa um sistema de duas equações com duas incógnitas e

$$\begin{cases} a_1x + b_1y + c_1z = d_1 \\ a_2x + b_2y + c_2z = d_2 \\ a_3x + b_3y + c_3z = d_3 \end{cases} \tag{5.11}$$

em que a_i, b_i, c_i, d_i $i = 1, 2, 3$ são constantes e x, y e z são as três incógnitas, representa um sistema de três equações com três incógnitas.

Definição 5.3 *Solução de um sistema de equações (5.10) ou (5.11) é um conjunto de valores desconhecidos que converte todas as equações existentes nesses sistemas em equações numéricas corretas.*

Desta forma, resolver um sistema de equações significa encontrar todas as suas soluções ou provar que não existe nenhuma solução.

Existem vários métodos de resolução de sistemas de equações, no entanto, vamos apresentar três métodos de resolução apenas para o sistema (5.10).

Método de Substituição

Seja $a_1 \neq 0$ no sistema (5.10), então a primeira equação, pode ser escrita na seguinte forma:

$$x + \frac{b_1}{a_1} y = \frac{c_1}{a_1},$$

donde

$$x = \frac{c_1 - b_1 y}{a_1}. \tag{5.12}$$

Substituindo esta expressão de x na segunda equação de (5.10), obtemos um equação linear com relação à variável y:

$$a_2 \frac{c_1 - b_1 y}{a_1} + b_2 y = c_2,$$

resolvendo, obtemos

$$y = \frac{a_1 c_2 - a_2 c_1}{a_1 b_2 - b_1 a_2}. \tag{5.13}$$

Pondo (5.13) em (5.12), obtemos o valor de x:

$$x = \frac{c_1 b_2 - c_2 b_1}{a_1 b_2 - b_1 a_2}.$$

Exemplo 5.30 *Resolver o seguinte sistema*

$$\begin{cases} 2x + 3y = 8 \\ 3x - y = 1 \end{cases}$$

Da primeira equação, escrevemos $x = \dfrac{8-3y}{2}$. Substituindo na segunda equação:

$$3\frac{8-3y}{2} - y = 1$$

donde, encontramos $y = 2$. Agora substituimos y na expressão para x:

$$x = \frac{8-3y}{2} = \frac{8-3(2)}{2} = 1.$$

Assim, o sistema possui uma única solução: $x = 1$ e $y = 2$.

Adição e Substração

A ideia deste método consiste em eliminar uma variável do sistema (5.10) e transformá-lo em uma equação linear com apenas uma incógnita.
Vamos eliminar a variável x do sistema. Multiplicamos a primeira equação por a_2 e a segunda equação de (5.10) por -a_1, depois somamos as duas equações e resolvemos com relação a y, obtemos

$$y = \frac{a_1c_2 - a_2c_1}{a_1b_2 - b_1a_2}.$$

Pondo este valor de y em qualquer equação de (5.10), obtemos o valor de x:

$$x = \frac{c_1b_2 - c_2b_1}{a_1b_2 - b_1a_2}.$$

Exemplo 5.31 *Resolver o seguinte sistema*

$$\begin{cases} 2x + 3y = 8 \\ 3x - y = 1 \end{cases}$$

Multiplicamos a primeira equação por 3 e a segunda equação por -2, obtemos

$$\begin{cases} \times(3) & 2x + 3y = 8 \\ \times(-2) & 3x - y = 1 \end{cases}$$

Agora somamos,

$$11y = 22$$

donde $y = 2$. Substituindo o valor de $y = 2$, por exemplo, na primeira equação, obtemos

$$2x + 3(2) = 8, \quad \text{donde} \quad x = 1.$$

Assim, o sistema possui uma única solução: $x = 1$ e $y = 2$.

Regra de Crammer

Usando a definição de determinante de uma matriz 2×2:

$$\det \begin{pmatrix} a & b \\ c & d \end{pmatrix} = ad - bc = \Delta,$$

podemos escrever a solução do sistema (5.10), da seguinte forma

$$x = \frac{\det \begin{pmatrix} c_1 & b_1 \\ c_2 & b_2 \end{pmatrix}}{\det \begin{pmatrix} a_1 & b_1 \\ a_2 & b_2 \end{pmatrix}}, \quad y = \frac{\det \begin{pmatrix} c_1 & a_1 \\ c_2 & a_2 \end{pmatrix}}{\det \begin{pmatrix} a_1 & b_1 \\ a_2 & b_2 \end{pmatrix}}. \tag{5.14}$$

As fórmulas (5.14) chamam-se fórmulas de Cramer[2].

Exemplo 5.32 *Resolver o seguinte sistema*

$$\begin{cases} 5x - 3y = 1 \\ 2x + y = 7 \end{cases}$$

[2]Gabriel Cramer, matemático suíço (1704- 1752)

Figura 5.3: Gabriel Cramer

Pelas fórmulas de Cramer (5.14),temos

$$x = \frac{\det\begin{pmatrix} 1 & -3 \\ 7 & 1 \end{pmatrix}}{\det\begin{pmatrix} 5 & -3 \\ 2 & 1 \end{pmatrix}} = \frac{22}{11} = 2$$

e

$$y = \frac{\det\begin{pmatrix} 5 & 1 \\ 2 & 7 \end{pmatrix}}{\det\begin{pmatrix} 5 & -3 \\ 2 & 1 \end{pmatrix}} = \frac{33}{11} = 3.$$

Exemplo 5.33 *Encontre a solução do seguinte sistema*

$$\begin{cases} 4x + 3y = 5 \\ 3x + 2y = 3 \end{cases}$$

Pelo método de adição e substração, multiplicamos a primeira equação por 3, a segunda equação por -4 e somamos as equações obtidas, temos $9y - 8y = 15 - 12$, donde $y = 3$. Substituindo o valor de $y = 3$ na primeira equação, obtemos

$$4x + 3(3) = 5, \quad \text{donde } x = -1.$$

Exemplo 5.34 *Resolva o seguinte sistema*

$$\begin{cases} 2x - 3y = 7 \\ 4x - 6y = 5 \end{cases}$$

Observe que $\Delta = 0$. Agora se multiplicarmos a primeira equação por 2, obteremos

$$4x - 6y = 14.$$

Segue então que $4x - 6y$ não pode satisfazer simultaneamente 5 e 7. Assim o sistema não tem solução.

Interpretação Geométrica das Soluções do Sistema (5.10)

O sistema de duas equações lineares com duas incógnitas, mostra que, dependendo dos coeficientes das equações, podemos ter três possíveis casos. Mas, antes de continuar com a análise e para facilitar a escrita, vamos usar as seguintes notações:

$$\Delta = \det\begin{pmatrix} a_1 & b_1 \\ a_2 & b_2 \end{pmatrix}, \quad \Delta_1 = \det\begin{pmatrix} c_1 & b_1 \\ c_2 & b_2 \end{pmatrix}, \quad \Delta_2 = \det\begin{pmatrix} a_1 & c_1 \\ a_2 & c_2 \end{pmatrix}$$

Primeiro caso

Suponhamos que os coeficientes das incógnitas não sejam proporcionais, $\dfrac{a_1}{a_2} \neq \dfrac{b_1}{b_2}$, isto é, $\Delta \neq 0$, então o sistema possui uma única solução dada pelas fórmulas (5.14). Geometricamente, isto significa que as duas retas $a_1x + b_1y = c_1$ e $a_2x + b_2y = c_2$ se cortam em um único ponto e justamente as coordenadas do ponto de interseção é solução do sistema.

Segundo caso

Suponhamos que todos os coeficientes das incógnitas sejam proporcionais, mas diferente da razão dos coeficientes c_1 e c_2,

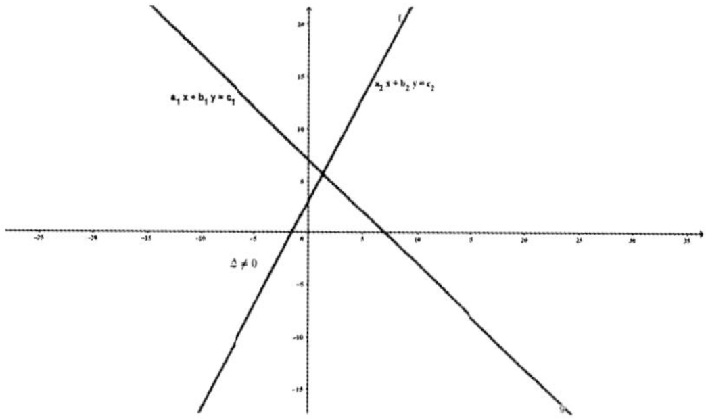

Figura 5.4: Retas $a_1x + b_1y = c_1$ e $a_2x + b_2y = c_2$

$\dfrac{a_1}{a_2} = \dfrac{b_1}{b_2} \neq \dfrac{c_1}{c_2}$, isto é, $\Delta = 0$, mas, ou o $\Delta_1 \neq 0$ ou $\Delta_2 \neq 0$, então o sistema não possui solução. Geometricamente, isto significa que as retas $a_1x + b_1y = c_1$ e $a_2x + b_2y = c_2$ são paralelas.

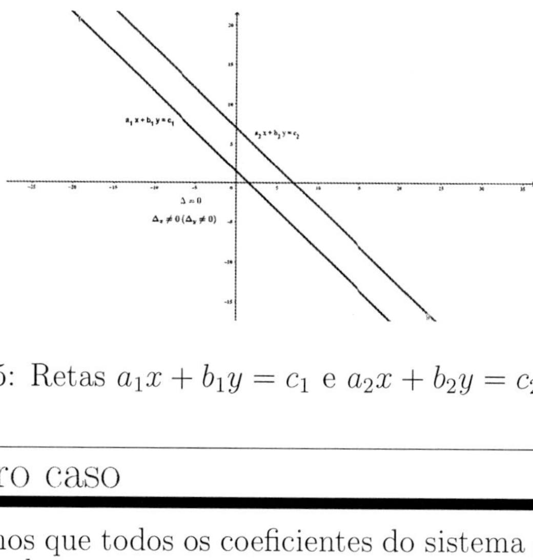

Figura 5.5: Retas $a_1x + b_1y = c_1$ e $a_2x + b_2y = c_2$ paralelas

Terceiro caso

Suponhamos que todos os coeficientes do sistema sejam proporcionais, $\dfrac{a_1}{a_2} = \dfrac{b_1}{b_2} = \dfrac{c_1}{c_2}$, isto é, $\Delta = 0, \Delta_1 = 0, \Delta_2 = 0$, então o sistema possui infinitas soluções. Geometricamente, isto significa que as retas $a_1x + b_1y = c_1$ e $a_2x + b_2y = c_2$ são coincidentes.

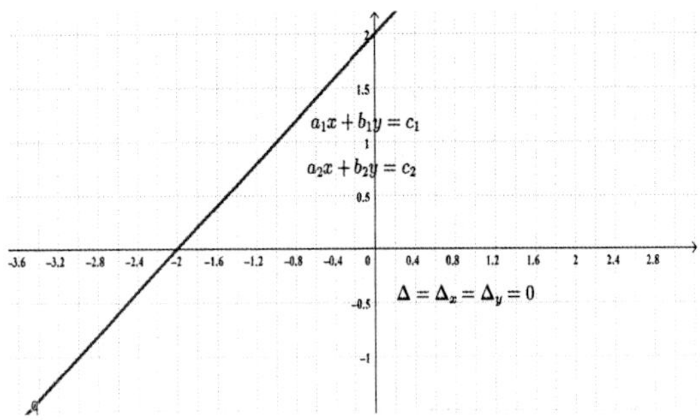

Figura 5.6: Retas $a_1x + b_1y = c_1$ e $a_2x + b_2y = c_2$ coincidentes

Exemplo 5.35 *Analise o tipo de solução do seguinte sistema*

$$\begin{cases} (\alpha + 1)x + (2\alpha - 1)y = \alpha + 7 \\ (\alpha - 3)x + (2\alpha + 1)y = 2\alpha - 3 \end{cases}$$

Primeiramente calculamos Δ.

$$\Delta = \det \begin{pmatrix} \alpha + 1 & 2\alpha - 1 \\ \alpha - 3 & 2\alpha + 1 \end{pmatrix} = 10\alpha - 2.$$

Se $\alpha \neq \dfrac{1}{5}$, então o sistema possui uma única solução. Caso $\alpha = \dfrac{1}{5}$, o sistema não possui solução alguma.

Como foi dito no começo desta seção, a análise feita acima para sistemas 2×2 pode ser feita de forma análoga para sistemas de três ou mais equações com três ou mais incóngnitas (5.11).
Indicaremos apenas o método de Cramer para sistemas $n \times n$

Solução de Sistemas Lineares. Fórmula de Cramer

Qualquer sistema de n equações lineares com n incógnitas

$$\begin{cases} a_{11}x_1 + a_{12}x_2 + \ldots + a_{1n}x_n = b_1 \\ a_{21}x_1 + a_{22}x_2 + \ldots + a_{2n}x_n = b_2 \\ \vdots \\ a_{n1}x_1 + a_{n2}x_2 + \ldots + a_{nn}x_n = b_n \end{cases} \tag{5.15}$$

pode ser escrito em forma matricial

$$\begin{pmatrix} a_{11} & a_{12} & \ldots & a_{1n} \\ a_{21} & a_{22} & \ldots & a_{2n} \\ \ldots & \ldots & \ldots & \ldots \\ a_{n1} & a_{n2} & \ldots & a_{nn} \end{pmatrix} \begin{pmatrix} x_1 \\ x_2 \\ \vdots \\ x_n \end{pmatrix} = \begin{pmatrix} b_1 \\ b_2 \\ \vdots \\ b_n \end{pmatrix}$$

ou

$$Ax = b, \tag{5.16}$$

onde $A = (a_{ij})_{ij}$ é a matriz do sistema, x é a matriz coluna das incógnitas e b é a matriz coluna dos termos independentes. Se o determinante do sistema $|A|$ é diferente de zero, então o sistema (5.15) possui uma solução única, que pode ser encontrado pela fórmula de Cramer:

$$x_1 = \frac{\Delta_1}{\Delta}, \ x_2 = \frac{\Delta_2}{\Delta}, \ \ldots x_n = \frac{\Delta_n}{\Delta}, \tag{5.17}$$

onde $\Delta = |A|$ é o determinante do sistema, e os Δ_i obtém-se de Δ trocando a i-ésima coluna pela matriz coluna b.

Consideremos alguns exemplos para ilustrar a solução de sistemas 3×3 usando a fórmula (5.17).

Exemplo 5.36 *Resolver o seguinte sistema:*

$$\begin{cases} 3x_1 + 2x_2 - x_3 = 1 \\ x_1 + x_2 + 2x_3 = 2 \\ 2x_1 + 2x_2 + 5x_3 = 3. \end{cases}$$

Primeiramente vamos calcular o determinante do sistema;

$$\Delta = det(A) = \begin{vmatrix} 3 & 2 & -1 \\ 1 & 1 & 2 \\ 2 & 2 & 5 \end{vmatrix} = \begin{vmatrix} 0 & -1 & -7 \\ 1 & 1 & 2 \\ 0 & 0 & 1 \end{vmatrix} = (-1)^{2+1} \begin{vmatrix} -1 & -7 \\ 0 & 1 \end{vmatrix} = 1.$$

Agora calculamos Δ_1, que obtém-se de Δ, trocando a primeira coluna por

$$\begin{pmatrix} b_1 \\ b_2 \\ b_3 \end{pmatrix} = \begin{pmatrix} 1 \\ 2 \\ 3 \end{pmatrix}$$

Assim,

$$\Delta_1 = \begin{vmatrix} 1 & 2 & -1 \\ 2 & 1 & 2 \\ 3 & 2 & 5 \end{vmatrix} = \begin{vmatrix} 1 & 2 & -1 \\ 0 & -3 & 4 \\ 0 & -4 & 8 \end{vmatrix} = \begin{vmatrix} -3 & 4 \\ -4 & 8 \end{vmatrix} = -8.$$

Agora calculamos Δ_2, que obtém-se de Δ, trocando a segunda coluna por

$$\begin{pmatrix} b_1 \\ b_2 \\ b_3 \end{pmatrix} = \begin{pmatrix} 1 \\ 2 \\ 3 \end{pmatrix}$$

Assim,

$$\Delta_2 = \begin{vmatrix} 3 & 1 & -1 \\ 1 & 2 & 2 \\ 2 & 3 & 5 \end{vmatrix} = \begin{vmatrix} 0 & -5 & -7 \\ 1 & 2 & 2 \\ 0 & -1 & 1 \end{vmatrix} = - \begin{vmatrix} -5 & -7 \\ -1 & 1 \end{vmatrix} = 12.$$

Agora calculamos Δ_3, que obtém-se de Δ, trocando a terceira coluna por

$$\begin{pmatrix} b_1 \\ b_2 \\ b_3 \end{pmatrix} = \begin{pmatrix} 1 \\ 2 \\ 3 \end{pmatrix}$$

Assim,

$$\Delta_3 = \begin{vmatrix} 3 & 2 & 1 \\ 1 & 1 & 2 \\ 2 & 2 & 3 \end{vmatrix} = \begin{vmatrix} 0 & -1 & -5 \\ 1 & 1 & 2 \\ 0 & 0 & -1 \end{vmatrix} = - \begin{vmatrix} -1 & -1 \\ 0 & -1 \end{vmatrix} = -1.$$

Desta forma, pela fórmula (5.17), obtemos

$$x_1 = \frac{\Delta_1}{\Delta} = \frac{-8}{1} = -8,\ x_2 = \frac{\Delta_2}{\Delta} = \frac{-12}{1} = -12,\ x_3 = \frac{\Delta_3}{\Delta} = \frac{-1}{1} = -1.$$

Exemplo 5.37 *Resolva o seguinte sistema*

$$\begin{cases} 2x - y + 3z = 9 \\ 3x - 2y + 2z = 5 \\ 6x - 5y + z = -1 \end{cases}$$

Usamos novamente a fórmula de Cramer (5.17) para sistemas 3×3:

$$x = \frac{\det\begin{pmatrix} 9 & -1 & 3 \\ 5 & -2 & 2 \\ -1 & -5 & 1 \end{pmatrix}}{\det\begin{pmatrix} 2 & -1 & 3 \\ 3 & -2 & 2 \\ 6 & -5 & 1 \end{pmatrix}} = \frac{-2}{-2} = 1$$

$$y = \frac{\det\begin{pmatrix} 2 & 9 & 3 \\ 3 & 5 & 2 \\ 6 & -1 & 1 \end{pmatrix}}{\det\begin{pmatrix} 2 & -1 & 3 \\ 3 & -2 & 2 \\ 6 & -5 & 1 \end{pmatrix}} = \frac{-4}{-2} = 2$$

$$z = \frac{\det\begin{pmatrix} 2 & -1 & 9 \\ 3 & -2 & 5 \\ 6 & -5 & -1 \end{pmatrix}}{\det\begin{pmatrix} 2 & -1 & 3 \\ 3 & -2 & 2 \\ 6 & -5 & 1 \end{pmatrix}} = \frac{-6}{-2} = 3$$

Exemplo 5.38 *No sistema abaixo,*

$$\begin{cases} \alpha x_1 + x_2 + x_3 &= 1, \\ x_1 + \alpha x_2 + x_3 &= 1, \\ x_1 + x_2 + \alpha x_3 &= 1. \end{cases}$$

determine os valores de α para responder:

i) sistema possui solução única,
ii) sistema possui infinitas soluções,
iii) sistema não possui solução

$$\begin{cases} \alpha x_1 + x_2 + x_3 & = 1, \\ x_1 + \alpha x_2 + x_3 & = 1, \\ x_1 + x_2 + \alpha x_3 & = 1. \end{cases}$$

Primeiramente calculamos Δ:

$$\Delta \;= det(A) = \begin{vmatrix} \alpha & 1 & 1 \\ 1 & \alpha & 1 \\ 1 & 1 & \alpha \end{vmatrix} = \alpha^3 - 3\alpha + 2 = (\alpha - 1)(\alpha^2 + \alpha - 2) =$$
$$= (\alpha - 1)^2(\alpha + 2).$$

i) O sistema possui solução única se $\alpha \neq 1$ e $\alpha \neq -2$. E a solução é dada por

$$x_1 = \frac{\det\begin{pmatrix} 1 & 1 & 1 \\ 1 & \alpha & 1 \\ 1 & 1 & \alpha \end{pmatrix}}{\det\begin{pmatrix} \alpha & 1 & 1 \\ 1 & \alpha & 1 \\ 1 & 1 & \alpha \end{pmatrix}} = \frac{\alpha^2 - 2\alpha + 1}{(\alpha - 1)^2(\alpha + 2)} = \frac{1}{\alpha + 2}$$

$$x_2 = \frac{\det\begin{pmatrix} \alpha & 1 & 1 \\ 1 & 1 & 1 \\ 1 & 1 & \alpha \end{pmatrix}}{\det\begin{pmatrix} \alpha & 1 & 1 \\ 1 & \alpha & 1 \\ 1 & 1 & \alpha \end{pmatrix}} = \frac{\alpha^2 - 2\alpha + 1}{(\alpha - 1)^2(\alpha + 2)} = \frac{1}{\alpha + 2}$$

$$x_3 = \frac{\det\begin{pmatrix} \alpha & 1 & 1 \\ 1 & \alpha & 1 \\ 1 & 1 & 1 \end{pmatrix}}{\det\begin{pmatrix} \alpha & 1 & 1 \\ 1 & \alpha & 1 \\ 1 & 1 & \alpha \end{pmatrix}} = \frac{\alpha^2 - 2\alpha + 1}{(\alpha - 1)^2(\alpha + 2)} = \frac{1}{\alpha + 2}$$

ii) Se $\alpha = 1$, então o sistema se reduz a

$$x_1 + x_2 + x_3 = 1$$

que possui infinitas soluções.
iii) Se $\alpha = -2$, teríamos $x_1 = x_2 = x_3$ ou que significa que o sistema não tem solução alguma.

5.4 Inequações

Nesta seção vamos estudar inequações de primeiro e segundo grau.

5.4.1 Inequações de Primeiro Grau

Uma inequação linear de primeiro grau com uma incógnita x é uma inequação que pode ser representada por uma das formas:

$$mx + b > 0, \quad mx + b \geq 0, \quad mx + b < 0, \quad mx + b \leq 0.$$

Os sinais de desigualdades nas inequações podem ser de quatro tipos:

1. $>$, representa estritamente maior que;

2. $<$, representa estritamente menor que;

3. $\geq$, representa maior ou igual a;

4. $\leq$, representa menor ou igual a.

Definição 5.4 *Resolver uma inequação significa encontrar o conjunto de números que satisfazem a inequação dada.*

Observação 5.1 *Da definição de inequação segue*

- *Qualquer número positivo é maior que zero;*
- *Qualquer número negativo é menor que zero;*
- *Qualquer número positivo é maior que qualquer número negativo;*
- *Um número negativo é maior que outro número negativo se seu módulo é menor que o outro número.*

Da Relação de Ordem definida em $\mathbb{R}$, seguem as propriedades básicas das desigualdade:

1. **Antisimetria:** Dados $a, b \in \mathbb{R}$, de $a < b$, não segue que $b < a$;

2. **Quase-Monotonicidade:** Dados $a, b, c \in \mathbb{R}$ com $a < b$, então
$$a + c < b + c \quad \text{e} \quad ac < bc \quad \text{se} \quad c > 0.$$
$$a + c < b + c \quad \text{e} \quad ac > bc \quad \text{se} \quad c < 0.$$

3. **Transitividade:** Dados $a, b, c \in \mathbb{R}$ com $a < b$ e $b < c$, então
$$a < c.$$

4. **Potenciação:** Dados $a, b \in \mathbb{R}$ com $a > b > 0$, então
$$\sqrt[m]{a} > \sqrt[m]{b} \quad \text{e} \quad a^m > b^m, \quad m \in \mathbb{N}.$$

Exemplo 5.39 *Mostre que a média aritmética de dois números positivos não é menor que sua média geométrica, isto é,*

$$\frac{a+b}{2} \geq \sqrt{ab}.$$

Precisamos mostrar que $\dfrac{a+b}{2} - \sqrt{ab} \geq 0$. De fato,

$$\frac{a+b}{2} - \sqrt{ab} = \frac{a+b-2\sqrt{ab}}{2} = \frac{(\sqrt{a}-\sqrt{b})^2}{2}.$$

Se $a > b$, então $\dfrac{a+b}{2} > \sqrt{ab}$.
Se $a = b$, então $\dfrac{a+b}{2} = \sqrt{ab}$.

Exemplo 5.40 *Resolver a inequação*

$$3x + 6 > 2x + 7.$$

Escrevendo as incógnitas á esquerda do sinal da inequação e as constantes á direita, obtemos

$$3x - 2x > 7 - 6, \quad \text{donde}$$

$x > 1$ ou de forma equivalente $x \in (1, +\infty)$.

Exemplo 5.41 *Resolver a inequação*

$$\frac{x-1}{2} + \frac{2x+3}{3} \leq \frac{3x-5}{6}.$$

Multipliquemos a desigualdade por 6, obtemos,

$$3x - 3 + 4x + 6 \leq 3x - 5$$

donde $4x \leq -8$. Multiplicando esta última desigualdade por $\dfrac{1}{4}$, temos

$$x \leq -2 \quad \text{ou} \quad x \in (-\infty, -2]$$

5.4.2 Inequações de Primeiro Grau com Módulos

Para resolver inequações da forma, por exemplo, $|x-a_1|+|x-a_2|+3x-b > c$, com $a_1, a_2, b, c \in \mathbb{R}$, primeiramente, analisamos todos os casos possíveis, $x > a_1, x < a_1, x > a_2, x < a_2, a_1 < a_2$, (caso $a_2 > a_1$), para observar os sinais das expressões dentro dos módulos e logo aplicar a definição de módulo de um número. Em segundo lugar, devemos resolver inequações em intervalos determinados e por fim, fazer a união de todos os resultados obtidos em cada intervalo, o que será o conjunto solução da inequação.

Consideremos algumas diferentes inequações para exemplificar as suas soluções.

Exemplo 5.42 *Resolva* $|x| < 4$.

Se $x > 0$, então $|x| < 4 \Leftrightarrow x < 4$.
se $x < 0$, então $|x| < 4 \Leftrightarrow -x < 4$, portanto $x > -4$.
Assim, $x \in (-4, 4)$.

Exemplo 5.43 *Resolva* $|x| > 4$.

Se $x > 0$, então $x > 4$.
se $x < 0$, então $|x| < 4 \Leftrightarrow -x > 4$, portanto $x < -4$.
Assim, $x \in (-\infty, -4) \cup (4, +\infty)$.

Exemplo 5.44 *Resolva* $3 < |x| < 5$.

Primeiramente, consideremos a inequação $3 < |x|$. Do exemplo anterior, temos

$$x \in (-\infty, -3) \cup (3, +\infty).$$

Agora consideremos a inequação $|x| < 5$. Pelo exemplo (5.42), $x \in (-5, 5)$.
Finalmente

$$x \in (-5, -3) \cup (3, 5)$$

Exemplo 5.45 *Resolva* $|2x - 3| < 5$.

Por definição,

$$2x - 3 < 5, \quad 2x < 8 \Longrightarrow x < 4$$
$$-(2x - 3) < 5, \quad -2x < 2 \Longrightarrow x > -1.$$

Donde $x \in (-1, 4)$.

Exemplo 5.46 *Resolva* $|3x-1| > 4x$.

Primeiramente, consideremos $3x - 1 \geq 0$, ou seja $x \geq \frac{1}{3}$. Então

$$3x - 1 > 4x, \quad -x > 1 \implies x < -1$$

Como $[\frac{1}{3}, +\infty) \cap (-\infty, -1) = \emptyset$, siginifica que não há solução no intervalo $[\frac{1}{3}, +\infty)$.

Agora consideremos $3x - 1 < 0$, ou seja $x < \frac{1}{3}$. Então

$$-(3x-1) < 4x, \quad -7x < -1 \implies x > \frac{1}{7}.$$

Como $\left(-\infty, \frac{1}{3}\right) \cap \left(-\infty, \frac{1}{7}\right) = \left(-\infty, \frac{1}{7}\right)$, siginifica que

$$x \in \left(-\infty, \frac{1}{7}\right).$$

Exemplo 5.47 *Resolva* $|x+1| + |x-3| > 5$.

Observe que os valores de $x = -1$ e $x = 3$ anulam os módulos, por isso, vamos dividir a reta numérica em três intervalos:

$$(-\infty, -1), \quad (-1, 3) \text{ e } (3, +\infty)$$

Analisemos a inequação em cada intervalo.

1. No intervalo $(-\infty, -1)$:

$$\begin{aligned}
&|x+1| + |x-3| > 5 \\
&-(x+1) - (x-3) > 5 \\
&-2x + 2 > 5 \\
&-2x > 3 \\
&x < -\frac{3}{2}
\end{aligned}$$

   $x \in (-\infty, -\frac{3}{2})$.

2. No intervalo $(-1, 3)$:

$$\begin{aligned}
&|x+1| + |x-3| > 5\\
&(x+1) - (x-3) > 5\\
&1 + 3 > 5\\
&4 > 5
\end{aligned}$$

Não há solução neste intervalo.

3. No intervalo $(3, +\infty)$:

$$\begin{aligned}
&|x+1| + |x-3| > 5\\
&(x+1) + (x-3) > 5\\
&2x - 2 > 5\\
&2x > 7\\
&x > \frac{7}{2}
\end{aligned}$$

$x \in (\frac{7}{2}, +\infty)$.

Assim, $x \in (-\infty, -\frac{3}{2}) \cup (\frac{7}{2}, +\infty)$.

5.4.3 Inequações de Segundo Grau

As inequações de segundo grau, ou inequações quadráticas podem ser das seguintes formas:

$$\begin{aligned}
&ax^2 + bx + c \geq 0 \quad \text{ou} \quad ax^2 + bx + c > 0 \quad \text{ou}\\
&ax^2 + bx + c \leq 0 \quad \text{ou} \quad ax^2 + bx + c < 0,
\end{aligned}$$

em que $a, b, c \in \mathbb{R}$ e $a \neq 0$.

Geralmente o método de resolução usado para obter o conjunto solução, chama-se método dos intervalos e está ligado com o sinal do produto

$$a(x - x_1)(x - x_2) = ax^2 + bx + c$$

em que x_1 e x_2 são as raízes da equação $ax^2 + bx + c = 0$.

Exemplo 5.48 *Resolver*

$$x^2 - 5x + 6 > 0$$

Escrevendo $x^2 - 5x + 6 = (x-3)(x-2)$, obtemos

$$x^2 - 5x + 6 = (x-3)(x-2) > 0.$$

Pelo método dos intervalos, obtemos

1. $(x-2) > 0$ e $(x-3) > 0$, donde $x > 3$

2. $(x-2) < 0$ e $(x-3) < 0$, donde $x < 2$.

Assim, o conjunto solução é

$$(-\infty, 2) \cup (3, +\infty).$$

Exemplo 5.49 *Resolver*

$$\frac{x-1}{x-2} < 0.$$

Obviamente, devemos excluir $x = 2$ do conjunto solução. Por isso,

$$\frac{x-1}{x-2} = \frac{(x-1)(x-2)}{(x-2)^2} < 0.$$

Como $(x-2)^2 > 0$, segue que

$$\frac{(x-1)(x-2)}{(x-2)^2} < 0 \iff (x-1)(x-2) < 0.$$

Resolvendo a última inequação pelo método de intervalos obtemos $x \in (1, 2)$.

Exemplo 5.50 *Resolver a inequação*

$$x(x-1) + 4 < (x+3)(x-4) + 10.$$

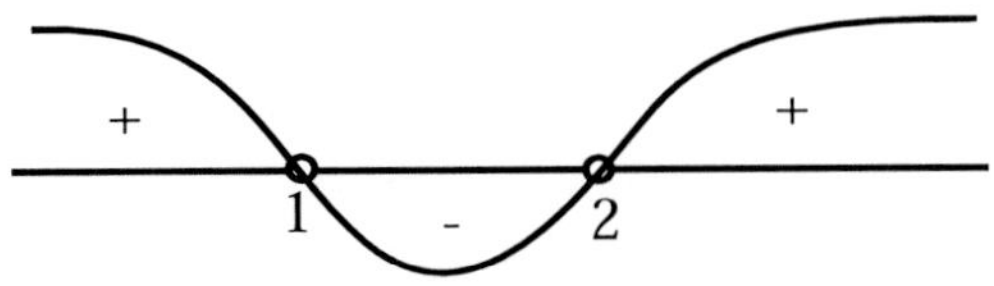

Figura 5.7: $\dfrac{x-1}{x-2} < 0$

Simplificando a inequação, obtemos

$$\begin{aligned} x(x-1)+4 &< (x+3)(x-4)+10 \\ x^2-x+4 &< x^2-x-12+10 \\ 4 &< -2. \end{aligned}$$

Absurdo. Não existe solução.

Exemplo 5.51 *Resolver a inequação*

$$(2x^2-x-1)(6-5x-x^2) > 0.$$

Reescrevendo os termos do lado esquerdo na seguinte forma:

$$\begin{aligned} (2x^2-x-1)(6-5x-x^2) &= -(2x^2-x-1)(x^2+5x-6) = \\ &= -(x-1)(2x+1)(x-1)(x+6) = \\ &= -(x-1)^2(2x+1)(x+6), \end{aligned}$$

obtemos

$$(2x^2-x-1)(6-5x-x^2) > 0 \iff -(x-1)^2(2x+1)(x+6) > 0$$
$$\iff (x-1)^2(2x+1)(x+6) < 0.$$

Donde $x \in \left(-6, -\dfrac{1}{2}\right)$.

Exemplo 5.52 *Resolver*

$$x + \frac{1}{x} \geq 2.$$

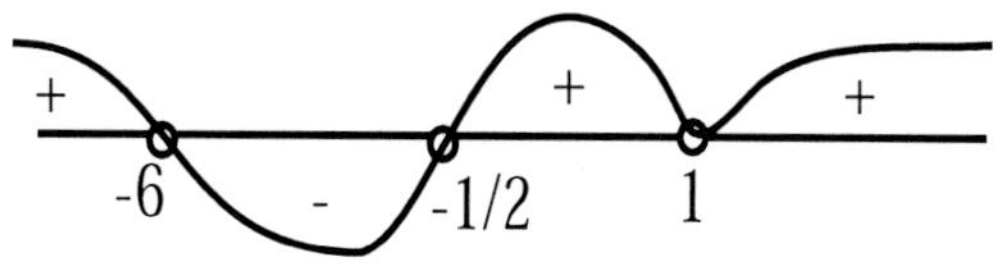

Figura 5.8: $(2x^2 - x - 1)(6 - 5x - x^2) > 0$

Primeiramente, observamos que $x \neq 0$.

$$x + \frac{1}{x} \geq 2 \iff x + \frac{1}{x} - 2 \geq 0 \iff \frac{x^2 - 2x + 1}{x} \geq 0.$$

Esta última inequação pode ser escrita na forma $\frac{(x-1)^2 x}{x^2} \geq 0$, donde

$$(x-1)^2 x \geq 0.$$

pelo método dos intervalos

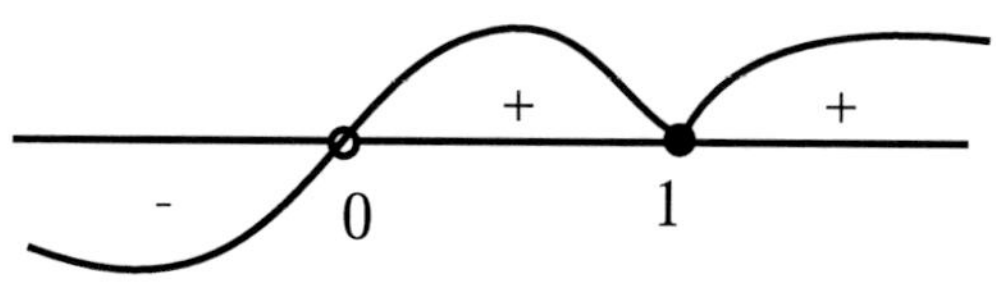

Figura 5.9: $x + \frac{1}{x} \geq 2$

segue $x \in (0, + + \infty)$.

Exemplo 5.53 *Resolver*

$$x^4 - 7x^2 - 18 < 0.$$

$$\begin{aligned} x^4 - 7x^2 - 18 &< 0 \\ (x^2 - 9)(x^2 + 2) &< 0 \\ (x-3)(x+3)(x^2+2) &< 0. \end{aligned}$$

Pelo método de intervalos, encontramos
$x \in (-3, 3)$. Aqui usamos o fato que $x^2 + 2 > 0, \quad \forall x \in \mathbb{R}$.

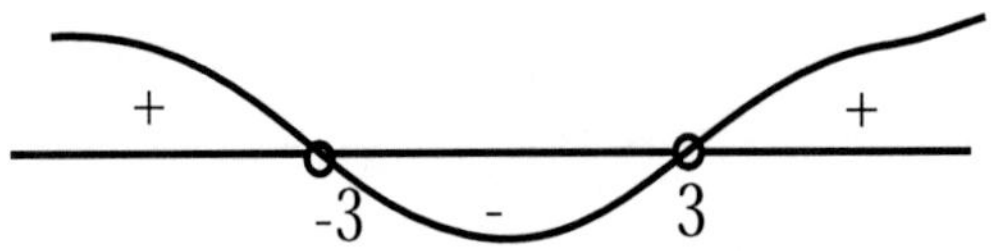

Figura 5.10: $x^4 - 7x^2 - 18 < 0$

5.5 Exercícios do Capítulo 5

1. Resolva as seguintes equações de primeiro grau:

   (a) $3x + 2(2x - 1) = 3(x + 2) - 4$;

   (b) $\dfrac{5}{x-7} = \dfrac{3}{x-2}$;

   (c) $6\left(\dfrac{x+1}{8} - \dfrac{2x-3}{16}\right) = 3\left(\dfrac{3}{4}x - \dfrac{1}{4}\right) - \dfrac{3}{8}(3x - 2)$;

   (d) $2 - [-2(x+1) - \dfrac{x-3}{2}] = \dfrac{2}{3}x - \dfrac{5x-3}{12} + 3x$;

   (e) $\dfrac{2}{3}[x - \left(1 - \dfrac{x-3}{3}\right)] + 1 = x$.

2. Resolva os seguintes problemas envolvendo idades

   (a) No ano de 1950, a idade de Maité era o triplo que a idade de Rossana e no ano de 1970 a soma de suas idades era 80. Calcular a idade de Maité e de Rossana no ano de 1955.

   (b) Dentro de 5 anos, a idade de Olívia será a idade atual de Jaime e, dentro de 10 anos, a soma de suas idades será 67. Qual é a idade de Olívia?

(c) Rubens terá a idade atual de seu primo Sebastiam dentro de 6 anos e a idade de Sebastiam será o dobro da idade atual de Rubens. Que idades têm os primos?

(d) Calcular o ano de nascimento de Rosa sabendo que: Nasceu no ano $19ab$. No ano 1930, sua idade era ab. No ano 1966 sua idade era ba.
Observação: as letras a e b representam algarismos de números, assim, os números ab e ba não são os produtos $a.b$ nem $b.a$

3. A distânca entre as cidades A e B é de $180km$. Na mesma hora, sai um caminhão da cidade A a $60km/h$ e um ciclista da cidade B a $30km/h$. Se deseja calcular quanto tardarão em encontrar-se se ambos veículos circulam pela mesma carreteira, mas em sentido oposto.

4. Um trem sai com certo número de pessoas. Na primeira parada a metade dos passageiros abandonam o trem e sobe um passageiro. Na segunda parada, a terceira parte das pessoas abandonam o trem e sobe um passageiro, com isto, no trem ficam 15 passageiros. Quantos passageiros haviam no trem no começo?

5. A pressão inicial é 15 atmosferas mais alta que a pressão final. A soma das duas pressões é 33 atmosferas. Qual é a pressão final?

6. Resolva as seguintes equações modulares:

(a) $|x - 5| = 9$;

(b) $-2|x+3|+7 = 3|x+3|+9$;

(c) $|3x-2| = 5$;

(d) $2|x-7|+7 = 11$;

(e) $3|x+2|-3 = 6$;

(f) $-2|x-3| = |x+3|$;

(g) $|3x-5| = 5-3x$;

(h) $|x^2-5| = 3$;

(i) $|x^2-2x| = 4$.

7. Resolva as seguintes inequações modulares:

(a) $|x+5| < -7$;

(b) $|2x-1| \leq 7$;

(c) $|x-2| < 3$;

(d) $|2x-1| > 1$;

(e) $|x-1| < |x+2|$;

(f) $|x+3| < |x-5|$;

(g) $|x-1| + |x+2| > |x+3|$;

(h) $|4 - x| + 2|x + 1| > |x| + 2x + 2$.

8. Resolva as seguintes equações de segundo grau:

   (a) Seja $f(x) = x^2 + px + q$. Para que valores de p e q cumpre-se:
   $$f(p) = f(q) = 0?$$

   (b) Para que valores de α a equação

      i. $\alpha x^2 + (\alpha + 1)x - 2 = 0$;

      ii. $(1 - \alpha)x^2 + (\alpha + 1)x - 2 = 0$,

   possui duas raízes diferentes?

9. Para que valores de α, a equação
$$(\alpha - 1)x^2 - 2(\alpha + 1)x + 2(\alpha + 1) = 0,$$
possui uma única solução não negativa?

10. Para que valores do parâmetro m a equação quadrática
$$x^2 - (m + 1)x + m - 1 = 0$$
a soma dos quadrados das raízes atinge menor valor?

11. Para que valor de α a soma dos quadrados das raízes da equação
$$x^2 - (\alpha - 2)x - \alpha - 1 = 0$$
toma seu menor valor?

12. Sejam x_1 e x_2 raízes da equação quadrática

$$x^2 + px + q = 0.$$

Expresse $x_1^3 + x_2^3$ através de p e q.

13. A equação $x^2 + px + q = 0$, possui raízes x_1 e x_2. Escreva a equação quadrática, cujas raízes são:

    (a) x_1^3 e x_2^3;

    (b) $\dfrac{1}{x_1^2}$ e $\dfrac{1}{x_2^2}$.

14. Encontre a soma dos quadrados das raízes da equação

$$2x^4 - 8x^3 + 6x^2 - 3 = 0.$$

15. O valor da expressão:

$$\frac{1 - x^8}{(1 + x)(1 + x^2)(1 + x^4)}$$

quando $x = 50$ é?

16. Quanto vale $x^3 + \dfrac{1}{x^3}$ se

$$\left(x + \frac{1}{x}\right) = 2.$$

17. Sabendo que $x - \dfrac{1}{x} = 50$, $x \neq 0$. Quanto vale

$$x^2 + \frac{1}{x^2}?$$

18. No sistema, determine os valores de β, para responder:

$i)$ sistema possui solução única,
$ii)$ sistema possui infinitas soluções,
$iii)$ sistema não possui solução.

$$\begin{cases} x_1 + x_2 + \beta x_3 &= 1, \\ x_1 + \beta x_2 + \beta x_3 &= 1, \\ \beta x_1 + \beta x_2 + \beta x_3 &= 1. \end{cases}$$

19. Resolver os seguintes sistemas:

(a)

$$\begin{cases} 3x_1 + 2x_2 - 3x_3 = 10 \\ 4x_1 - 3x_2 + 2x_3 = 8 \\ 5x_1 - 2x_2 + 6x_3 = 17. \end{cases}$$

(b)

$$\begin{cases} 2x_1 - x_2 + 5x_3 = 6 \\ x_1 + x_2 + 3x_3 = 5 \\ x_1 - 5x_2 + x_3 = -3. \end{cases}$$

(c)

$$\begin{cases} 2x_1 - x_2 + 3x_3 - x_4 = 9 \\ x_1 + x_2 - 2x_3 + 4x_4 = -1 \\ 3x_1 + 2x_2 - x_3 + 3x_4 = 0 \\ 5x_1 - 2x_2 + x_3 - 2x_4 = 9. \end{cases}$$

(d)

$$\begin{cases} x_1 - x_2 + x_3 - 3x_4 + x_5 = 0 \\ 2x_1 - x_2 + 2x_3 - x_4 + x_5 = 3 \\ x_1 + 3x_2 + x_3 - 2x_4 - x_5 = -1 \\ 3x_1 - 2x_2 - x_3 + x_4 + 2x_5 = 12 \\ x_1 + x_2 - x_3 - 2x_4 + x_5 = 5. \end{cases}$$

Respostas do Capítulo 5

1. (a) $x = 1$;

   (b) $x = -\frac{11}{2}$;

   (c) $x = \frac{5}{3}$;

   (d) $x = 3$;

   (e) $x = -3$.

2. (a) Em 1950, Rossana tinha x anos e Maité $3x$. Por isso, a soma de suas idades em 1970 era $x + 20 + 3x + 20 = 80$, donde $x = 10$. Em 1955 Rossana tinha 15 anos e Maité 35 anos

   (b) Olívia tem 21 anos.

   (c) Seja x a idade atual de Rubens e $x + 6$ a idade atual de Sebastiam, por isso,

   $$x + 6 + 6 = 2x.$$

   Donde $x = 12$. Rubens tem 12 anos e Sebastiam 18 anos.

   (d) $1930 = 19ab = ab$ e $1966 - 19ab = ba$, donde $a = 1$ e $b = 5$. Assim, Rosa nasceu em 1915.

3. 2 horas.

4. Seja x o número de passageiros. Após a segunda parada temos

   $$\frac{x+2}{2} - \frac{1}{3}\frac{x+2}{2} + 1 = 15$$

donde $x = 40$.

5. A pressão final é 9 atmosferas.

6. (a) $x = 14$ e $x = -4$;

   (b) Simplificando, temos $5|x + 3| = -2$. Não tem solução;

   (c) $x = -1$ e $x = \frac{7}{3}$;

   (d) $x = 9$ e $x = 5$;

   (e) $x = 1$ e $x = -5$;

   (f) Não há solução;

   (g) Se $|a| = -a$, significa que $a \leq 0$, por isso $3x - 5 \leq 0$, donde $x \leq \frac{5}{3}$.

   (h) $x^2-5 = 3$ ou $x^2-5 = -3$, donde $x = \pm 2\sqrt{2}$ ou $x = \pm\sqrt{2}$;

   (i) $x^2 - 2x = 4$ ou $x^2 - -2x = -4$, donde $x = 1 \pm \sqrt{5}$ e a segunda equação não tem solução real.

7. (a) $|x + 5| < -7$, não tem solução, pois; $|x + 5| \geq 0$;

   (b) $x \in [-3, 4]$;

   (c) $-1 < x < 5$;

(d) $x < 0$ ou $x > 1$;

(e) $x \in \left(-\frac{1}{2}, +\infty\right)$;

(f) $x \in (-\infty, 1)$;

(g) $x \in (-\infty, -3] \cup [-2, 0) \cup (2, +\infty)$;

(h) $x \in (-\infty, -1] \cup [0, 2)$.

8. (a) $(p, q) = (0, 0),\ (1, -2),\ \left(-\frac{1}{2}, -\frac{1}{2}\right)$

   (b) i. $\alpha \in (-\infty, -5 - 2\sqrt{6}) \cup (-5 + 2\sqrt{6}, 0) \cup (0, +\infty)$;

   ii. $\alpha \neq 1,\ \alpha \neq 3$.

9. $\alpha \in [-1, 1] \cup \{3\}$.

10. Sejam x_1 ex_2 a raízes, então

$$x_1^2 + x_2^2 = (m+1)^2 - 2(m-1) = m^2 + 3.$$

O menor valor de $m^2 + 3$ é 3, quando $m = 0$.

11. Sejam x_1 e x_2 a raízes, então

$$x_1^2 + x_2^2 = (\alpha - 2)^2 2(\alpha + 1) = \alpha^2 - 2\alpha + 6 = (\alpha - 1)^2 + 5.$$

O menor valor de $(\alpha - 1)^2 + 5$ é 5, quando $\alpha = 1$.

12. Sejam x_1 e x_2 raízes da equação. Então $x_1^3 + 3x_1x_2(x_1 + x_2) + x_2^3 = -p^3$. Donde

$$x_1^3 + x_2^3 = -3x_1x_2(x_1 + x_2) + x_2^3 - p^3 = 3pq - p^3 = -p(p^2 - 3q).$$

13. (a) Se as raízes são x_1^3 e x_2^3, então a equação quadrática é $y^2 + p(p^2 - 3p)y + q^3 = 0$

(b) Se as raízes são $\dfrac{1}{x_1^2}$ e $\dfrac{1}{x_2^2}$, então a equação quadrática é $y^2 + \dfrac{2q - p^2}{q^2}y + \dfrac{1}{q^2}$.

14. $x_1^2 + x_2^2 + x_3^2 + x_4^2 = 10$.

15.

$$\frac{1 - x^8}{(1+x)(1+x^2)(1+x^4)} = \frac{(1+x^4)(1+x^2)(1-x)(1+x)}{(1+x)(1+x^2)(1+x^4)} = 1-x.$$

Por isso, quando $x = 50$, o valor de $\dfrac{1 - x^8}{(1+x)(1+x^2)(1+x^4)}$ é -49.

16.

$$\left(x + \frac{1}{x}\right)^3 = x^3 + 3\left(x + \frac{1}{x}\right) + \frac{1}{x^3} = 8,$$

donde $x^3 + \dfrac{1}{x^3} = 8 - 6 = 2$.

17.

$$\left(x - \frac{1}{x}\right)^2 = x^2 - 2 + \frac{1}{x^2} = 2500,$$

donde $x^2 + \dfrac{1}{x^2} = 2500 + 2 = 2502$.

18.

$i)$ sistema não possui solução única,
$ii)$ $\beta = 1,$ o sistema possui infinitas soluções $x_1 + x_2 + x_3 = 0$,
$iii)$ $\beta = 0,$ o sistema não tem solução.

19. Resolver os seguintes sistemas:

    (a) $x_1 = 3, x_2 = 2, x_3 = 1$

    (b) O sistema possui infinitas soluções. $x_1 = \frac{11}{3} - \frac{8}{3}x_3, x_2 = \frac{4}{3} - \frac{1}{3}x_3, x_3 \in \mathbb{R}$

    (c) $x_1 = 1, x_2 = -2, x_3 = 2, x_4 = 1.$

    (d) $x_1 = 2, x_2 = 1, x_3 = -1, x_4 = 1, x_5 = 3.$

Capítulo 6

Funções Trigonométricas

O conhecimento de funções trigonométricas ajuda na resolução de problemas geométricos permitindo encontrar valores de variáveis desconhecidas, baseados no fato que a função trigonométrica depende apenas do valor do ângulo e não depende do tipo de triângulo. É importante destacar a inter-relação das funções trigonométricas, pois conhecendo uma delas podemos encontrar as outras.

Os cálculos trigonométricos são usados em quase todas as áreas da geometria, física e engenharia. Por exemplo, a técnica de triangulação é de grande importância, pois permite medir distâncias até estrelas próximas em astronomia, entre pontos de referência em geografia e controlar sistemas de navegação por satélite.

Antes de definir as funções trigonométricas vamos introduzir o sistema cartesiano, bidimensional e tridimensional.

6.1 Sistema Cartesiano

O sistema de coordenadas cartesiano é uma das noções importantes na matemática proposta por René Descartes[1] no século XVII. Este sistema de coordenadas no plano cartesiano permite estabe-

[1] René Descartes, grande filósofo, físico e matemático francês (1596-1650)

lecer uma relação entre a geometria euclidiana e álgebra, situação esta, que permitiu alavancar o desenvolvimento da matemática nos séculos posteriores. O sistema de coordenadas no plano cartesiano é usado em muitos ramos da matemática e ciências aplicadas, tais como geometria analítica, geometria diferencial, análise matemática, física, cartografia, etc.

Figura 6.1: René Descartes

As coordenadas cartesianas permitem determinar e localizar a posição de um ponto no plano, no espaço tridimensional ou num espaço de dimensão maior que 3. As coordenadas cartesianas (também chamadas coordenadas retangulares) de um ponto são um par de números ordenados (em duas dimensões), uma tripla de números ordenados (em três dimensões) ou uma $n-$upla de números ordenados (em n dimensões) que representam as distâncias deste ponto com relação aos eixos de coordenadas.

Plano Cartesiano

No espaço bidimensional, o sistema de coordenadas cartesianas, plano cartesiano, define-se da seguinte maneira:

1. por duas retas mutuamente perpendiculares, que posteriormente chamaremos de eixos: o eixo x (abscissas), reta horizontal e eixo y (ordenadas), reta vertical. Os dois eixos se cruzam no ponto chamado origem 0, formando 4 ângulos

retos.

2. por uma orientação para cada eixo; eixos positivos e eixos negativos.

3. e por uma única unidade de comprimento para os dois eixos.

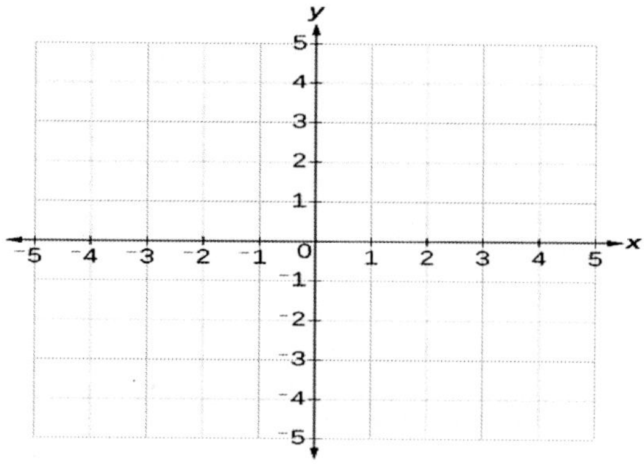

Figura 6.2: Plano Cartesiano

Assim, o sistema cartesiano divide o plano em quatro partes, chamados de quadrantes.

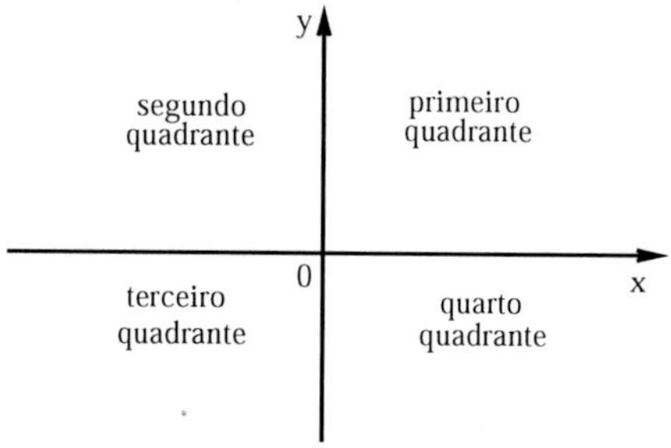

Figura 6.3: Quadrantes no plano cartesiano

Para visualizar a localização de qualquer ponto no plano usa-se a noção de produto cartesiano, definido na seção 1.6 do Capítulo 1 por:

$$\mathbb{R}^2 = \mathbb{R} \times \mathbb{R} = \{(x, y);\ x, y \in \mathbb{R}\},$$

em que o par ordenado (x, y) indica que x é a primeira coordenada e y a segunda coordenada. Obviamente o par ordenado (y, x) é diferente do par ordenado (x, y).

Observação 6.1 *Os pontos que se encontram no eixo das abscissas têm coordenadas na forma* $(x, 0)$ *e os pontos que estão no eixo das ordenadas têm coordenadas na forma* $(0, y)$.

Distância entre dois Pontos

O Teorema de Pitágoras[2] nos permite calcular no plano cartesiano, introduzido acima, a distância entre dois pontos arbitrários.

Definição 6.1 *Sejam* $A = (x_1, y_1)$ *e* $B = (x_2, y_2)$ *dois pontos arbitrários do plano cartesiano. A distância entre os pontos* A *e* B *entende-se como o comprimento do segmento de reta que une estes dois pontos que denotaremos por* $d(A, B)$ *e definimos como sendo*

$$d(A, B) = \sqrt{(x_1 - x_2)^2 + (y_1 - y_2)^2}. \tag{6.1}$$

[2]Pitágoras de Samos, filósofo e matemático grego (570 a.c-495 a.c)

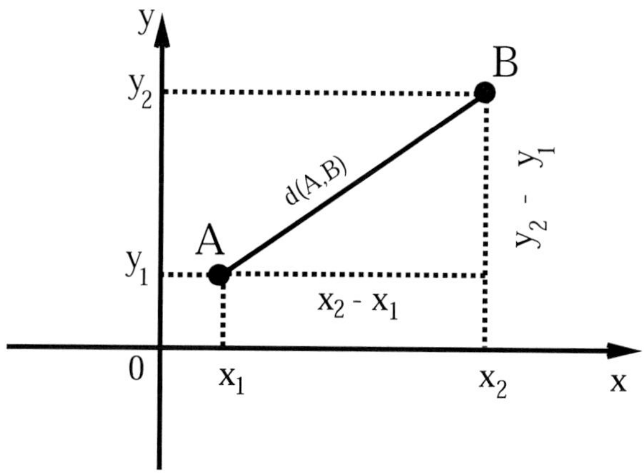

Figura 6.4: Distância entre os pontos $A = (x_1, y_1)$ e $B = (x_2, y_2)$

Exemplo 6.1 *Calcule a distância entre os pontos* $A = (2, 3)$ *e* $B = (5, 2)$.

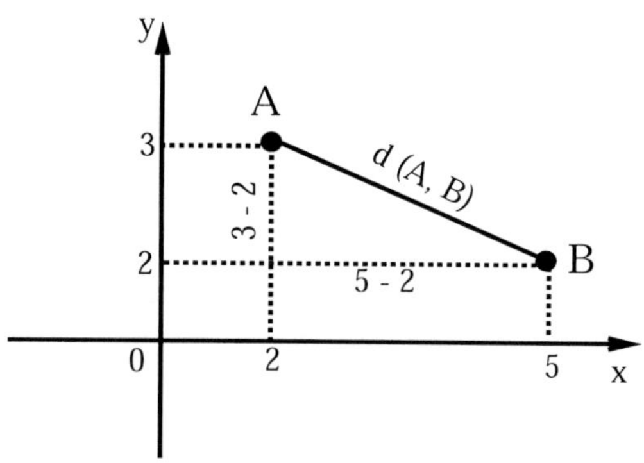

Figura 6.5: $d(A, B) = \sqrt{10}$

Pela fórmula acima, calculamos a distância entre os pontos A e B:

$$d(A, B) = \sqrt{(2-5)^2 + (3-2)^2} = \sqrt{(-3)^2 + (1)^2} = \sqrt{9+1} = \sqrt{10}.$$

Sistema Cartesiano Tridimensional

Analogamente como foi feito para o caso bidimensional, o sistema de coordenadas cartesianas tridimencional, define-se da seguinte maneira:

1. por três retas mutuamente perpendiculares, que posteriormente chamaremos de eixos: o eixo x (abscissas), eixo y (ordenadas) e o eixo z (aplicatas). Os três eixos se cruzam no ponto chamado origem 0.

2. por uma orientação para cada eixo; eixos positivos e eixos negativos.

3. e por uma única unidade de comprimento para os três eixos.

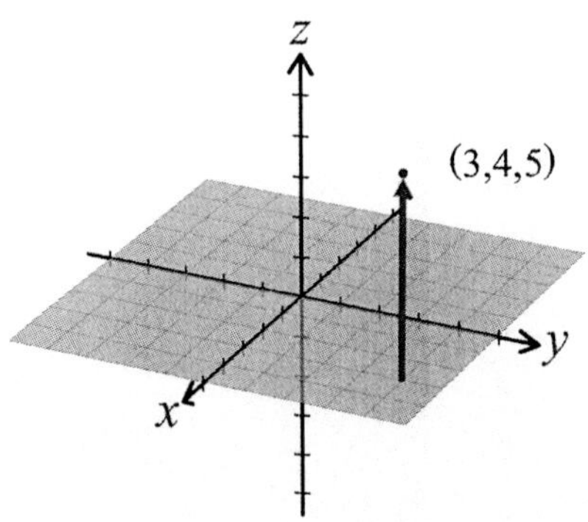

Figura 6.6: Sistema Cartesiano Tridimensional

Os três eixos coordenados determinam três planos coordenados: $x = 0$, $y = 0$, $z = 0$. O plano xy que corresponde à equação $z = 0$, é o plano que contém os eixos x e y, o plano yz que corresponde à equação $x = 0$, contém os eixos y e z, o plano xz que corresponde à equação $y = 0$, contém os eixos x e z. A interseção destes três planos coordenados dividem o espaço tridimensional em oito partes, chamados octantes.

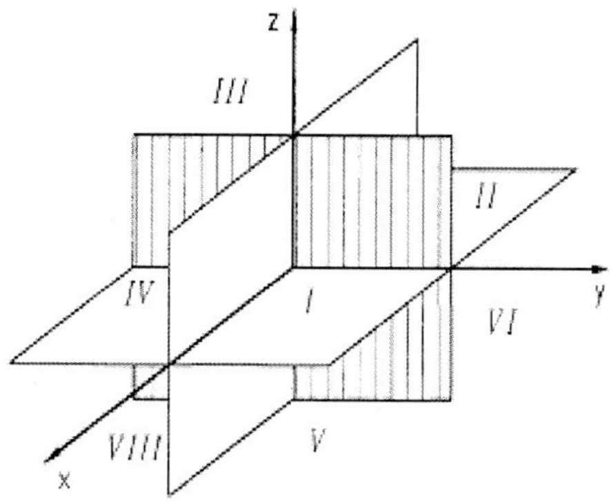

Figura 6.7: Oito octantes do sistema tridimensional

Observação 6.2 *A Definição 6.1 de distância entre dois pontos no plano, pode ser generalizado para sistemas cartesianos de dimensões maiores que dois.*
Assim, para pontos $A = (x_1, y_1, z_1)$ *e* $B = (x_2, y_2, z_3)$ *de* $\mathbb{R}^3$*, a distância entre os pontos A e B define-se por:*

$$d(A, B) = \sqrt{(x_1 - x_2)^2 + (y_1 - y_2)^2 + (z_1 - z_2)^2}.$$

Para pontos $A = (x_1, x_2, x_3, \cdots, x_n)$ *e* $B = (y_1, y_2, y_3, \cdots, y_n)$ *de* $\mathbb{R}^n$*, a distância entre os pontos A e B define-se por:*

$$\begin{aligned} d(A, B) &= \sqrt{(x_1 - y_1)^2 + (x_2 - y_2)^2 + \ldots + (x_n - y_n)^2} = \\ &= \left(\sum_{k=1}^{n} (x_k - y_k)^2 \right)^{1/2}. \end{aligned}$$

6.2 Ângulos Positivos e Negativos

No sistema de coordenadas cartesianas $0xy$, consideremos a circunferência de raio r e centro na origem: $x^2 + y^2 = r^2$.

Vamos supor que o ângulo $\angle A0B$ seja gerado pela rotação de um vetor móvel de raio r com relação ao vetor $\vec{0A}$, que coincide inicialmente com o eixo positivo das abscissas, no sentido anti-horário do movimento das agulhas de um relógio, até o vetor $\vec{0B}$. Tal ângulo $\angle A0B = a$, considera-se positivo.

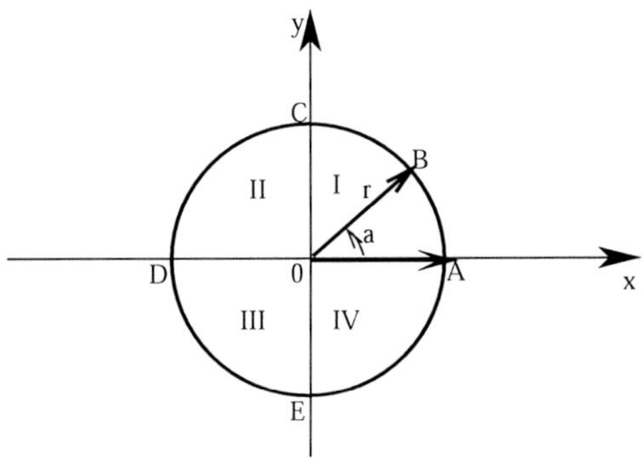

Figura 6.8: Ângulo positivo

Observamos que o círculo $x^2 + y^2 \leq r^2$ é cortado pelos eixos coordenados em 4 quartos: primeiro quarto $A0C$, segundo quarto $C0D$, terceiro quarto $D0E$ e o quarto quarto $E0A$. Se o lado $\vec{0B}$ do ângulo $\angle A0B$, encontra-se no primeiro, segundo, terceiro ou quarto quadrante, então dizemos que o ângulo $\angle A0B$ encontra-se no primeiro, segundo, terceiro ou quarto quadrante. No primeiro quadrante o ângulo a varia entre 0° e 90°, no segundo quadrante varia entre 90° e 180°, no terceiro quadrante varia entre 180° e 270°, e no quarto quadrante varia entre 270° e 360°.

Observação 6.3 (Ângulos maiores que 360°**)** *Se um ângulo é obtido pela rotação do vetor móvel* $\vec{0B}$ *com relação ao vetor inicial* $\vec{0A}$*, após realizar uma ou várias voltas completas, então obtemos* *ângulos a_n, da forma:*

$$a_n = a + n.360^o, \quad n \in \mathbb{N}.$$

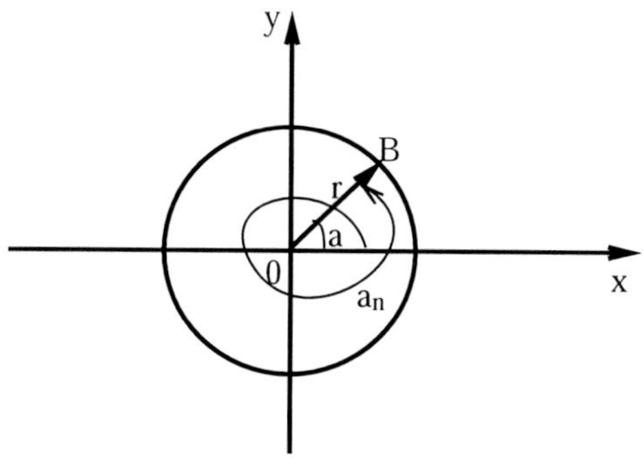

Figura 6.9: Ângulo a_n maior que 360°

Definição 6.2 *Se o ângulo $\angle A0B$ é gerado pela rotação de um vetor móvel de raio r com relação ao vetor $\vec{0A}$, que coincide inicialmente com o eixo positivo das abscissas, no sentido horário do movimento das agulhas de um relógio, até o vetor $\vec{0B}$, então dizemos que o ângulo $\angle A0B = a$, considera-se negativo.*

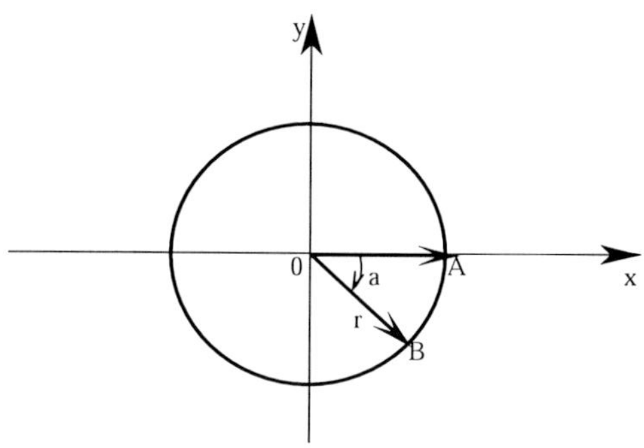

Figura 6.10: Ângulo negativo

6.3 Funções Trigonométricas

A parte da Matemática que estuda as funções trigonométricas e seu uso na geometria, chama-se Trigonometria. A trigonometria estuda as diferentes relações entre os lados e ângulos em um triângulo.

Consideremos o plano cartesiano $0xy$. Sejam x e y as coordenadas do ponto P, cujo raio vetor $0\vec{P}$ de comprimento r, forma um ângulo α com o eixo positivo das abscissas.

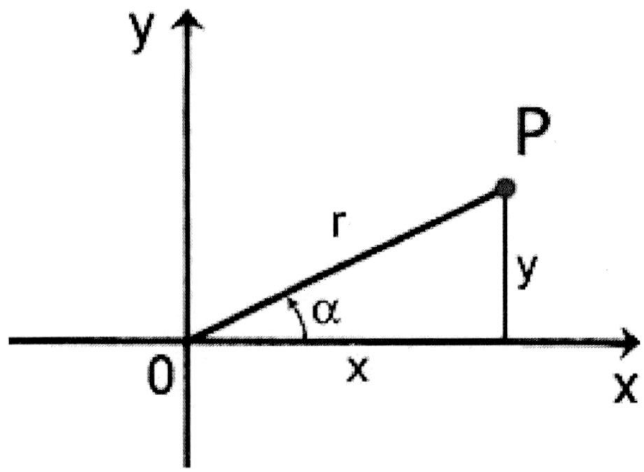

Agora vamos introduzir as principais funções trigonométricas.

1. **Seno do ângulo** α, é a razão entre a ordenada y e o módulo r do raio vetor $0\vec{P}$:
$$\operatorname{sen}\alpha = \frac{y}{r} \tag{6.2}$$

2. **Cosseno do ângulo** α, é a razão entre a abscissa x e o módulo r do raio vetor $0\vec{P}$:
$$\cos\alpha = \frac{x}{r} \tag{6.3}$$

3. **Tangente do ângulo** α, é a razão entre a ordenada y e a abscissa x ou:
$$\tan\alpha = \frac{y}{x} = \frac{\frac{y}{r}}{\frac{x}{r}} = \frac{\operatorname{sen}\alpha}{\cos\alpha} \tag{6.4}$$

4. **Cotangente do ângulo** α, é a razão entre a abscissa x e a ordenada y ou:

$$\operatorname{cotg}\alpha = \frac{x}{y} = \frac{\frac{x}{r}}{\frac{y}{r}} = \frac{\cos\alpha}{\operatorname{sen}\alpha} \tag{6.5}$$

5. **Secante do ângulo** α, é o inverso multiplicatico de $\cos\alpha$:

$$\sec\alpha = \frac{1}{\cos\alpha} \tag{6.6}$$

6. **Cosecante do ângulo** α, é o inverso multiplicatico de $\operatorname{sen}\alpha$:

$$\operatorname{cosec}\alpha = \frac{1}{\operatorname{sen}\alpha}. \tag{6.7}$$

Obviamente as definições (6.4)-(6.5) e (6.6)-(6.7) têm sentido se $\cos\alpha \neq 0$ e $\operatorname{sen}\alpha \neq 0$ respectivamente.

Observação 6.4 *Observa-se que* $\operatorname{sen}\alpha$, $\cos\alpha$, $\tan\alpha$, $\operatorname{cotg}\alpha$, $\sec\alpha$ *e* $\operatorname{cosec}\alpha$ *definidos acima (6.2) - (6.7) dependem apenas do ângulo* α *e não do módulo* r *do vetor,* $0\vec{P}$, *por isso podemos supor por simplicidade,* $r = 1$.

Definimos círculo trigonométrico como sendo o círculo de raio 1 e centro na origem : $x^2 + y^2 \leq 1$. Assim, para facilitar as relações trigonométricas definidas acima, podemos analisar as funções trigonométricas no círculo trigonométrico.

Assim as funções (6.2)-(6.7) podemos escrevê-las na forma mais fácil:

$$\begin{cases} \operatorname{sen}\alpha = y, & \cos\alpha = x \\ \tan\alpha = \dfrac{y}{x}, & \operatorname{cotg}\alpha = \dfrac{x}{y} \\ \sec\alpha = \dfrac{1}{x}, & \operatorname{cosec}\alpha = \dfrac{1}{y} \end{cases} \tag{6.8}$$

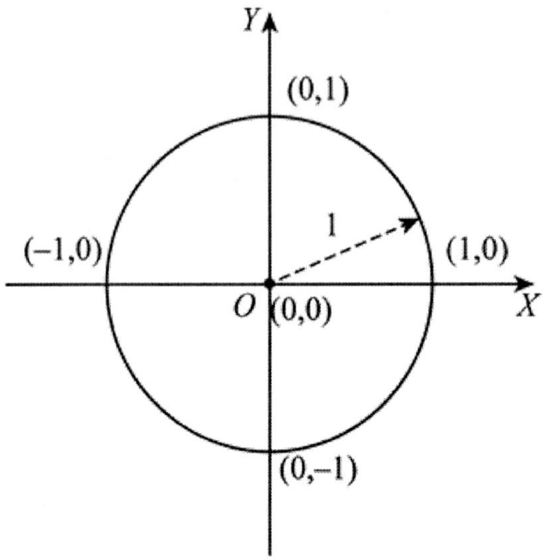

Figura 6.11: Círculo trigonométrico

Transformação de Ângulos em Graus para Radianos e Vice-versa

Veja, quando definimos ângulo entre dois vetores com ponto inicial comum, entendemos isto como uma “abertura” de um vetor com relação à outro, cuja medida é

$$1^o = \frac{1}{360} \text{ de uma circunferência}$$

Mas, quando vamos estudar funções trigonométricas precisamos lidar com variáveis numéricas, por isso, introduzimos o sistema radiano, cuja media é:

1 radiano é a medida de um ângulo central que determina um arco com comprimento r em uma circunferência de raio r.

A útil regra de três simples, facilmente nos permitirá converter graus em radianos e radianos em graus.

Se o ângulo α é medido em graus e queremos transformá-lo para radianos, usamos a fórmula

$$\boxed{\beta = \frac{\pi.\alpha^o}{180},}$$

mas se o ângulo α é medido em radianos e queremos transformá-lo para graus, usamos a seguinte fórmula

$$\boxed{\beta^o = \frac{180.\alpha}{\pi}.}$$

Exemplo 6.2 *Transforme* 150° *em radianos.*

Para transformar 150° em radianos, usamos a fórmula:

$$\beta = \frac{\pi.150^o}{180} = \frac{5\pi}{6}.$$

Exemplo 6.3 *Transforme* $\dfrac{5\pi}{4}$ *em graus sexagesimais.*

Para transformar $\frac{5\pi}{4}$ em graus sexagesimais, usamos a fórmula:

$$\beta^o = \frac{180.\frac{5\pi}{4}}{\pi} = 45^o \times 5 = 225^o.$$

A seguinte tabela será muito útil quando precisamos saber a equivalência em radianos dos seguintes ângulos mais comuns, $0^o, 30^o, 45^o, 60^o, 90^o, 180^o, 270^o$ e 360°:

graus	0	30	45	60	90	180	270	360
radianos	0	$\pi/6$	$\pi/4$	$\pi/3$	$\pi/2$	π	$3\pi/2$	2π

Analisemos agora como muda (em valor absoluto e sinal) cada uma das funções trigonométricas básicas definidas no início desta seção, quando o ângulo α varia de 0 até 2π. Para acompanhar este estudo consideremos novamente o círculo trigonométrico.

6.4 $\operatorname{sen} \alpha$

De acordo com a primeira fórmula (6.8) $\operatorname{sen} \alpha = y$, onde y é a ordenada do ponto final do vetor unitário.

1. $0 \leq \alpha \leq \pi/2$ (primeiro quadrante).
   Se α_1 e α_2 satisfazem as desigualdades $0 \leq \alpha_1 < \alpha_2 \leq \pi/2$,

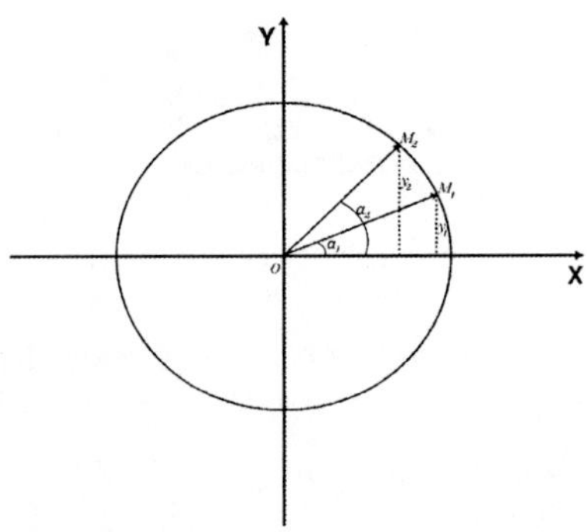

Figura 6.12: Primeiro Quadrante

   então $y_1 < y_2$, e, portanto, $\operatorname{sen} \alpha_1 < \operatorname{sen} \alpha_2$.
   Quando α cresce de 0 até $\pi/2$, o $\operatorname{sen} \alpha$ cresce monotanamente de 0 até 1.

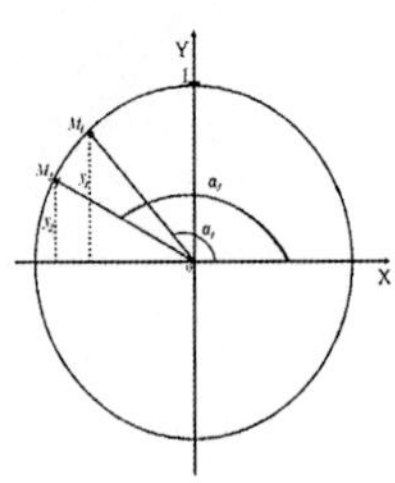

Figura 6.13: Segundo Quadrante

2. $\pi/2 \leq \alpha \leq \pi$ (segundo quadrante).

   Se α_1 e α_2 satisfazem as desigualdades $\pi/2 \leq \alpha_1 < \alpha_2 \leq \pi$, então $y_1 > y_2$, e, portanto, $\operatorname{sen}\alpha_1 > \operatorname{sen}\alpha_2$.
   Quando α cresce de $\pi/2$ até π, o $\operatorname{sen}\alpha$ decresce monotanamente de 1 até 0.

3. $\pi \leq \alpha \leq 3\pi/2$ (terceiro quadrante).
   Se α_1 e α_2 satisfazem as desigualdades $\pi \leq \alpha_1 < \alpha_2 \leq 3\pi/2$, então $y_1 > y_2$, e, portanto, $\operatorname{sen}\alpha_1 > \operatorname{sen}\alpha_2$.
   Quando α cresce de π até $3\pi/2$, o $\operatorname{sen}\alpha$ decresce monotanamente de 0 até -1.

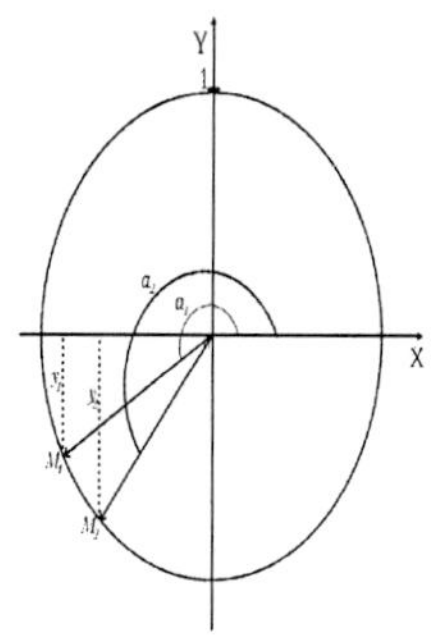

Figura 6.14: Terceiro Quadrante

4. $3\pi/2 \leq \alpha \leq 2\pi$ (quarto quadrante). Se α_1 e α_2 satisfazem as desigualdades $3\pi/2 \leq \alpha_1 < \alpha_2 \leq 2\pi$, então $y_1 < y_2$, e, portanto, $\operatorname{sen}\alpha_1 < \operatorname{sen}\alpha_2$. Quando α cresce de $3\pi/2$ até 2π, o $\operatorname{sen}\alpha$ cresce monotanamente de -1 até 0.

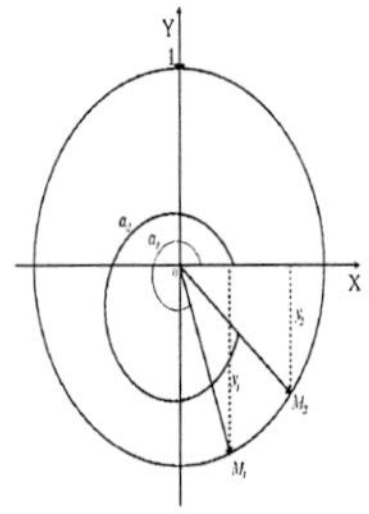

Figura 6.15: Quarto Quadrante

Assim, para qualquer α, o valor absoluto da função $\operatorname{sen}\alpha$ não é superior a 1, isto é, $|\operatorname{sen}\alpha| \leq 1$, ou seja

$$\boxed{-1 \leq \operatorname{sen}\alpha \leq 1.}$$

6.5 $\cos\alpha$

De acordo com a segunda fórmula (6.8) $\cos\alpha = x$, onde x é a abscissa do ponto final do raio vetor unitário.

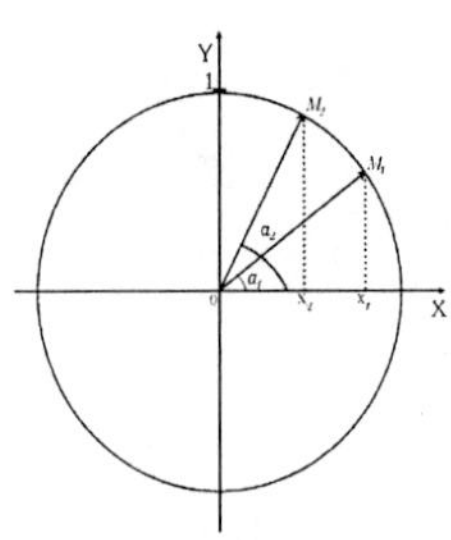

Figura 6.16: Primeiro Quadrante

1. $0 \leq \alpha \leq \pi/2$ (primeiro quadrante). Se α_1 e α_2 satisfazem as desigualdades $0 \leq \alpha_1 < \alpha_2 \leq \pi/2$, então $x_2 < x_1$, e, portanto, $\cos \alpha_2 < \cos \alpha_1$. Quando α cresce de 0 até $\pi/2$, o $\cos \alpha$ decresce monotanamente de 1 até 0.

2. $\pi/2 \leq \alpha \leq \pi$ (segundo quadrante). Se α_1 e α_2 satisfazem as desigualdades $\pi/2 \leq \alpha_1 < \alpha_2 \leq \pi$, então $x_1 > x_2$, e, portanto, $\cos \alpha_1 > \cos \alpha_2$. Quando α cresce de $\pi/2$ até π, o $\cos \alpha$ decresce monotanamente de 0 até -1.

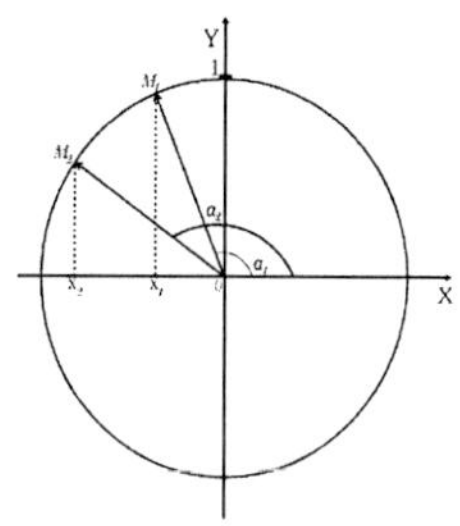

Figura 6.17: Segundo Quadrante

3. $\pi \leq \alpha \leq 3\pi/2$ (terceiro quadrante). Se α_1 e α_2 satisfazem as desigualdades $\pi \leq \alpha_1 < \alpha_2 \leq 3\pi/2$, então $x_1 < x_2$, e, portanto, $\cos \alpha_1 < \cos \alpha_2$. Quando α cresce de π até $3\pi/2$, o $\cos \alpha$ cresce monotanamente de -1 até 0.

4. $3\pi/2 \leq \alpha \leq 2\pi$ (quarto quadrante). Se α_1 e α_2 satisfazem as desigualdades $3\pi/2 \leq \alpha_1 < \alpha_2 \leq 2\pi$, então $x_1 < x_2$, e, portanto, $\cos \alpha_1 < \cos \alpha_2$. Quando α cresce de $3\pi/2$ até 2π, o $\cos \alpha$ cresce monotanamente de 0 até 1.

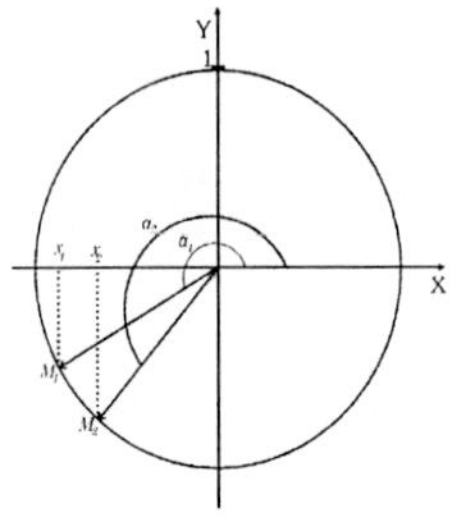

Figura 6.18: Terceiro Quadrante

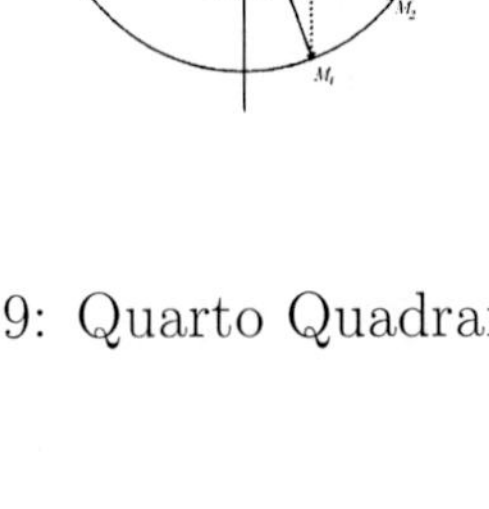

Figura 6.19: Quarto Quadrante

Assim, para qualquer α, o valor absoluto da função $\cos\alpha$ não é superior a 1, isto é : $|\cos\alpha| \le 1$, ou

$$\boxed{-1 \le \cos\alpha \le 1.}$$

6.6 $\tan\alpha$

De acordo com a terceira fórmula (6.8) $\tan\alpha = \dfrac{y}{x}$.

1. $0 \le \alpha < \pi/2$ (primeiro quadrante). Se α_1 e α_2 satisfazem as desigualdades $0 \le \alpha_1 < \alpha_2 < \pi/2$, então $y_1 < y_2$, e, portanto, $\tan\alpha_1 < \tan\alpha_2$. Quando α cresce de 0 até $\pi/2$, a $\tan\alpha$ cresce ilimitadamente. Se o ângulo α tende a $\pi/2$ pela esquerda, então $\tan\alpha$ tende a mais infinito, ou seja

$$\tan\alpha \to +\infty \quad \text{quando} \quad \alpha \to \pi/2, \qquad \text{onde} \quad \alpha < \pi/2.$$

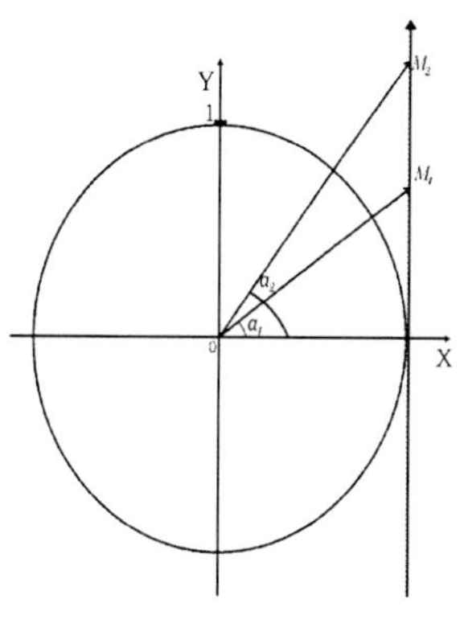

Figura 6.20: Primeiro Quadrante

2. $\pi/2 < \alpha \le \pi$ (segundo quadrante). Se α_1 e α_2 satisfazem as desigualdades $\pi/2 < \alpha_1 < \alpha_2 \le \pi$, então $y_1 < y_2$, e, portanto,

$\tan \alpha_1 < \tan \alpha_2$. Quando α cresce de $\pi/2$ até π, a $\tan \alpha$ cresce monotanamente até 0. Se o ângulo α tende a $\pi/2$ pela direita, então $\tan \alpha$ tende a menos infinito, ou seja

$$\tan \alpha \to -\infty \quad \text{quando} \quad \alpha \to \pi/2, \qquad \text{onde} \quad \alpha > \pi/2.$$

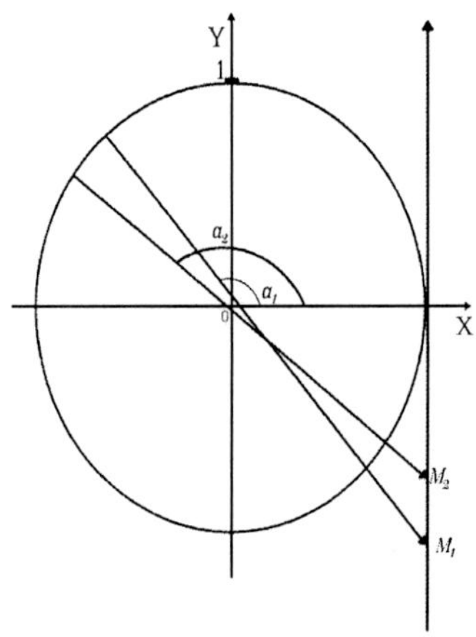

Figura 6.21: Segundo Quadrante

3. $\pi \leq \alpha < 3\pi/2$ (terceiro quadrante). Se α_1 e α_2 satisfazem as desigualdades $\pi \leq \alpha_1 < \alpha_2 < 3\pi/2$, então $y_1 < y_2$, e, portanto, $\tan \alpha_1 < \tan \alpha_2$. Quando α cresce de π até $3\pi/2$, a $\tan \alpha$ cresce ilimitadamente. Se o ângulo α tende a $3\pi/2$ pela esquerda, então $\tan \alpha$ tende a mais infinito, ou seja

$$\tan \alpha \to +\infty \quad \text{quando} \quad \alpha \to 3\pi/2, \qquad \text{onde} \quad \alpha < 3\pi/2.$$

4. $3\pi/2 < \alpha \leq 2\pi$ (quarto quadrante). Se α_1 e α_2 satisfazem as desigualdades $3\pi/2 < \alpha_1 < \alpha_2 \leq 2\pi$, então $y_1 < y_2$, e, portanto, $\tan \alpha_1 < \tan \alpha_2$. Quando α cresce de $3\pi/2$ até 2π,

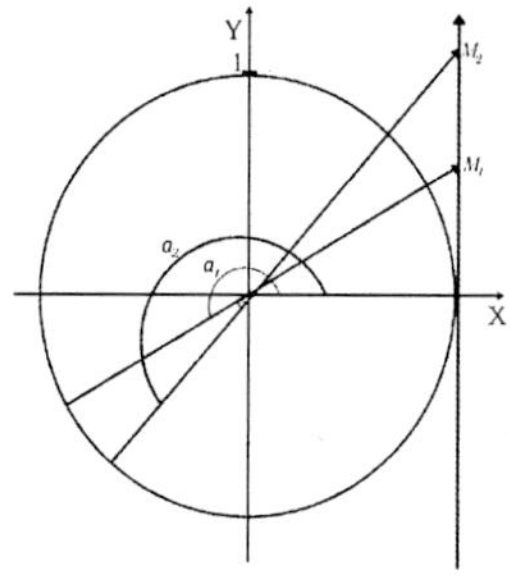

Figura 6.22: Terceiro Quadrante

a $\tan\alpha$ cresce até 0. Se o ângulo α tende a $3\pi/2$ pela direita, então $\tan\alpha$ tende a menos infinito, ou seja

$$\tan\alpha \to -\infty \quad \text{quando} \quad \alpha \to 3\pi/2, \qquad \text{onde} \quad \alpha > 3\pi/2.$$

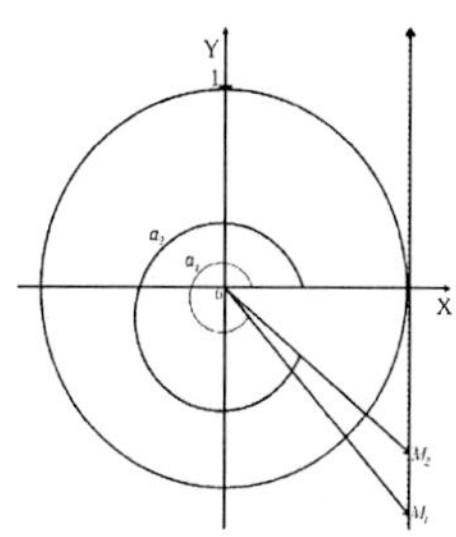

Figura 6.23: Quarto Quadrante

6.7 $\operatorname{cotg}\alpha$

De acordo com a quarta fórmula (6.8) $\operatorname{cotg}\alpha = \dfrac{x}{y}$.

1. $0 < \alpha \leq \pi/2$ (primeiro quadrante). Se α_1 e α_2 satisfazem as desigualdades $0 < \alpha_1 < \alpha_2 < \pi/2$, então $x_2 < x_1$, e, portanto, $\text{cotg}\,\alpha_2 < \text{cotg}\,\alpha_1$. Quando α cresce de 0 até $\pi/2$, a $\text{cotg}\,\alpha$ decresce até 0. Se o ângulo α tende a 0 pela direita, então $\text{cotg}\,\alpha$ tende a mais infinito, ou seja

$$\tan\alpha \to +\infty \quad \text{quando} \quad \alpha \to 0, \qquad \text{onde} \quad \alpha > 0.$$

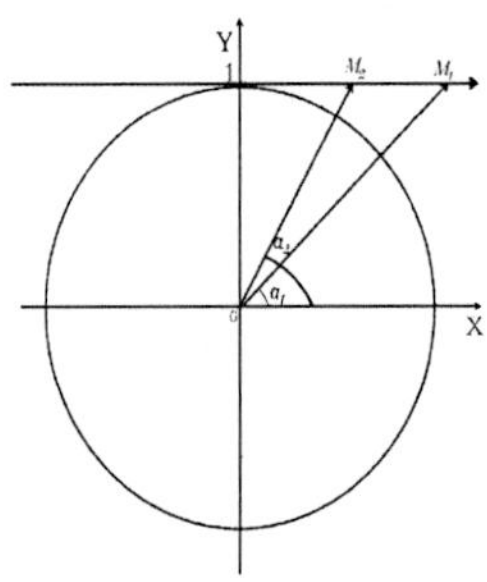

Figura 6.24: Primeiro Quadrante

2. $\pi/2 < \alpha \leq \pi$ (segundo quadrante). Se α_1 e α_2 satisfazem as desigualdades $\pi/2 < \alpha_1 < \alpha_2 \leq \pi$, então $x_2 < x_1$, e, portanto, $\text{cotg}\,\alpha_2 < \text{cotg}\,\alpha_1$. Quando α cresce de $\pi/2$ até π, a $\text{cotg}\,\varphi$ decresce de 0 até $-\infty$. Se o ângulo α tende a π pela esquerda, então $\text{cotg}\,\alpha$ tende a menos infinito, ou seja

$$\text{cotg}\,\alpha \to -\infty \quad \text{quando} \quad \alpha \to \pi, \qquad \text{onde} \quad \alpha < \pi.$$

3. $\pi < \alpha \leq 3\pi/2$ (terceiro quadrante). Se α_1 e α_2 satisfazem as desigualdades $\pi < \alpha_1 < \alpha_2 \leq 3\pi/2$, então $x_1 > x_2$, e, portanto, $\text{cotg}\,\alpha_1 > \text{cotg}\,\alpha_2$. Quando α cresce de π até $3\pi/2$, a $\tan\alpha$ decresce. Se o ângulo α tende a π pela direita, então $\text{cotg}\,\alpha$ tende a mais infinito, ou seja $\text{cotg}\,\alpha \to +\infty$ quando $\alpha \to \pi$, onde $\alpha > \pi$.

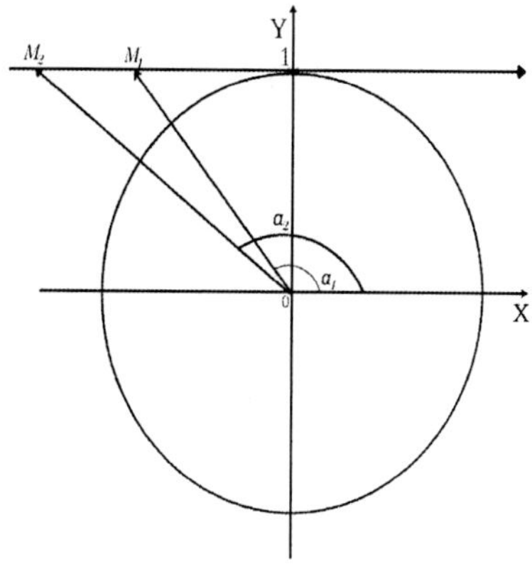

Figura 6.25: Segundo Quadrante

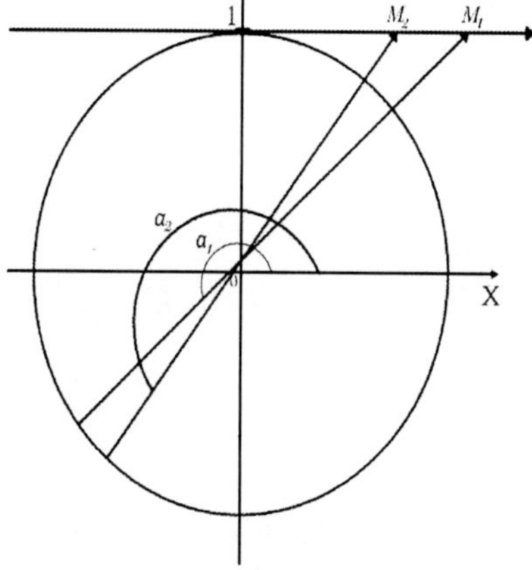

Figura 6.26: Terceiro Quadrante

4. $3\pi/2 \leq \alpha < 2\pi$ (quarto quadrante). Se α_1 e α_2 satisfazem as desigualdades $3\pi/2 \leq \alpha_1 < \alpha_2 < 2\pi$, então $x_1 > x_2$, e, portanto, $\operatorname{cotg} \alpha_1 > \operatorname{cotg} \alpha_2$. Quando α cresce de $3\pi/2$ até 2π, a $\operatorname{cotg} \alpha$ decresce de 0 até $-\infty$. Se o ângulo α tende a 2π pela esquerda, então $\cot \alpha$ tende a menos infinito, ou seja

$$\operatorname{cotg} \alpha \to -\infty \quad \text{quando} \quad \alpha \to 2\pi, \quad \text{onde} \quad \alpha < 2\pi.$$

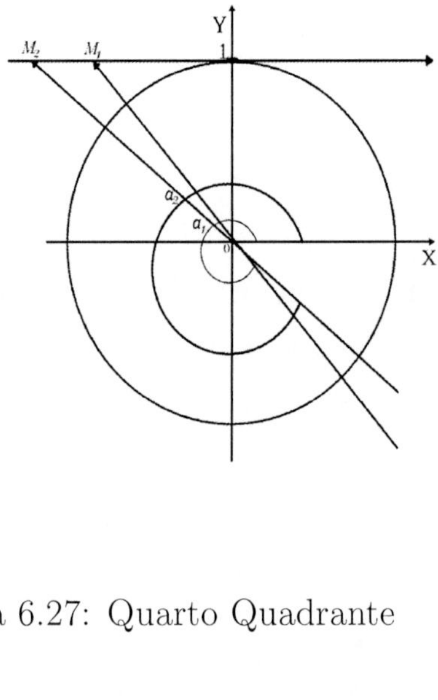

Figura 6.27: Quarto Quadrante

6.8 Relação entre as Funções Trigonométricas

6.8.1 Identidades Trigonométricas Básicas

As identidades trigonométricas são expressões matemáticas para funções trigonométricas que valem para todos os valores de uma variável (argumento) do domínio da função.

Entre as funções trigonométricas básicas têm-se as seguintes identidades:

1.
$$\operatorname{sen}^2\alpha + \cos^2\alpha = 1. \tag{6.9}$$

Tomando $r = 1$ nas expressões (6.2) e (6.3), obtemos, para qualquer ângulo α : $\operatorname{sen}\alpha = y$ e $\cos\alpha = x$, onde y e x são as projeções do vetor unitário $\vec{0P}$ sobre os eixos coordenados. Pelo Teorema de Pitágoras: $|x|^2 + |y|^2 = 1$, pois $r = 1$, donde

$$\operatorname{sen}^2\alpha + \cos^2\alpha = 1.$$

2.
$$\tan\alpha = \frac{\operatorname{sen}\alpha}{\cos\alpha}, \tag{6.10}$$

onde $\alpha \neq \frac{\pi}{2} + k\pi,\ k \in \mathbb{Z}$.

3.
$$\cot\alpha = \frac{\cos\alpha}{\operatorname{sen}\alpha}, \tag{6.11}$$

onde $\alpha \neq k\pi,\ k \in \mathbb{Z}$.
As fórmulas (6.10) e (6.11) também podem servir como definição das funções $\tan\alpha$ e $\cot\alpha$

4.
$$\sec\alpha = \frac{1}{\cos\alpha}, \tag{6.12}$$

onde $\alpha \neq \frac{\pi}{2} + k\pi,\ k \in \mathbb{Z}$.

5.
$$\operatorname{cosec}\alpha = \frac{1}{\operatorname{sen}\alpha}, \tag{6.13}$$

onde $\alpha \neq k\pi,\ k \in \mathbb{Z}$.
As fórmulas (6.12) e (6.13) também podem servir como definição das funções $\sec\alpha$ e $\operatorname{cosec}\alpha$

6. Das fórmulas (6.10) e (6.11), obtemos

$$\tan\alpha.\operatorname{cotg}\alpha = 1, \tag{6.14}$$

onde $\alpha \neq \frac{k\pi}{2}$, $k \in \mathbb{Z}$.

7. Dividindo a igualdade (6.9) por $\cos^2\alpha$, desde que $\cos\alpha \neq 0$, obtemos

$$1 + \tan^2\alpha = \sec^2\alpha, \tag{6.15}$$

onde $\alpha \neq \frac{\pi}{2} + k\pi$, $k \in \mathbb{Z}$.

8. Dividindo a igualdade (6.9) por $\operatorname{sen}^2\alpha$, desde que $\operatorname{sen}\alpha \neq 0$, obtemos

$$1 + \operatorname{cotg}^2\alpha = \operatorname{cosec}^2\alpha, \tag{6.16}$$

onde $\alpha \neq k\pi$, $k \in \mathbb{Z}$.

Exemplo 6.4 *Demonstre a igualdade*

$$\operatorname{sen}\alpha\cos^2\alpha(1 + \tan^2\alpha) + \cos\alpha\operatorname{sen}^2\alpha(1 + \operatorname{cotg}^2\alpha) = \operatorname{sen}\alpha + \cos\alpha.$$

Substituindo na parte esquerda da igualdade, as fórmulas (6.15) e (6.16) para $1 + \tan^2\alpha$ e $1 + \operatorname{cotg}^2\alpha$ repectivamente, obtemos

$$\begin{aligned}&\operatorname{sen}\alpha\cos^2\alpha(1 + \tan^2\alpha) + \cos\alpha\operatorname{sen}^2\alpha(1 + \operatorname{cotg}^2\alpha) =\\ &= \operatorname{sen}\alpha\cos^2\alpha(\sec^2\alpha) + \cos\alpha\operatorname{sen}^2\alpha(\operatorname{cosec}^2\alpha) =\\ &= \operatorname{sen}\alpha + \cos\alpha.\end{aligned}$$

Exemplo 6.5 *Simplifique*

$$M = \operatorname{sen}^4\alpha - \cos^4\alpha.$$

Reconhecendo $\operatorname{sen}^4\alpha - \cos^4\alpha$, como diferença de quadrados, temos

$$\begin{aligned}M &= \operatorname{sen}^4\alpha - \cos^4\alpha = (\operatorname{sen}^2\alpha + \cos^2\alpha)(\operatorname{sen}^2\alpha - \cos^2\alpha) =\\ &= \operatorname{sen}^2\alpha - \cos^2\alpha = 1 - \cos^2\alpha - \cos^2\alpha =\\ &= 1 - 2\cos^2\alpha.\end{aligned}$$

Exemplo 6.6 *Simplifique*

$$M = \frac{\operatorname{sen}^2\alpha - 1}{\cos^4\alpha} + \tan^2\alpha.$$

Escrevendo $-1 = -\cos^2\alpha - \operatorname{sen}^2\alpha$ e $\tan\alpha = \dfrac{\operatorname{sen}\alpha}{\cos\alpha}$, temos

$$\begin{aligned}
M &= \frac{\operatorname{sen}^2\alpha - 1}{\cos^4\alpha} + \tan^2\alpha = \frac{\operatorname{sen}^2\alpha - \cos^2\alpha - \operatorname{sen}^2\alpha}{\cos^4\alpha} + \frac{\operatorname{sen}^2\alpha}{\cos^2\alpha} = \\
&= \frac{-\cos^2\alpha}{\cos^4\alpha} + \frac{\operatorname{sen}^2\alpha}{\cos^2\alpha} = \\
&= \frac{-\cos^2\alpha + \cos^2\alpha\operatorname{sen}^2\alpha}{\cos^4\alpha} = \\
&= \frac{-\cos^2\alpha(1 - \operatorname{sen}^2\alpha)}{\cos^4\alpha} = \\
&= \frac{-\cos^2\alpha(\cos^2\alpha)}{\cos^4\alpha} = \\
&= -\frac{\cos^4\alpha}{\cos^4\alpha} = \\
&= -1.
\end{aligned}$$

Exemplo 6.7 *Simplifique*

$$\frac{1}{1 + \tan^2\alpha} + \frac{1}{1 + \operatorname{cotg}^2\alpha}.$$

Pelas fórmulas (6.15) e (6.16), temos

$$\begin{aligned}
\frac{1}{1 + \tan^2\alpha} + \frac{1}{1 + \operatorname{cotg}^2\alpha} &= \frac{1}{\sec^2\alpha} + \frac{1}{\operatorname{cosec}^2\alpha} \\
&= \cos^2\alpha + \operatorname{sen}^2\alpha \\
&= 1.
\end{aligned}$$

Exemplo 6.8 *Transforme a seguinte expressão trigonométrica em um número*

$$\frac{\operatorname{sen}^3\alpha + \cos^3\alpha}{\operatorname{sen}\alpha + \cos\alpha} + \operatorname{sen}\alpha\cos\alpha.$$

Usando a fórmula para soma de cubos da seção 3.1 do capítulo 3, temos

$$
\begin{aligned}
&\frac{\operatorname{sen}^3\alpha+\cos^3\alpha}{\operatorname{sen}\alpha+\cos\alpha}+\operatorname{sen}\alpha\cos\alpha=\\
&\frac{(\operatorname{sen}\alpha+\cos\alpha)(\operatorname{sen}^2\alpha-\operatorname{sen}\alpha\cos\alpha+\cos^2\alpha)}{\operatorname{sen}\alpha+\cos\alpha}+\operatorname{sen}\alpha\cos\alpha\\
&=\operatorname{sen}^2\alpha-\operatorname{sen}\alpha\cos\alpha+\cos^2\alpha+\operatorname{sen}\alpha\cos\alpha=\operatorname{sen}^2\alpha+\cos^2\alpha\\
&=1
\end{aligned}
$$

6.9 Cálculo de uma Função Trigonométrica, em Função de outra Função Trigonométrica

Através das fórmulas (6.9)-(6.16) podemos expressar qualquer uma das seis funções trigonométricas, em função de uma função trigonométrica conhecida.

1. Conhecendo $\operatorname{sen}\alpha$, vamos expressar cosseno, tangente e cotangente através de $\operatorname{sen}\alpha$:

$$
\begin{aligned}
\cos\alpha &= \pm\sqrt{1-\operatorname{sen}^2\alpha},\\
\tan\alpha &= \frac{\operatorname{sen}\alpha}{\cos\alpha}=\pm\frac{\operatorname{sen}\alpha}{\sqrt{1-\operatorname{sen}^2\alpha}},\ \alpha\neq\frac{\pi}{2}+k\pi,\ k\in\mathbb{Z},\\
\operatorname{cotg}\alpha &= \frac{\cos\alpha}{\operatorname{sen}\alpha}=\pm\frac{\sqrt{1-\operatorname{sen}^2\alpha}}{\operatorname{sen}\alpha},\ \alpha\neq k\pi,\ k\in\mathbb{Z}.
\end{aligned}
$$

2. Conhecendo $\cos\alpha$, vamos expressar seno, tangente e cotangente através de $\cos\alpha$:

$$
\begin{aligned}
\operatorname{sen}\alpha &= \pm\sqrt{1-\cos^2\alpha},\\
\tan\alpha &= \frac{\operatorname{sen}\alpha}{\cos\alpha}=\pm\frac{\sqrt{1-\cos^2\alpha}}{\cos\alpha},\ \alpha\neq\frac{\pi}{2}+k\pi,\ k\in\mathbb{Z},\\
\operatorname{cotg}\alpha &= \frac{\cos\alpha}{\operatorname{sen}\alpha}=\pm\frac{\cos\alpha}{\sqrt{1-\cos^2\alpha}},\ \alpha\neq k\pi,\ k\in\mathbb{Z}.
\end{aligned}
$$

3. Conhecendo $\tan\alpha$, vamos expressar seno, cosseno, e cotangente através de $\tan\alpha$:

$$\begin{aligned}
\cos\alpha &= \pm\frac{1}{\sqrt{1+\tan^2\alpha}},\\
\operatorname{sen}\alpha &= \tan\alpha\cos\alpha = \pm\frac{\tan\alpha}{\sqrt{1+\tan^2\alpha}},\ \alpha\neq\frac{\pi}{2}+k\pi,\ k\in\mathbb{Z},\\
\operatorname{cotg}\alpha &= \frac{1}{\tan\alpha},\ \alpha\neq k\pi,\ k\in\mathbb{Z}.
\end{aligned}$$

4.

5. Conhecendo $\operatorname{cotg}\alpha$, vamos expressar seno, cosseno, e tangente através de $\operatorname{cotg}\alpha$:

$$\begin{aligned}
\operatorname{sen}\alpha &= \pm\frac{1}{\sqrt{1+\operatorname{cotg}^2\alpha}},\\
\cos\alpha &= \operatorname{cotg}\alpha\operatorname{sen}\alpha = \pm\frac{\operatorname{cotg}\alpha}{\sqrt{1+\operatorname{cotg}^2\alpha}},\ \alpha\neq k\pi,\ k\in\mathbb{Z},\\
\tan\alpha &= \frac{1}{\operatorname{cotg}\alpha},\ \alpha\neq\frac{\pi}{2}+k\pi,\ k\in\mathbb{Z}.
\end{aligned}$$

Exemplo 6.9 *Se* $\cos\alpha = -\frac{3}{5}$, $\pi < \alpha < 3\pi/2$. *Calcular* $\operatorname{sen}\alpha, \tan\alpha$ *e* $\operatorname{cotg}\alpha$.

O ângulo α pertence ao terceiro quadrante, onde $\operatorname{sen}\alpha < 0, \tan\alpha > 0$ e $\operatorname{cotg}\alpha > 0$.
Portanto,

$$\tan\alpha = \frac{-\sqrt{1-\cos^2\alpha}}{\cos\alpha} = \frac{-4/5}{-3/5} = \frac{4}{3},\quad \operatorname{cotg}\alpha = \frac{1}{\tan\alpha} = \frac{3}{4}.$$

$$\operatorname{sen}\alpha = -\sqrt{1-\cos^2\alpha} = -\sqrt{1-\frac{9}{25}} = -\frac{4}{5}.$$

Exemplo 6.10 *Se* $\tan\alpha = -\frac{1}{2}$, $\frac{\pi}{2} < \alpha < \pi$. *Calcular* $\operatorname{sen}\alpha$ *e* $\cos\alpha$.

O ângulo α pertence ao segundo quadrante, onde $\operatorname{sen}\alpha > 0$ e $\cos\alpha < 0$.
Portanto,

$$\operatorname{sen}\alpha = \frac{\tan\alpha}{\sqrt{1+\tan^2\alpha}} = \frac{-\frac{1}{2}}{-\sqrt{1+(\frac{1}{2})^2}} = \frac{\frac{1}{2}}{\frac{\sqrt{5}}{2}} = \frac{1}{\sqrt{5}}.$$

$$\cos\alpha = -\frac{1}{\sqrt{1+\tan^2\alpha}} = -\frac{1}{\frac{\sqrt{5}}{2}} = -\frac{2}{\sqrt{5}}.$$

Exemplo 6.11 *Pode acontecer que o* $\cos\alpha$ *e o* $\operatorname{sen}\alpha$ *do mesmo ângulo serem iguais a* $-\frac{15}{17}$ *e* $\frac{8}{17}$ *respectivamente?*

Sabemos que $\operatorname{sen}^2\alpha + \cos^2\alpha = 1, \quad \forall\alpha$. Verifiquemos :

$$\left(\frac{8}{17}\right)^2 + \left(-\frac{15}{17}\right)^2 = \frac{64}{289} + \frac{225}{289} = \frac{289}{289} = 1.$$

Isto significa que existe um ângulo α tal que $\cos\alpha = -\frac{15}{17}$ e $\operatorname{sen}\alpha = \frac{8}{17}$.

6.9.1 Paridade de Funções Trigonométricas

Para as funções trigonométricas vale a seguinte afirmação

Teorema 6.1 *As funções* $\cos\alpha$ *e* $\sec\alpha$ *são funções pares, isto é,*

$$\cos(-\alpha) = \cos\alpha \ \ e \ \ \sec(-\alpha) = \sec\alpha,$$

as funções $\operatorname{sen}\alpha, \tan\alpha, \operatorname{cotg}\alpha$ *e* $\operatorname{cosec}\alpha$*, são funções ímpares, isto é,*

$$\operatorname{sen}(-\alpha) = -\operatorname{sen}\alpha, \quad \operatorname{cosec}(-\alpha) = -\operatorname{cosec}\alpha$$
$$\tan(-\alpha) = -\tan\alpha, \quad \operatorname{cotg}(-\alpha) = -\operatorname{cotg}\alpha$$

Prova: Consideremos dois ângulos formados pelo vetor unitário, α e $-\alpha$, observamos que $\cos\alpha$ e $\cos(-\alpha)$ possuem a mesma abscissa x e, portanto, $\cos(-\alpha) = \cos\alpha$. Donde segue

$$\sec(-\alpha) = \frac{1}{\cos(-\alpha)} = \frac{1}{\cos\alpha} = \sec\alpha.$$

Também, observamos que para $\operatorname{sen}(-\alpha)$ e $\operatorname{sen}\alpha$ suas ordenadas são iguais em módulo, mas de sinais opostos, ou seja, $\operatorname{sen}(-\alpha) = -y$ e $\operatorname{sen}\alpha = y$, por isso, $\operatorname{sen}(-\alpha) = -\operatorname{sen}\alpha$.
Para $\tan\alpha$, obtemos

$$\tan(-\alpha) = \frac{\operatorname{sen}(-\alpha)}{\cos(-\alpha)} = \frac{-\operatorname{sen}\alpha}{\cos\alpha} = -\tan\alpha.$$

Para a $\operatorname{cotg}\alpha$, obtemos

$$\operatorname{cotg}(-\alpha) = \frac{\cos(-\alpha)}{\operatorname{sen}(-\alpha)} = \frac{\cos\alpha}{-\operatorname{sen}\alpha} = -\operatorname{cotg}\alpha. \qquad \blacksquare$$

6.10 Dependência das Funções Trigonométricas de Ângulos Complementares e Suplementares

Dois ângulos α e β chamam-se complementares se $\alpha + \beta = \frac{\pi}{2}$

Teorema 6.2

$$\operatorname{sen}\beta = \cos\alpha, \qquad \cos\beta = \operatorname{sen}\alpha.$$

Prova: Consideremos o círculo trigonométrico onde está inserido o triângulo retângulo $0AB$. Verifica-se facilmente que

$$\operatorname{sen}\beta = x \;\text{ e }\; \cos\alpha = x, \;\text{ por isso, }\; \operatorname{sen}\beta = \cos\alpha.$$

Analogamente

$$\cos\beta = y \;\text{ e }\; \operatorname{sen}\alpha = y, \;\text{ por isso, }\; \cos\beta = \operatorname{sen}\alpha \qquad \blacksquare$$

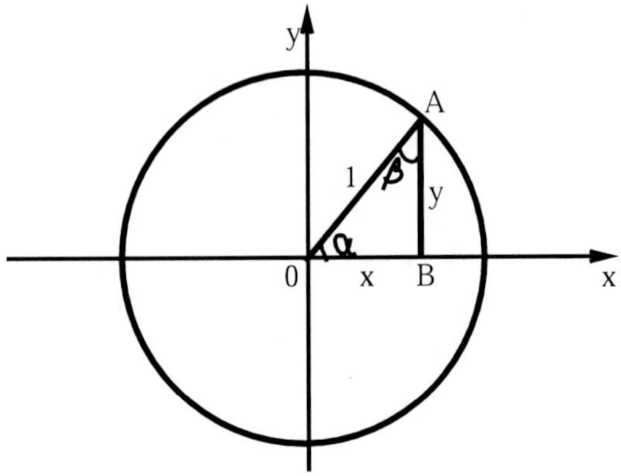

Figura 6.28: Triângulo $0AB$

Corolário 6.1

$$\tan\beta = \operatorname{cotg}\alpha, \quad \operatorname{cotg}\beta = \tan\alpha.$$

Prova: Seja $\beta = \frac{\pi}{2} - \alpha$, então

$$\tan\beta = \tan(\frac{\pi}{2} - \alpha) = \frac{\operatorname{sen}(\frac{\pi}{2} - \alpha)}{\cos(\frac{\pi}{2} - \alpha)} = \frac{\cos\alpha}{\operatorname{sen}\alpha} = \operatorname{cotg}\alpha,$$

$$\operatorname{cotg}\beta = \operatorname{cotg}(\frac{\pi}{2} - \alpha) = \frac{\cos(\frac{\pi}{2} - \alpha)}{\operatorname{sen}(\frac{\pi}{2} - \alpha)} = \frac{\operatorname{sen}\alpha}{\cos\alpha} = \tan\alpha. \qquad \blacksquare$$

Agora queremos analisar as possíveis expressões das funções trigonométricas dos ângulos $\frac{\pi}{2} + \alpha, \pi \pm \alpha, \frac{3\pi}{2} \pm \alpha, 2\pi \pm \alpha$ através do ângulo α arbitrário.

Nas fórmulas do Teorema 6.2 e do Corolário 6.1, escrevendo $\beta = \frac{\pi}{2} - \alpha$ e se trocarmos α por -α, obtemos:

$$\begin{cases} \operatorname{sen}(\frac{\pi}{2} + \alpha) = \cos(-\alpha) = \cos\alpha, \\ \cos(\frac{\pi}{2} + \alpha) = \operatorname{sen}(-\alpha) = -\operatorname{sen}\alpha, \\ \tan(\frac{\pi}{2} + \alpha) = \operatorname{cotg}(-\alpha) = -\operatorname{cotg}\alpha, \\ \operatorname{cotg}(\frac{\pi}{2} + \alpha) = \tan(-\alpha) = -\tan\alpha, \end{cases} \tag{6.17}$$

Nas fórmulas 6.17, se trocamos α por $\pi/2+\alpha$, obtemos:

$$\begin{cases} \operatorname{sen}(\pi+\alpha) = \operatorname{sen}(\frac{\pi}{2}+(\frac{\pi}{2}+\alpha)) = \cos(\frac{\pi}{2}+\alpha) = -\operatorname{sen}\alpha, \\ \cos(\pi+\alpha) = \cos(\frac{\pi}{2}+(\frac{\pi}{2}+\alpha)) = -\operatorname{sen}(\frac{\pi}{2}+\alpha) = -\cos\alpha, \\ \tan(\pi+\alpha) = \tan\alpha, \text{ pois, } \pi \text{ é período principal} \\ \operatorname{cotg}(\pi+\alpha) = \operatorname{cotg}\alpha, \text{ pois, } \pi \text{ é período principal} \end{cases} \tag{6.18}$$

De forma análoga encontramos,

$$\begin{cases} \operatorname{sen}(\frac{3\pi}{2}+\alpha) = \operatorname{sen}(\frac{\pi}{2}+(\pi+\alpha)) = \cos(\pi+\alpha) = -\cos\alpha, \\ \cos(\frac{3\pi}{2}+\alpha) = \cos(\frac{\pi}{2}+(\pi+\alpha)) = -\operatorname{sen}(\pi+\alpha) = \operatorname{sen}\alpha, \\ \tan(\frac{3\pi}{2}+\alpha) = -\operatorname{cotg}\alpha, \\ \operatorname{cotg}(\frac{3\pi}{2}+\alpha) = -\tan\alpha. \end{cases} \tag{6.19}$$

Trocando nas fórmulas (6.18) α por -α, obtemos

$$\begin{cases} \operatorname{sen}(\pi-\alpha) = \operatorname{sen}\alpha, \\ \cos(\pi-\alpha) = -\cos\alpha, \\ \tan(\pi-\alpha) = -\tan\alpha, \\ \operatorname{cotg}(\pi-\alpha) = -\operatorname{cotg}\alpha. \end{cases} \tag{6.20}$$

Trocando nas fórmulas (6.19) α por -α, obtemos

$$\begin{cases} \operatorname{sen}(\frac{3\pi}{2}-\alpha) = \operatorname{sen}(\frac{\pi}{2}+(\pi-\alpha)) = \cos(\pi-\alpha) = -\cos\alpha, \\ \cos(\frac{3\pi}{2}-\alpha) = \cos(\frac{\pi}{2}+(\pi-\alpha)) = -\operatorname{sen}(\pi-\alpha) = -\operatorname{sen}\alpha, \\ \tan(\frac{3\pi}{2}-\alpha) = \operatorname{cotg}\alpha, \\ \operatorname{cotg}(\frac{3\pi}{2}-\alpha) = \tan\alpha. \end{cases} \tag{6.21}$$

Por fim, como 2π é período para todas as funções trigonométricas, obtemos

$$\begin{cases} \operatorname{sen}(2\pi-\alpha) = \operatorname{sen}(-\alpha) = -\operatorname{sen}\alpha, \\ \cos(2\pi-\alpha) = \cos(-\alpha) = \cos\alpha, \\ \tan(2\pi-\alpha) = \tan(-\alpha) = -\tan\alpha, \\ \operatorname{cotg}(2\pi-\alpha) = \operatorname{cotg}(-\alpha) = -\operatorname{cotg}\alpha, \end{cases} \tag{6.22}$$

e

$$\begin{cases} \operatorname{sen}(2\pi+\alpha) = \operatorname{sen}\alpha, \\ \cos(2\pi+\alpha) = \cos\alpha, \\ \tan(2\pi+\alpha) = \tan\alpha, \\ \operatorname{cotg}(2\pi+\alpha) = \operatorname{cotg}\alpha, \end{cases} \tag{6.23}$$

Exemplo 6.12 *Calcule* $\operatorname{sen} 150^o$.

$$\operatorname{sen} 150^o = \operatorname{sen}(180^o - 30^o) = \operatorname{sen} 30^o = \frac{1}{2}.$$

Exemplo 6.13 *Calcule* $\cos 810^o$.

$$\cos 810^o = \cos(2 \times 360^o + 90^o) = \cos 90^o = 0.$$

Exemplo 6.14 *Calcule* $\operatorname{sen}(-225^o)$.

$$\operatorname{sen}(-225^o). = -\operatorname{sen} 225^o = -\operatorname{sen}(180^o + 45^o) = \operatorname{sen} 45^o = \frac{\sqrt{2}}{2}.$$

Exemplo 6.15 *Calcule* $\tan 330^o$.

$$\tan 330^o = \tan(360^o - 30^o) = -\tan 30^o = -\frac{\sqrt{3}}{3}.$$

Exemplo 6.16 *Calcule* $\operatorname{cotg} 675^o$.

$$\operatorname{cotg} 675^o = \operatorname{cotg}(2 \times 360^o - 45^o) = -\operatorname{cotg} 45^o = -1.$$

6.11 Transformações de Expressões Trigonométricas

Daremos a seguir as fórmulas das funções trigonométricas da soma ou diferença de dois ângulos. Sejam α e β dois ângulos.
Vamos deduzir a fórmula para o cosseno da diferença de dois ângulos e a partir daí deduzir as outras fórmulas.

6.11.1 Cosseno da Soma e Diferença de dois ângulos

A seguinte afirmação é verdadeira

$$\cos(\alpha - \beta) = \cos\alpha \cos\beta + \operatorname{sen}\alpha \operatorname{sen}\beta.$$

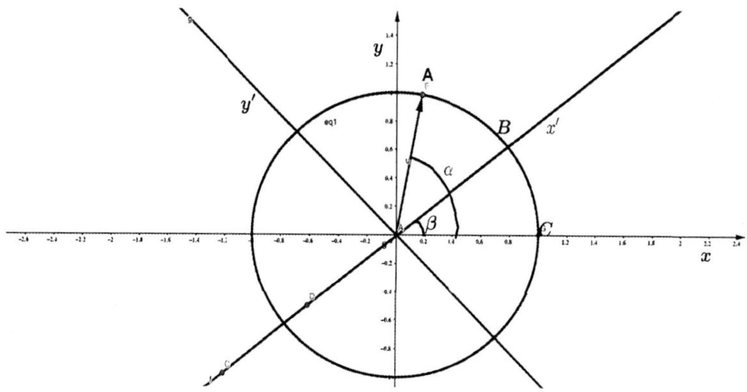

Figura 6.29: Cosseno da diferença de dois ângulos

De fato, sejam $\angle C0A = \alpha$ e $\angle C0B = \beta$ com $\alpha > \beta$ e

$$0 \leq \alpha < 2\pi, \qquad 0 \leq \beta < 2\pi.$$

Além do sistema de coordenadas $0xy$, consideremos o sistema de coordenadas $0x'y'$, que se obtém de $0xy$ por rotação em um ângulo β. Observamos que a distância entre dois pontos é invariante a rotações e translações do sistema coordenado, assim a distância entre os pontos A e B: $\overline{AB}$ mede o mesmo nos sistemas $0xy$ e $0x'y'$.

Primeiramente, vamos calcular as coordenadas dos pontos A e B no sistema de coordenadas $0xy$:

$$A(\cos\alpha, \operatorname{sen}\alpha), \quad B(\cos\beta, \operatorname{sen}\beta).$$

Pela fórmula (6.1) da seção 1.1, temos

$$\begin{aligned} &d^2(A,B) = (\cos\beta - \cos\alpha)^2 + (\operatorname{sen}\beta - \operatorname{sen}\alpha)^2 = \\ &= \cos^2\beta - 2\cos\beta\cos\alpha + \cos^2\alpha + \operatorname{sen}^2\beta - 2\operatorname{sen}\beta\operatorname{sen}\alpha + \operatorname{sen}^2\alpha = \\ &= (\cos^2\beta + \operatorname{sen}^2\beta) + (\cos^2\alpha + \operatorname{sen}^2\alpha) - 2\left(\cos\beta\cos\alpha + \operatorname{sen}\beta\operatorname{sen}\alpha\right) = \\ &= 2\left(1 - \cos\beta\cos\alpha - \operatorname{sen}\beta\operatorname{sen}\alpha\right). \end{aligned} \tag{6.24}$$

Agora calculemos as coordenadas dos pontos A e B no sistema de coordenadas $0x'y'$ e levando em consideração que $\angle B0A = \alpha - \beta$:

$$A(\cos(\alpha - \beta, \operatorname{sen}(\alpha - \beta)), \quad B(1, 0).$$

De novo, pela fórmula (6.1), temos

$$\begin{aligned} d^2(A,B) &= (\cos(\alpha-\beta)-1)^2+\operatorname{sen}^2(\alpha-\beta) = \\ &= \cos^2(\alpha-\beta)-2\cos(\alpha-\beta+1+\operatorname{sen}^2(\alpha-\beta) = \\ &= 2-2\cos(\alpha-\beta) \\ &= 2\,(1-\cos(\alpha-\beta))\,. \end{aligned} \tag{6.25}$$

Igualando (6.24) e (6.25),

$$2\,(1-\cos\beta\cos\alpha-\operatorname{sen}\beta\operatorname{sen}\alpha) = 2\,(1-\cos(\alpha-\beta))\,,$$

obtemos definitivamente

$$\cos(\alpha-\beta) = \cos\alpha\cos\beta+\operatorname{sen}\alpha\operatorname{sen}\beta. \tag{6.26}$$

Agora fica fácil provar a seguinte fórmula:

$$\cos(\alpha+\beta) = \cos\alpha\cos\beta-\operatorname{sen}\alpha\operatorname{sen}\beta \tag{6.27}$$

Basta, na fórmula (6.26) trocar β na -β:

$$\begin{aligned} \cos(\alpha+\beta) &= \cos(\alpha-(-\beta)) = \cos\alpha\cos(-\beta)+\operatorname{sen}\alpha\operatorname{sen}(-\beta) = \\ &= \cos\alpha\cos\beta-\operatorname{sen}\alpha\operatorname{sen}\beta. \end{aligned}$$

Exemplo 6.17 *Calcule* $\cos 75^o$

$$\begin{aligned} \cos 75^o &= \cos(30^o+45^o) = \cos 30^o\cos 45^o-\operatorname{sen}30^o\operatorname{sen}45^o = \\ &= \frac{\sqrt{3}}{2}\frac{\sqrt{2}}{2}-\frac{\sqrt{2}}{2}\frac{1}{2} = \\ &= \frac{\sqrt{2}(\sqrt{3}-1)}{4}. \end{aligned}$$

Exemplo 6.18 *Calcule* $\cos 150^o$

$$\begin{aligned} \cos 150^o &= \cos(180^o-30^o) = \cos 180^o\cos 30^o+\operatorname{sen}180^o\operatorname{sen}30^o = \\ &= -\frac{\sqrt{3}}{2}+0.\frac{1}{2} = \\ &= -\frac{\sqrt{3}}{2}. \end{aligned}$$

6.11.2 Seno da Soma e Diferença de dois ângulos

Para obter a fórmula do seno da soma de dois ângulos, usemos a fórmula (6.26):

$$\begin{aligned}\operatorname{sen}(\alpha+\beta) &= \cos\left(\tfrac{\pi}{2}-(\alpha+\beta)\right) = \cos\left(\left(\tfrac{\pi}{2}-\alpha\right)-\beta\right) = \\ &\overset{6.26}{=} \cos\left(\tfrac{\pi}{2}-\alpha\right)\cos\beta + \operatorname{sen}\left(\tfrac{\pi}{2}-\alpha\right)\operatorname{sen}\beta = \\ &= \operatorname{sen}\alpha\cos\beta + \operatorname{sen}\beta\cos\alpha,\end{aligned}$$

ou seja,

$$\operatorname{sen}(\alpha+\beta) = \operatorname{sen}\alpha\cos\beta + \operatorname{sen}\beta\cos\alpha. \qquad (6.28)$$

Agora, para deduzir a fórmula para seno da diferença de dois ângulos, usamos a fórmula (6.28):

$$\begin{aligned}\operatorname{sen}(\alpha-\beta) &= \operatorname{sen}(\alpha+(-\beta)) = \\ &= \operatorname{sen}\alpha\cos(-\beta) + \operatorname{sen}(-\beta)\cos\alpha = \qquad (6.29)\\ &= \operatorname{sen}\alpha\cos\beta - \operatorname{sen}\beta\cos\alpha\end{aligned}$$

Exemplo 6.19 *Calcule* sen 15°

$$\begin{aligned}\operatorname{sen}15^o &= \operatorname{sen}(60^o-45^o) = \operatorname{sen}60^o\cos 45^o - \operatorname{sen}45^o\cos 60^o = \\ &= \frac{\sqrt{3}}{2}\frac{1}{\sqrt{2}} - \frac{1}{\sqrt{2}}\frac{1}{2} = \\ &= \frac{\sqrt{3}-1}{2\sqrt{2}}.\end{aligned}$$

Exemplo 6.20 *Calcule* sen 105°

$$\begin{aligned}\operatorname{sen}105^o &= \operatorname{sen}(60^o+45^o) = \operatorname{sen}60^o\cos 45^o + \operatorname{sen}45^o\cos 60^o = \\ &= \frac{\sqrt{3}}{2}\frac{1}{\sqrt{2}} - \frac{1}{\sqrt{2}}\frac{1}{2} = \\ &= \frac{\sqrt{3}+1}{2\sqrt{2}} = \frac{\sqrt{2}(\sqrt{3}+1)}{4}.\end{aligned}$$

6.11.3 Tangente da Soma e Diferença de dois ângulos

Para deduzir as fórmulas da tangente da soma e diferença de dois ângulos, vamos usar as fórmulas do seno da soma e diferença de dois ângulos (6.28)-(6.29):

$$\begin{aligned}\tan(\alpha+\beta) &= \frac{\operatorname{sen}(\alpha+\beta)}{\cos(\alpha+\beta)} = \\ &= \frac{\operatorname{sen}\alpha\cos\beta+\operatorname{sen}\beta\cos\alpha}{\cos\alpha\cos\beta-\operatorname{sen}\alpha\operatorname{sen}\beta}.\end{aligned}$$

Agora vamos dividir a parte direita da última igualdade por $\cos\alpha\cos\beta$:

$$\begin{aligned}\tan(\alpha+\beta) &= \frac{\frac{\operatorname{sen}\alpha\cos\beta+\operatorname{sen}\beta\cos\alpha}{\cos\alpha\cos\beta}}{\frac{\cos\alpha\cos\beta-\operatorname{sen}\alpha\operatorname{sen}\beta}{\cos\alpha\cos\beta}} = \\ &= \frac{\frac{\operatorname{sen}\alpha}{\cos\alpha}+\frac{\operatorname{sen}\beta}{\cos\beta}}{1-\frac{\operatorname{sen}\alpha}{\cos\alpha}\frac{\operatorname{sen}\beta}{\cos\beta}} = \\ &= \frac{\tan\alpha+\tan\beta}{1-\tan\alpha\tan\beta}.\end{aligned} \tag{6.30}$$

Procedemos de forma análoga para a fórmula da tangente da diferença de dois ângulos e obtemos:

$$\tan(\alpha-\beta) = \frac{\tan\alpha-\tan\beta}{1+\tan\alpha\tan\beta} \tag{6.31}$$

Exemplo 6.21 *Calcule* $\tan 105^o$

$$\begin{aligned}
\tan 105^o &= \tan(60^o + 45^o) = \frac{\tan 60^o + \tan 45^o}{1 - \tan 60^o \tan 45^o} = \\
&= \frac{\sqrt{3}+1}{1-\sqrt{3}} = \frac{(\sqrt{3}+1)(1+\sqrt{3})}{(1-\sqrt{3})(1+\sqrt{3})} = \\
&= \frac{(1+\sqrt{3})^2}{-2} = \\
&= -(2+\sqrt{3}).
\end{aligned}$$

Exemplo 6.22 *Calcule* $\tan 135^o$

$$\begin{aligned}
\tan 135^o &= \tan(180^o - 45^o) = \frac{\tan 180^o - \tan 45^o}{1 + \tan 180^o \tan 45^o} = \\
&= \frac{0-1}{1-0} = \\
&= -1.
\end{aligned}$$

6.11.4 Cotangente da Soma e Diferença de dois ângulos

Seguindo o mesmo raciocínio feito na seção anterior para a tangente da soma e diferença de dois ângulos, obtemos:

$$\operatorname{cotg}(\alpha + \beta) = \frac{\operatorname{cotg}\alpha \tan\beta - 1}{\operatorname{cotg}\alpha + \operatorname{cotg}\beta}. \tag{6.32}$$

$$\operatorname{cotg}(\alpha - \beta) = \frac{\operatorname{cotg}\alpha \tan\beta + 1}{\operatorname{cotg}\beta - \operatorname{cotg}\alpha}. \tag{6.33}$$

Exemplo 6.23 *Calcule* $\operatorname{cotg} 15^o$

$$
\begin{aligned}
\operatorname{cotg} 15^o &= \operatorname{cotg}(60^o - 45^o) = \frac{\operatorname{cotg} 60^o \operatorname{cotg} 45^o + 1}{\operatorname{cotg} 60^o - \operatorname{cotg} 45^o} = \\
&= \frac{\frac{1}{\sqrt{3}}.1 + 1}{\frac{1}{\sqrt{3}}.1} = \\
&= \frac{\frac{\sqrt{3}+1}{\sqrt{3}}}{\frac{1}{\sqrt{3}}} = \sqrt{3} + 1
\end{aligned}
$$

.

Exemplo 6.24 *Calcule* $\operatorname{cotg} 330^o$

$$
\begin{aligned}
\operatorname{cotg} 330^o &= \operatorname{cotg}(360^o - 30^o) = \operatorname{cotg}(-30^o) = -\operatorname{cotg} 30^o \\
&= -\sqrt{3}.
\end{aligned}
$$

6.12 Funções Trigonométricas de ângulo duplo e ângulo metade

Escrevendo nas fórmulas (6.28), (6.29), $\beta = \alpha$, obtemos as seguintes funções trigonométricas do ângulo duplo:

$$\operatorname{sen} 2\alpha = 2 \operatorname{sen} \alpha \cos \alpha. \tag{6.34}$$

$$\cos 2\alpha = \cos^2 \alpha - \operatorname{sen}^2 \alpha. \tag{6.35}$$

É importante notar, que usando a identidade trigonométrica fundamental: $\operatorname{sen}^2 \alpha + \cos^2 \alpha = 1$, podemos escrever o cosseno do ângulo duplo ou em função do seno ou em função do cosseno do ângulo simples:

$$\cos 2\alpha = 2\cos^2 \alpha - 1, \qquad \cos 2\alpha = 1 - 2\operatorname{sen}^2 \alpha. \tag{6.36}$$

Escrevendo nas fórmulas (6.30), (6.32), $\beta = \alpha$, obtemos :

$$\tan 2\alpha = \frac{2\tan\alpha}{1-\tan^2\alpha}. \tag{6.37}$$

$$\operatorname{cotg} 2\alpha = \frac{\operatorname{cotg}^2\alpha - 1}{2\operatorname{cotg}\alpha}. \tag{6.38}$$

Agora considerando α como ângulo duplo e $\alpha/2$ o ângulo metade, obtemos de (6.34)-(6.35) e (6.37)-(6.38):

$$\operatorname{sen}\alpha = 2\operatorname{sen}(\alpha/2)\cos(\alpha/2). \tag{6.39}$$

$$\cos\alpha = \cos^2(\alpha/2) - \operatorname{sen}^2(\alpha/2). \tag{6.40}$$

$$\tan\alpha = \frac{2\tan(\alpha/2)}{1-\tan^2(\alpha/2)}. \tag{6.41}$$

$$\operatorname{cotg}\alpha = \frac{\operatorname{cotg}^2(\alpha/2) - 1}{2\operatorname{cotg}(\alpha/2)}. \tag{6.42}$$

Exemplo 6.25 *Simplifique a seguinte expressão:*

$$\operatorname{sen}^2\alpha(1+\operatorname{cotg}\alpha) + \cos^2\alpha(1+\tan\alpha) - 1 - \operatorname{sen} 2\alpha.$$

Simplesmente usando as definições de $\tan\alpha$, $\operatorname{cotg}\alpha$ e seno do ângulo duplo, obtemos

$$\begin{aligned}
&= \operatorname{sen}^2\alpha(1+\operatorname{cotg}\alpha)+\cos^2\alpha(1+\tan\alpha)-1-\operatorname{sen}2\alpha = \\
&= \operatorname{sen}^2\alpha\left(\frac{\operatorname{sen}\alpha+\cos\alpha}{\operatorname{sen}\alpha}\right)+\cos^2\alpha\left(\frac{\cos\alpha+\operatorname{sen}\alpha}{\cos\alpha}\right)-1-\operatorname{sen}2\alpha = \\
&= \operatorname{sen}\alpha(\operatorname{sen}\alpha+\cos\alpha)+\cos\alpha(\operatorname{sen}\alpha+\cos\alpha)-1-\operatorname{sen}2\alpha = \\
&= (\operatorname{sen}\alpha+\cos\alpha)(\operatorname{sen}\alpha+\cos\alpha)-1-\operatorname{sen}2\alpha = \\
&= \cos^2\alpha+\operatorname{sen}^2\alpha+2\operatorname{sen}\alpha\cos\alpha-1-\operatorname{sen}2\alpha = 0.
\end{aligned}$$

Exemplo 6.26 *Simplifique*

$$\frac{1-\cos 2\alpha}{\operatorname{sen}2\alpha}+\frac{\operatorname{sen}2\alpha}{1+\cos 2\alpha}.$$

Usando as definições do seno e cosseno do ângulo duplo, obtemos

$$\begin{aligned}
&= \frac{1-\cos 2\alpha}{\operatorname{sen}2\alpha}+\frac{\operatorname{sen}2\alpha}{1+\cos 2\alpha} = \frac{1-(1-2\operatorname{sen}^2\alpha}{2\operatorname{sen}\alpha\cos\alpha}+\frac{2\operatorname{sen}\alpha\cos\alpha}{1+(2\cos^2\alpha-1)} = \\
&= \frac{\operatorname{sen}\alpha}{\cos\alpha}+\frac{\operatorname{sen}\alpha}{\cos\alpha} = 2\tan\alpha.
\end{aligned}$$

6.13 Transformação em Produto das Somas da forma $\operatorname{sen}\alpha \pm \operatorname{sen}\beta,\ \cos\alpha \pm \cos\beta,\ \tan\alpha \pm \tan\beta$

6.13.1 Soma e Diferença de Senos

Primeiramente vamos começar com a soma de senos. Para isto lembremos as fórmulas (6.28)-(6.29):

$$\begin{aligned}
\operatorname{sen}(a+b) &= \operatorname{sen}a\cos b+\operatorname{sen}b\cos a; \\
\operatorname{sen}(a-b) &= \operatorname{sen}a\cos b-\operatorname{sen}b\cos a.
\end{aligned} \tag{6.43}$$

Somando essas duas equações obtemos:

$$\operatorname{sen}(a+b)+\operatorname{sen}(a-b) = 2\operatorname{sen}a\cos b. \tag{6.44}$$

Agora escrevendo

$$\begin{cases} a+b=\alpha \\ a-b=\beta \end{cases} \tag{6.45}$$

segue que $a = \dfrac{\alpha+\beta}{2}$ e $b = \dfrac{\alpha-\beta}{2}$. Por fim, pondo a expressão de a e b em função de α e β em (6.44), resulta:

$$\operatorname{sen}\alpha + \operatorname{sen}\beta = 2\operatorname{sen}\frac{\alpha+\beta}{2}\cos\frac{\alpha-\beta}{2}. \tag{6.46}$$

Para o caso da diferença de senos, substraímos a segunda equação da primeira em (6.43) e usando (6.45), obtemos

$$\operatorname{sen}\alpha - \operatorname{sen}\beta = 2\operatorname{sen}\frac{\alpha-\beta}{2}\cos\frac{\alpha+\beta}{2}. \tag{6.47}$$

Exemplo 6.27

$$\begin{aligned} \operatorname{sen}16^o + \operatorname{sen}24^o &= 2\operatorname{sen}\frac{16^o+24^o}{2}\cos\frac{16^o-24^o}{2} = \\ &= 2\operatorname{sen}20^o\cos 4^o. \end{aligned}$$

Exemplo 6.28

$$\begin{aligned} \operatorname{sen}20^o - \operatorname{sen}30^o &= 2\operatorname{sen}\frac{20^o-30^o}{2}\cos\frac{20^o+30^o}{2} = \\ &= -2\operatorname{sen}5^o\cos 25^o. \end{aligned}$$

6.13.2 Soma e Diferença de Cossenos

Primeiramente vamos começar com a soma de cossenos. Para isto lembremos as fórmulas (6.27)-(6.26):

$$\begin{aligned} \cos(a+b) &= \cos a\cos b - \operatorname{sen}a\operatorname{sen}b; \\ \cos(a-b) &= \cos a\cos b + \operatorname{sen}a\operatorname{sen}b. \end{aligned} \tag{6.48}$$

Somando essas duas equações obtemos:

$$\cos(a + b) + \cos(a - b) = 2\cos a \cos b. \tag{6.49}$$

Finalmente, pondo a e b de (6.45) em (6.49), obtemos

$$\boxed{\cos\alpha + \cos\beta = 2\cos\frac{\alpha+\beta}{2}\cos\frac{\alpha-\beta}{2}.} \tag{6.50}$$

Para o caso da diferença de cossenos, substraímos a segunda equação da primeira em (6.48) e usando (6.45), obtemos

$$\boxed{\cos\alpha - \cos\beta = 2\,\text{sen}\,\frac{\alpha+\beta}{2}\,\text{sen}\,\frac{\beta-\alpha}{2}.} \tag{6.51}$$

Exemplo 6.29

$$\begin{aligned}\cos 20^o + \cos 40^o &= 2\cos\frac{20^o + 40^o}{2}\cos\frac{20^o - 40^o}{2} = \\ &= 2\cos 30^o \cos 10^o = \\ &= \sqrt{3}\cos 10^o.\end{aligned}$$

Exemplo 6.30

$$\begin{aligned}&\cos 50^o + \cos 10^o - \sqrt{3}\cos 20^o = \\ &= 2\cos\frac{50^o + 10^o}{2}\cos\frac{50^o - 10^o}{2} - \sqrt{3}\cos 20^o = \\ &= 2\frac{\sqrt{3}}{2}\cos 20^o - \sqrt{3}\cos 20^o = \\ &= 0.\end{aligned}$$

Exemplo 6.31

$$\begin{aligned}
\frac{\operatorname{sen} 40^o - \operatorname{sen} 30^o + \operatorname{sen} 20^o}{\cos 40^o - \cos 30^o + \cos 20^o} &= \frac{\operatorname{sen} 40^o + \operatorname{sen} 20^o - \operatorname{sen} 30^o}{\cos 40^o + \cos 20^o - \cos 30^o} = \\
&= \frac{2 \operatorname{sen} 30^o \cos 10^o - \operatorname{sen} 30^o}{2 \cos 30^o \cos 10^o - \cos 30^o} = \\
&= \frac{\operatorname{sen} 30^o (2 \cos 10^o - 1)}{\cos 30^o (2 \cos 10^o - 1)} = \\
&= \frac{\operatorname{sen} 30^o \cancel{(2 \cos 10^o - 1)}}{\cos 30^o \cancel{(2 \cos 10^o - 1)}} = \\
&= \frac{\operatorname{sen} 30^o}{\cos 30^o} = \\
&= \tan 30^o = \\
&= \frac{\sqrt{3}}{3}.
\end{aligned}$$

6.13.3 Soma e Diferença de Tangentes

Primeiramente vamos começar com a soma de tangentes. Para isso, lembremos a definição de tangente em função do seno e cosseno e das fórmulas (6.28)-(6.29):

$$\begin{aligned}
\tan \alpha + \tan \beta &= \frac{\operatorname{sen} \alpha}{\cos \alpha} + \frac{\operatorname{sen} \beta}{\cos \beta} = \\
&= \frac{\operatorname{sen} \alpha \cos \beta + \operatorname{sen} \beta \cos \alpha}{\cos \alpha \cos \beta} = \\
&= \frac{\operatorname{sen}(\alpha + \beta)}{\cos \alpha \cos \beta}.
\end{aligned} \tag{6.52}$$

Analogamente, mostra-se que

$$\tan \alpha - \tan \beta = \frac{\operatorname{sen}(\alpha - \beta)}{\cos \alpha \cos \beta}. \tag{6.53}$$

Exemplo 6.32

$$\begin{aligned}
\tan 14^o + \tan 16^o &= \frac{\operatorname{sen}(14^o + 16^o)}{\cos 14^o \cos 16^o} = \\
&= \frac{\operatorname{sen}(30^o}{\cos 14^o \cos 16^o} = \\
&= \frac{1}{2} \sec 14^o \sec 16^o.
\end{aligned}$$

Exemplo 6.33

$$\begin{aligned}
\tan 75^o - \tan 45^o &= \frac{\operatorname{sen}(75^o - 45^o)}{\cos 75^o \cos 45^o} \\
&= \frac{\operatorname{sen} 30^o}{\cos(45^o + 30^o) \cos 45^o} \\
&= \frac{\frac{1}{2}}{\frac{\sqrt{2}}{4}(\sqrt{3} - 1)\frac{\sqrt{2}}{2}} \\
&= \frac{2(\sqrt{3} + 1)}{2} \\
&= \sqrt{3} + 1
\end{aligned}$$

Exemplo 6.34 *Transforme em produto a soma* $\tan \alpha + \operatorname{cotg} \alpha$.

$$\begin{aligned}
\operatorname{tg} \alpha + \operatorname{cotg} \alpha &= \frac{\operatorname{sen} \alpha}{\cos \alpha} + \frac{\cos \alpha}{\operatorname{sen} \alpha} = \\
&= \frac{\operatorname{sen}^2 \alpha + \cos^2 \alpha}{\operatorname{sen} \alpha \cos \alpha} = \\
&= \frac{1}{\operatorname{sen} \alpha \cos \alpha} = \\
&= \frac{2}{\operatorname{sen} 2\alpha}
\end{aligned} \tag{6.54}$$

Exemplo 6.35 *Simplifique a seguinte expressão:*

$$\operatorname{tg} 60^o + \operatorname{cotg} 60^o + \operatorname{tg} 40^o + \operatorname{cotg} 40^o.$$

Pela fórmula (6.54), temos

$$\begin{aligned}
\operatorname{tg} 30^o + \operatorname{cotg} 30^o + \operatorname{tg} 40^o + \operatorname{cotg} 40^o &= \frac{2}{\operatorname{sen} 60^o} + \frac{2}{\operatorname{sen} 80^o} = \\
&= \frac{2(\operatorname{sen} 60^o + \operatorname{sen} 80^o}{\operatorname{sen} 60^o \operatorname{sen} 80^o} = \\
&= \frac{2(2 \operatorname{sen} 70^o . \cos 10^o)}{\operatorname{sen} 60^o \operatorname{sen} 80^o} = \\
&= \frac{2(2 \operatorname{sen} 70^o . \cos 10^o)}{\operatorname{sen} 60^o \cos 10^o} = \\
&= \frac{4 \operatorname{sen} 70^o . \cancel{\cos 10^o}}{\operatorname{sen} 60^o \cancel{\cos 10^o}} = \\
&= \frac{8 \operatorname{sen} 70^o}{\sqrt{3}}.
\end{aligned}$$

6.14 Funções Trigonométricas

As funções trigonométricas (também chamadas de funções circulares) são funções reais que relacionam um ângulo de um triângulo retângulo à razão de dois comprimentos de seus lados. Podemos encontrar estas funções em todas as ciências relacionadas à geometria, mecânica celeste, geodésia e muitas outras. Uma aplicação importante das funções trigonométricas é no estudo dos movimentos oscilatórios, descritos por funções periódicas.

As funções do tipo

$$\begin{aligned}
&f(x) = \cos x, \quad f(x) = \operatorname{sen} x, \quad f(x) = \tan x = \frac{\operatorname{sen} x}{\cos x}, \\
&f(x) = \cot x = \frac{\cos x}{\operatorname{sen} x}, \quad f(x) = \sec x, \quad f(x) = \operatorname{cosec} x,
\end{aligned}$$

são funções trigonométricas.

Função seno $y = \operatorname{sen} x$

A função seno possui as seguintes propriedades:

1. Domínio: $(-\infty, +\infty)$;

2. Imagem: $[-1, +1]$;

3. A função seno se anula em infinitos pontos da forma $k\pi$, $k \in \mathbb{Z}$;

4. Do item 2, observamos que a função seno é limitada;

5. A função $\operatorname{sen} x$ é periódica de período 2π, isto é,

$$\operatorname{sen}(x \pm 2\pi) = \operatorname{sen} x, \text{ para qualquer } x \in \mathbb{R}.$$

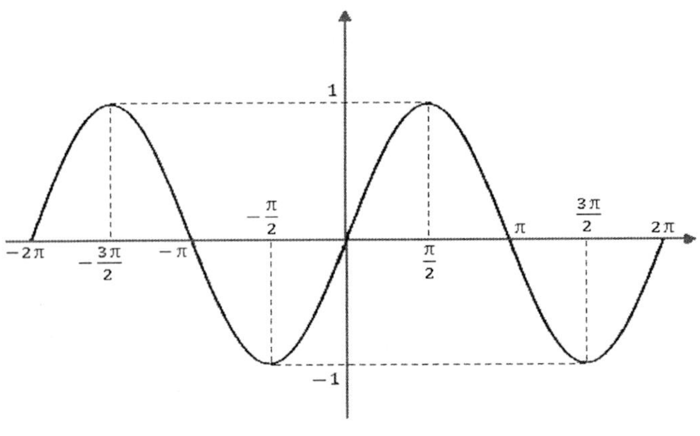

Figura 6.30: Gráfico da função seno

Função cosseno $y = \cos x$

A função cosseno possui as seguintes propriedades:

1. Domínio: $(-\infty, +\infty)$;

2. Imagem: $[-1, +1]$;

3. A função cosseno se anula em infinitos pontos da forma $\frac{\pi}{2} + k\pi,\ k \in \mathbb{Z}$;

4. Do item 2, observamos que a função cosseno é limitada;

5. A função $\cos x$ é periódica de período 2π, isto é,

$$\cos(x \pm 2\pi) = \cos x, \text{ para } \text{ qualquer } x \in \mathbb{R}.$$

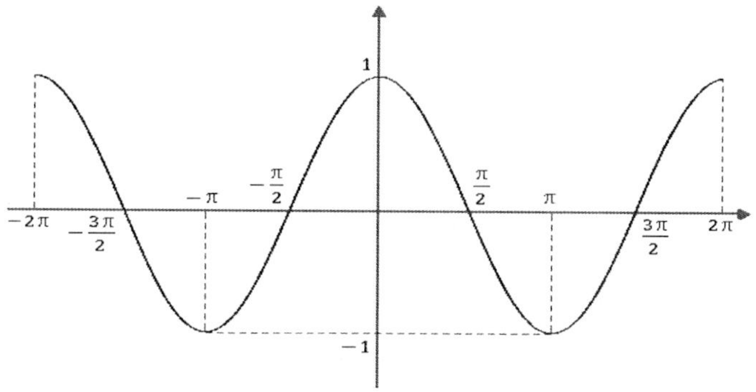

Figura 6.31: Gráfico da função cosseno

Usando a fórmula

$$\cos x = \operatorname{sen}(x + \frac{\pi}{2}),$$

não é difícil obter o gráfico da função $y = \cos x$ a partir do gráfico da função $y = \operatorname{sen} x$, com uma simples translação ao longo do eixo

$0x$ a esquerda de um comprimento de $\dfrac{\pi}{2}$.
Quando movimentamos os gráficos das funções $y = \operatorname{sen} x$ e $y = \cos x$ ao longo do eixo $0x$ a direita ou esquerda num intervalo de comprimento 2π, estes gráficos coincidem, o que corresponde com o fato, das funções sen x e $\cos x$ serem periódicas de período 2π.

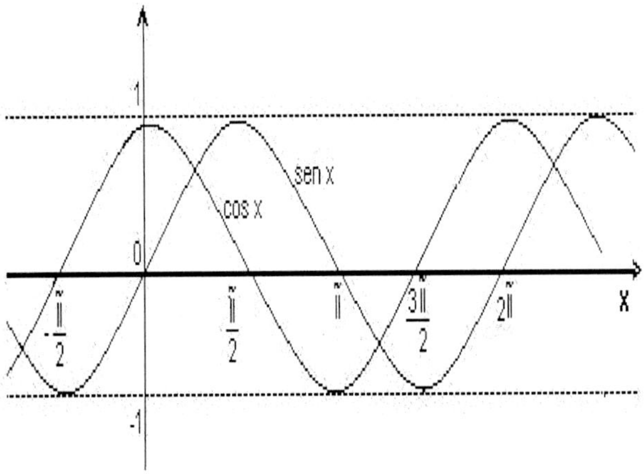

Figura 6.32: Gráficos das funções seno e cosseno

Função Tangente $y = \tan x$

Para a função tangente, $y = \operatorname{tg} x = \dfrac{\operatorname{sen} x}{\cos x}$, temos

1. Domínio: $(-\infty, +\infty) \setminus \{\dfrac{\pi}{2} + k\pi, k \in \mathbb{Z}\}$;

2. Imagem: $(-\infty, +\infty)$;

3. A função tangente se anula em infinitos pontos da forma $k\pi, k \in \mathbb{Z}$;

4. A função tangente é ilimitada.

Quando movimentamos o gráfico da função $y = \operatorname{tg} x$ ao longo do eixo $0x$ a direita ou esquerda num intervalo de comprimento π, este gráfico coincide com o gráfico da função $y = \operatorname{tg}(x \pm \pi)$, isto significa que a função $\operatorname{tg} x$ possui período π.

O gráfico da função $y = \operatorname{tg} x$ é mostrado na seguinte figura.

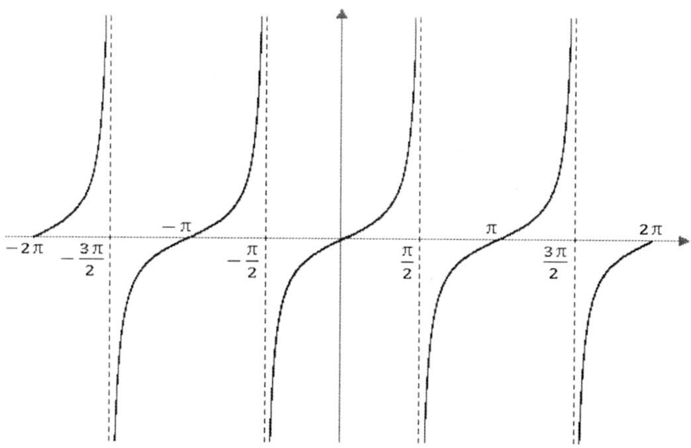

Figura 6.33: Gráfico da função $y = \tan x$

Função Cotangente $y = \operatorname{cotg} x$

Para a função cotangente, $y = \operatorname{cotg} x = \dfrac{\cos x}{\operatorname{sen} x}$, temos

1. Domínio: $(-\infty, +\infty) \setminus \{k\pi, k \in \mathbb{Z}\}$;

2. Imagem: $(-\infty, +\infty)$;

3. A função cotangente se anula em infinitos pontos da forma $\dfrac{\pi}{2} + k\pi, k \in \mathbb{Z}$;

4. A função cotangente é ilimitada.

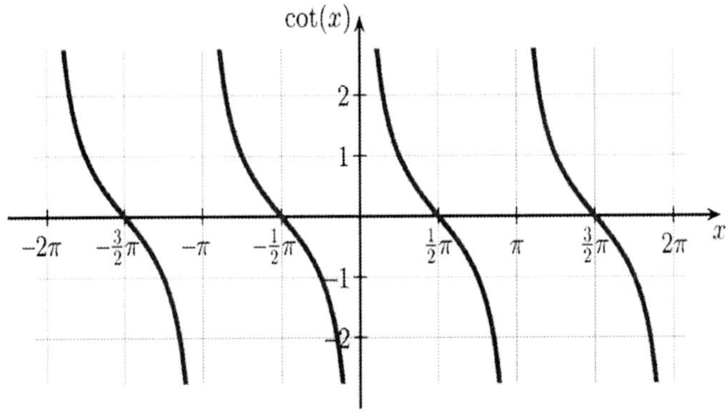

Figura 6.34: Gráfico da função $y = \operatorname{cotg} x$

Também observa-se que a função $y = \operatorname{cotg} x$ possui período π, isto é,

$$\operatorname{cotg}(x \pm \pi) = \operatorname{cotg} x, \quad \text{para qualquer } x.$$

Funções Harmônicas

Os gráficos das funções:

$$y = A \operatorname{sen} ax, \quad y = A \cos ax \qquad (A > 0, a > 0) \tag{6.55}$$

são muito parecidos com os gráficos das funções $y = \operatorname{sen} x$ e $y = \cos x$. Para obter por exemplo o gráfico da função $y =$ Asen ax de (6.55) a partir do gráfico de $y = \operatorname{sen} x$, é necessário multiplicar o comprimento de todas as ordenadas da função $y = \operatorname{sen} x$ por A e mudar no eixo $0x$ a abscissa do ponto x pela abscissa com ponto

$\frac{x}{a}$. A função $y = A \operatorname{sen} ax$ é periódica de período $\frac{2\pi}{a}$.

Os gráficos das funções:

$$y = A \operatorname{sen}(ax + b), \quad y = A \cos(ax + b), \tag{6.56}$$

chamadas de curvas harmônicas simples podem ser obtidos a partir dos gráficos das funções (6.55) fazendo uma translação ao longo do eixo $0x$ de comprimento $\frac{b}{a}$ a esquerda(considerando $b > 0$). As funções (6.56) possuem períodos $\frac{2\pi}{a}$.

Observamos que os gráficos das funções

$$y = A_1 \operatorname{sen} a_1 x + A_2 \operatorname{sen} a_2 x + B_1 \cos a_1 x + B_2 \operatorname{sen} a_2 x,$$

que são combinações de funções do tipo (6.55), podem ser construídos somando as ordenadas dos gráficos de cada um dos termos separados. As curvas assim obtidas também chamam-se curvas harmônicas.

Por exemplo, o gráfico da função $y = 3 \operatorname{sen} x + 2 \cos 2x$ apresenta-se na seguinte figura

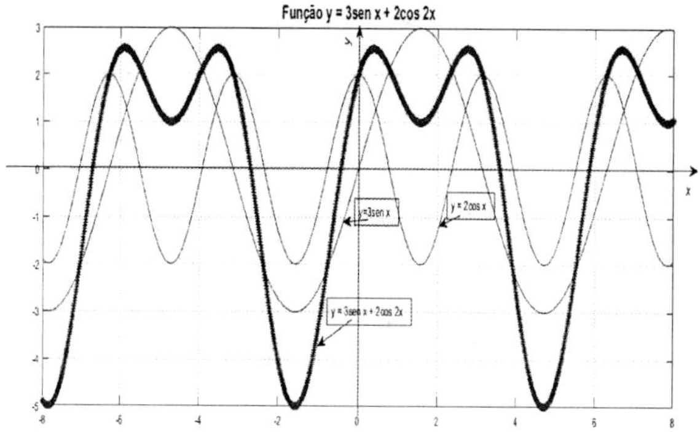

Figura 6.35: Gráfico da função $y = 3 \operatorname{sen} x + 2 \cos 2x$

Notamos que a função

$$y = A_1 \operatorname{sen} a_1 x + B_1 \cos a_1 x \tag{6.57}$$

pode ser escrita na forma de (6.56) e apresenta-se como um movimento harmônico simples.

De fato, escrevemos,

$$m = \frac{A_1}{\sqrt{A_1^2 + B_1^2}},$$

$$n = \frac{B_1}{\sqrt{A_1^2 + B_1^2}},$$

$$A = \sqrt{A_1^2 + B_1^2}.$$

temos, obviamente

$$A_1 = mA, \ B_1 = nA, \tag{6.58}$$

$$m^2 + n^2 = 1,$$

e

$$|m| \leq 1, \ |n| \leq 1.$$

Segue daqui que sempre é possível encontrar um valor b_1, tal que,

$$\cos b_1 = m, \quad \operatorname{sen} b_1 = n. \tag{6.59}$$

Substituindo em (6.57) as expressões obtidas em (6.58) e (6.59), obtemos

$$y = A(\cos b_1 . \operatorname{sen} a_1 x + \operatorname{sen} b_1 . \cos a_1 x),$$

isto é,

$$y = A \operatorname{sen}(a_1 x + b_1),$$

conhecidas como funções harmônicas.

6.15 Funções Trigonométricas Inversas

Chamam-se funções trigonométricas inversas as seguintes funções:

$f(x) = \operatorname{arcsen} x, \quad f(x) = \arccos x, \quad f(x) = \arctan x, \quad f(x) = \operatorname{arccotg} x.$

Função Arcoseno

Para a função arcoseno, $y = \operatorname{arcsen} x$, temos

1. Domínio: $[-1, 1]$;
2. Imagem: $[-\frac{\pi}{2}, +\frac{\pi}{2}]$;
3. A função arcoseno se anula em um único ponto $x = 0$;
4. A função arcoseno é limitada.

O gráfico da função

$$y = \operatorname{arcsen} x. \tag{6.60}$$

obtém-se pelo método indicado acima para funções inversas. O gráfico todo encontra-se entre as retas veticais $x = -1$ e $x = 1$, isto é, a função (6.60) está definida somente no intervalo $-1 \leq x \leq 1$. Notamos que a equação (6.60) é equivalente a equação $x = \operatorname{sen} y$, ou seja, para um x dado, obtemos um conjunto infinito de valores para o ângulo y. Para obter a função inversa(injetiva) da função $y = \operatorname{sen} x$, é suficiente considerar um intervalo do eixo x, onde a função seno seja monótona crescente ou decrescente. A função $y = \operatorname{sen} x$ é crescente de -1 até 1, por exemplo no intervalo $[-\frac{\pi}{2}, \frac{\pi}{2}]$, e em geral em qualquer intervalo da forma $[-\frac{\pi}{2} + 2k\pi, \frac{\pi}{2} + 2k\pi]$, onde $k = 0, \pm 1, \pm 2, \pm 3, \ldots$.

Resumindo

$$-\frac{\pi}{2} \leq \operatorname{arcsen} x \leq \frac{\pi}{2},$$

donde

$$-1 \leq x \leq 1.$$

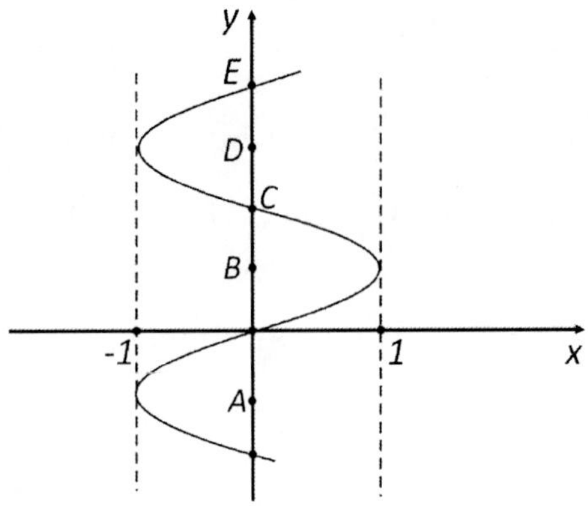

Figura 6.36: Gráfico da função y =arcsen x. $A = -\pi/2$, $B = \pi/2$, $C = \pi$, $D = 3\pi/2$, $E = 2\pi$

Exemplo 6.36 *Encontre arcsen*$(\sqrt{3}/2)$.

Na verdade queremos encontrar um ângulo $\alpha \in [-\dfrac{\pi}{2}, \dfrac{\pi}{2}]$ tal que $\alpha = \text{arcsen}(\sqrt{3}/2)$ ou $\text{sen}\,\alpha = \frac{\sqrt{3}}{2}$. Daqui é fácil encontrar $\alpha = \frac{\pi}{3}$.

Função Arcocosseno

Para a função arcocosseno, $y = \arccos x$, temos

1. Domínio: $[-1, 1]$;

2. Imagem: $[0, \pi]$;

3. A função arcocosseno se anula em um único ponto $x = 1$;

4. A função arcocosseno é limitada.

Um análise parecida feito para a função $y = \text{arcsen}\,x$ pode-se fazer para a função $y = \arccos x$. A função $y = \arccos x$, será injetiva se nos restringimos aos valores do ângulo y, no intervalo $[0, \pi]$, na verdade neste intervalo a função $y = \arccos x$ será monótona decrescente, isto é,

$$0 \leq \arccos x \leq \pi,$$

donde

$$-1 \leq x \leq 1.$$

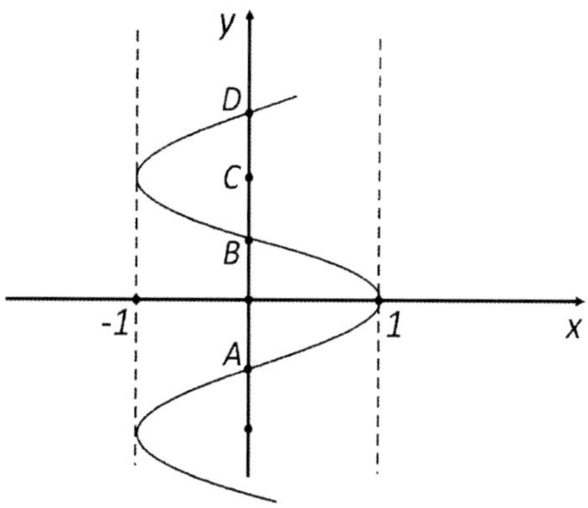

Figura 6.37: Gráfico da função $y = \arccos x$. $A = -\pi/2$, $B = \pi/2$, $C = \pi$, $D = 3\pi/2$

Exemplo 6.37 *Calcule o valor de* $y = \cos(\arccos(-0,6))$.

Analisemos a função $z = \cos(\arccos x)$. Denotemos por $t = \arccos x$, donde $\cos t = x$, ou seja $z = \cos t = x$.
Voltando ao nosso exemplo, temos $y = \cos(\arccos(-0,6)) = -0,6$.
Em geral, $x = \cos(\arccos x)$.

Exemplo 6.38 *Encontre* $y = \operatorname{sen}(\arccos x)$.

Denotemos por $\beta = \arccos x$, donde $\cos\beta = x$. Por isto $y = \operatorname{sen}\beta = \sqrt{1-\cos^2\beta} = \sqrt{1-x^2}$.

Função Arcotangente

Para a função arcotangente, $y = \arctan x$, temos

1. Domínio: $(-\infty, +\infty)$;

2. Imagem: $(-\frac{\pi}{2}, +\frac{\pi}{2})$;

3. A função arcotangente se anula em um único ponto $x = 0$;

4. A função arcotangente é limitada.

No gráfico da função $y = \arctan x$, observamos que esta função será injetiva (monótona crescente) se nos restringimos aos valores do ângulo y, que tem $\tan y = x$, no intervalo $(-\frac{\pi}{2}, \frac{\pi}{2})$.

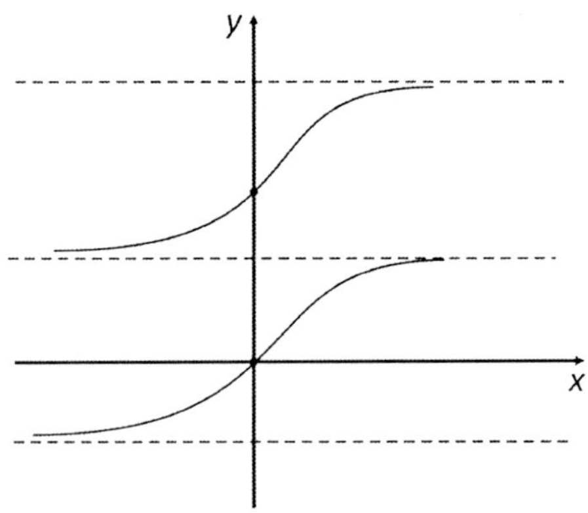

Figura 6.38: Gráfico da função $y = \arctan x$. $A = -\pi/2$, $B = \pi/2$, $C = \pi$, $D = 3\pi/2$

Exemplo 6.39 *Encontre* $\alpha = \arctan \sqrt{3}$.

Existem infinitos ângulos, cuja tangente é igual a $\sqrt{3}$, mas devemos encontrar o ângulo $\alpha \in (-\frac{\pi}{2}, +\frac{\pi}{2})$. Assim, claramente $\alpha = \frac{\pi}{3}$, pois $\tan \frac{\pi}{3} = \sqrt{3}$.

Função Arcocotangente

Para a função arcocotangente, $y = \operatorname{arccotg} x$, temos

1. Domínio: $(-\infty, +\infty)$;

2. Imagem: $(0, \pi)$;

3. A função não se anula em nenhum ponto;

4. A função arcotangente é limitada.

No gráfico da função $y = \text{arccotg}\, x$, observamos que esta função será injetiva(monótona decrescente) se nos restringimos aos valores do ângulo y, que tem $\cot y = x$, no intervalo $(0, \pi)$.

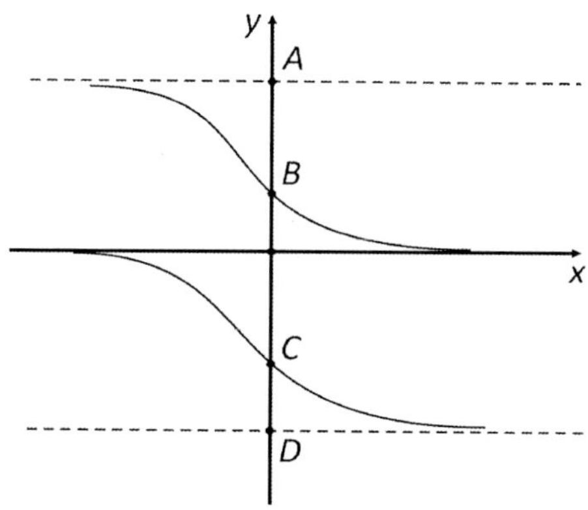

Figura 6.39: Gráfico da função $y = \text{arccotg}\, x$. $A = \pi$, $B = \pi/2$, $C = -\pi/2$, $D = -\pi$

Exemplo 6.40 *Encontre* $\alpha = \text{arccotg}\, \dfrac{1}{\sqrt{3}}$.

Existem infinitos ângulos, cuja cotangente é igual a $\dfrac{1}{\sqrt{3}}$, mas devemos encontrar o ângulo $\alpha \in (0, \pi)$. Assim, claramente $\alpha = \dfrac{\pi}{3}$, pois $\cot \dfrac{\pi}{3} = \dfrac{1}{\sqrt{3}}$.

Exemplo 6.41 *Encontre* tg(arccotg(1/8)).

É fácil verificar que $\mathrm{tg}(\mathrm{arctg}\,\alpha) = \alpha$ e $\mathrm{cotg}(\mathrm{arccotg}\,\alpha) = \alpha$. Assim,

$$\mathrm{tg}(\mathrm{arccotg}(1/8)) = \frac{1}{\mathrm{cotg}(\mathrm{arccotg}(1/8))} = \frac{1}{1/8} = 8.$$

Por fim, vamos mostrar duas interesantes identidades trigonométricas.

6.16 $\mathrm{arcsen}\,x + \arccos x$ e $\arctan x + \mathrm{arccotg}\,x$

Para finalizar nosso estudo sobre funções trigonométricas vamos provar duas importantes afirmações sobre funções trigonométricas inversas, que em um primeiro instante parece tão difícil, que não sabemos por onde começar.

Proposição 6.1

$$\begin{cases} \arctan x + \mathrm{arccotg}\,x = \dfrac{\pi}{2} \\ \mathrm{arcsen}\,x + \arccos x = \dfrac{\pi}{2}. \end{cases}$$

Figura 6.40: Hum, parece complicado!!!!!

Figura 6.41: Usemos apenas as definições!!!!!!!!!!!!!!!!

Mostremos estas afirmações.

Demonstração

Primeiramente, tentemos provar que $\arctan x + \text{arccotg}\, x = \dfrac{\pi}{2}$. De fato, denotemos por $a = \arctan x$ com $-\dfrac{\pi}{2} < a < \dfrac{\pi}{2}$ en $b = \text{arccotg}\, x$ com $0 < b < \pi$. Donde $-\dfrac{\pi}{2} < a + b < \dfrac{3\pi}{2}$. Por definição $\tan a = x$ e $\cot a = \dfrac{1}{x}$, $\cot b = x$ e $\tan b = \dfrac{1}{x}$, portanto;

$$\cot(a+b) = \frac{\cot a \cot b - 1}{\cot a + \cot b} = \frac{\frac{1}{x}x - 1}{\frac{1}{x} + x} = 0.$$

Daqui temos que $a + b = \dfrac{\pi}{2}$, e pelas notações acima:

$$\arctan x + \text{arccotg}\, x = \frac{\pi}{2}.$$

Agora provemos que $\text{arcsen}\, x + \arccos x = \dfrac{\pi}{2}$. Denotamos $\alpha = \text{arcsen}\, x$ com $-\dfrac{\pi}{2} < \alpha < \dfrac{\pi}{2}$ e $\beta = \arccos x$ com $0 < \beta < \pi$. Temos $-\dfrac{\pi}{2} < \alpha + \beta < \dfrac{3\pi}{2}$. Mas, $\text{sen}\ \alpha = x$ e $\cos\alpha = \sqrt{1-x^2}$, $\cos\beta = x$

e sen $\beta = \sqrt{1-x^2}$, portanto;

$$\begin{aligned}\operatorname{sen}(\alpha+\beta) &= \operatorname{sen}\alpha\cos\beta + \operatorname{sen}\beta\cos\alpha\\ &= x.x + \sqrt{1-x^2}\sqrt{1-x^2}\\ &= 1.\end{aligned}$$

Como no intervalo $\left(-\frac{\pi}{2}, \frac{3\pi}{2}\right)$ a função $\operatorname{sen}(\alpha+\beta)$ é única, então

$$\alpha + \beta = \frac{\pi}{2},$$

ou seja

$$\operatorname{arcsen} x + \arccos x = \frac{\pi}{2}.$$

■

6.17 Exercícios do Capítulo 6

1. Converta em radianos os seguintes arcos:

   $i)120^o, \quad ii)240^o, \quad iii)75^o, \quad iv)330^o, \quad v)720^o, \quad vi)135^o.$

2. Converta em graus os seguintes arcos dados em radianos:

   $$i)\frac{\pi}{6}, \quad ii)\frac{3\pi}{4}, \quad iii)\frac{5\pi}{3}, \quad iv)\frac{11\pi}{6}, \quad v)\frac{3\pi}{5}, \quad vi)\frac{7\pi}{15}.$$

3. Pode o seno de um ângulo ser igual a:

   $i)4/5; \; ii)-7/8; \; iii)\sqrt{6}/2; \; iv)-\sqrt{3}/2; \; v)10/3; \; vi) \; a+1/a, \; a \neq 0?$

4. Onde se encontra o ângulo α, de tal forma que

   $$a) \operatorname{sen}\alpha < 0; \; b) \cos\alpha > 0; \; c) \tan\alpha < 0;$$
   $$d) \operatorname{cotg}\alpha > 0; \; e) \tan\alpha > 0; \; f) \; \operatorname{cotg}\alpha < 0?$$

5. Analise o comportamento da função $\sec\alpha$ quando o ângulo α varia entre 0 e 2π.

6. Analise o comportamento da função $\operatorname{cosec}\alpha$ quando o ângulo α varia entre 0 e 2π.

7. Calcule $\operatorname{sen}\alpha$, $\cos\alpha$, $\tan\alpha$ e $\operatorname{cotg}\alpha$ se $\alpha = -1050^o$

8. Calcule $\operatorname{cotg} 1020^o$.

9. Defina os sinais das seguintes expressões:

   (a) $\operatorname{sen}(-73^o)\operatorname{sen} 178^o$;

(b) $\cos(-135^o)\,\mathrm{sen}(-225^o;$

(c) $\mathrm{sen}\left(-\frac{5\pi}{6}\right)\mathrm{tg}\left(-\frac{5\pi}{3}\right);$

(d) $\cos(-108^o)\,\mathrm{cotg}(-238^o).$

10. Encontre $\mathrm{sen}\,\alpha$, $\mathrm{tg}\,\alpha$ e $\mathrm{cotg}\,\alpha$, se $\cos\alpha = -\dfrac{1}{5}$ e $\mathrm{sen}\,\alpha < \cos\alpha$.

11. Encontre $\mathrm{sen}\,\alpha, \cos\alpha$ e $\mathrm{tg}\,\alpha$, se $\mathrm{cotg}\,\alpha = -\dfrac{8}{5}$ e $\mathrm{sen}\,\alpha > \cos\alpha$.

12. Encontre $\cos^4\alpha + \mathrm{sen}^2\,\alpha\cos^2\alpha$ se $\tan\alpha = 3$.

13. Calcule $\tan^2\alpha + \mathrm{cotg}^2\,\alpha$, se $\tan\alpha - \mathrm{cotg}\,\alpha = 3$.

14. Calcule $\tan\alpha$, se $\mathrm{sen}^2\,\alpha - 2\cos^2\alpha = \mathrm{sen}\,\alpha\cos\alpha$ e $\alpha \in [5, 6]$.

15. Simplifique as seguintes expressões:

(a) $\cos^4\alpha + 2\,\mathrm{sen}^2\,\alpha\,\mathrm{sen}^2\,\alpha + \mathrm{sen}^4\,\alpha.$

(b) $(\mathrm{sen}\,\alpha + \cos\alpha)^2 + (\mathrm{sen}\,\alpha - \cos\alpha)^2.$

(c) $\mathrm{sen}^4\,\alpha - \cos^4\alpha + \cos^2\alpha.$

(d) $\mathrm{sen}\,\alpha\cos\alpha(\mathrm{tg}\,\alpha + \mathrm{cotg}\,\alpha).$

(e) $\left(\dfrac{1}{\mathrm{sen}\,\alpha + \mathrm{cotg}\,\alpha}\right)\left(\dfrac{1}{\mathrm{sen}\,\alpha - \mathrm{cotg}}\alpha\right);$

(f) $\dfrac{\mathrm{tg}\,\alpha}{1 - \mathrm{tg}^2\,\alpha}\dfrac{1 - \mathrm{cotg}^2\,\alpha}{\mathrm{cotg}\,\alpha};$

(g) $2(\operatorname{sen}^6\alpha + \cos^6\alpha) - 3(\operatorname{sen}^4\alpha + \cos^4\alpha)$.

16. Demonstre as seguintes identidades:

(a) $\dfrac{\operatorname{tg}\alpha + \operatorname{cotg}\beta}{\operatorname{cotg}\alpha + \operatorname{tg}\beta} = \dfrac{\operatorname{tg}\alpha}{\operatorname{tg}\beta}$

(b) $(\operatorname{sen}\alpha + \operatorname{tg}\alpha)(\cos\alpha + \operatorname{cotg}\alpha) = (1+\cos\alpha)(1+\operatorname{sen}\alpha)$

(c) $\dfrac{\operatorname{tg}\alpha\operatorname{sen}\alpha}{\operatorname{tg}\alpha + \operatorname{sen}\alpha} = \dfrac{\operatorname{tg}\alpha - \operatorname{sen}\alpha}{\operatorname{tg}\alpha\operatorname{sen}\alpha}$.

(d) $\operatorname{sen}\alpha + \cos\alpha\operatorname{cotg}\alpha + \operatorname{sen}\alpha\operatorname{tg}\alpha + \cos\alpha = \dfrac{1}{\operatorname{sen}\alpha} + \dfrac{1}{\cos\alpha}$.

17. Calcule

(a) $3\operatorname{sen}\frac{\pi}{2} + 4\cos\frac{2\pi}{3} + 6\operatorname{sen}\frac{13\pi}{6}$;

(b) $2\tan\pi - \dfrac{1}{2}\operatorname{sen}(-\dfrac{3\pi}{2}) + \dfrac{1}{2}\cos\pi$.

18. Demonstre a igualdade

$$\operatorname{tg}\alpha + 2\operatorname{tg}2\alpha + 4\operatorname{tg}4\alpha + 8\operatorname{tg}8\alpha + 16\operatorname{cotg}16\alpha = \operatorname{cotg}\alpha.$$

19. Demonstre

$$(\cos\alpha - \cos\beta)^2 + (\operatorname{sen}\alpha - \operatorname{sen}\beta)^2 = 4\operatorname{sen}^2\frac{\alpha-\beta}{2}.$$

20. Calcule as seguintes expressões trigonométricas:

(a) $\operatorname{sen}135^o$

(b) $\cos 105^o$;

(c) $\tan 15^o$;

(d) $\operatorname{sen} 22^o 30'$;

(e) $\tan 22^o 30'$

21. Encontre $\operatorname{sen}\alpha$, $\cos\alpha$, $\tan\alpha$, se $\tan(\alpha/2) = 7/8$;

22. Demonstre a igualdade

$$\tan\alpha + 2\tan 2\alpha + 4\tan 4\alpha + 8\tan 8\alpha + 16\operatorname{cotg} 16\alpha = \operatorname{cotg}\alpha.$$

23. Simplifique:

(a) $\operatorname{cotg} 60^o + \tan 40^o + \operatorname{cotg} 40^o + \operatorname{cotg} 30^o$

(b) $\cos 11\alpha + 3\cos 9\alpha + 3\cos 7\alpha + \cos 5\alpha.$

24. Simplifique as seguintes expressões

(a) $\dfrac{m^2 \operatorname{sen} 450^o + n^2 \cos 540^o}{m\operatorname{tg}(-45^o) + n\operatorname{cotg} 45^o}$

(b) $\left[\cos\left(-\frac{\pi}{6}\right) - \operatorname{sen}\left(-\frac{\pi}{4}\right)\right]\left[\operatorname{tg}\frac{\pi}{3} - 2\cos\frac{\pi}{4}\right].$

25. Resolva as seguintes equações:

(a) $x^3\cos(-405^o) + x^2\operatorname{tg} 900^o - x\cos 765^o = 0$;

(b) $40x^4\operatorname{sen}\frac{13\pi}{6} - x^3\cos 6\pi + x^2\operatorname{cotg}\left(-\frac{13\pi}{4}\right) + \operatorname{sen} 7\pi = 0$

26. Encontre os valores das seguintes funções trigonométricas inversas:

(a) $\operatorname{sen}(\arccos\frac{3}{5})$;

(b) $\cos(\arctan x)$;

(c) $\tan(\arccos x)$;

(d) $\operatorname{sen}(2 \arccos x)$;

(e) $\operatorname{sen}(\frac{1}{2} \arccos \frac{1}{2})$;

(f) $\operatorname{sen}[\frac{1}{2} \arccos \frac{3}{5} - 2 \operatorname{arccotg}(-2)]$;

(g) $\operatorname{sen}\left(\operatorname{arcsen} \frac{3}{5} + \operatorname{arcsen} \frac{4}{5}\right)$;

(h) $\cos\left(\arccos \frac{8}{17} + \arccos \frac{15}{17}\right)$;

(i) $\operatorname{sen}(2 \arctan \frac{3}{4}) + \tan\left(\frac{1}{2} \operatorname{arcsen} \frac{5}{13}\right)$;

(j) $\operatorname{sen}\left(\operatorname{arcsen} \frac{12}{13} + \operatorname{arcsen} \frac{5}{13}\right)$.

Respostas e Soluções do Capítulo 6

1.

$$i)\frac{2\pi}{3}, \quad ii)\frac{4\pi}{3}, \quad iii)\frac{5\pi}{12}, \quad iv)\frac{11\pi}{6}, \quad v)4\pi, \quad vi)\frac{3\pi}{4}.$$

2.

$$i)30^o, \quad ii)135^o, \quad iii)300^o, \quad iv)330^o, \quad v)108^o, \quad vi)84^o.$$

3.

$$i)\text{sim}; \quad ii)\text{sim}; \quad iii)\text{não}; \quad iv)\text{sim}; \quad v)\text{não}; \quad vi)\text{não}, \ com\ a \neq 0.$$

4.

$$\begin{array}{ll} a)\alpha \in III,\ IV\ quadrante; & b)\alpha \in I, IV\ \ quadrante; \\ c)\alpha \in II, IV\ \ quadrante; & d)\alpha \in I, III\ quadrante; \\ e)\alpha \in I, III\ \ quadrante; & f)\ \alpha \in II, IV\ \ quadrante \end{array}$$

5. Quando α se aproxima de $\frac{\pi}{2}$ com valores menores, a $\sec\alpha \to +\infty$. Quando α se aproxima de $\frac{\pi}{2}$ com valores maiores, a $\sec\alpha \to -\infty$. Quando α se aproxima de π, a $\sec\alpha = -1$. Quando α se aproxima de $\frac{3\pi}{2}$ com valores menores, a $\sec\alpha \to -\infty$. Quando α se aproxima de $\frac{3\pi}{2}$ com valores maiores, a $\sec\alpha \to +\infty$. Quando α se aproxima de 2π, a $\sec\alpha = 1$.

6. Quando α se aproxima de $\frac{\pi}{2}$, a $\operatorname{cosec}\alpha = 1$. Quando α se aproxima de π com valores menores, a $\operatorname{cosec}\alpha \to +\infty$. Quando α se aproxima de π com valores maiores, a $\operatorname{cosec}\alpha \to -\infty$. Quando α se aproxima de $\frac{3\pi}{2}$ com valores menores, a $\operatorname{cosec}\alpha = -1$. Quando α se aproxima de $\frac{3\pi}{2}$ com valores maiores, a $\operatorname{cosec}\alpha = -1$. Quando α se aproxima de 2π, a $\operatorname{cosec}\alpha \to -\infty$.

7. Como $\alpha = -1050^o = -3.360^o + 30^o$, então

   (a) $\operatorname{sen}(-1050^o) = \operatorname{sen}(-3.360^o + 30^o) = \operatorname{sen} 30^o = \dfrac{1}{2}$;

   (b) $\cos(-1050^o) = \cos(-3.360^o + 30^o) = \cos 30^o = \dfrac{\sqrt{3}}{2}$;

   (c) $\operatorname{tg}(-1050^o) = \operatorname{tg}(-3.360^o + 30^o) = \operatorname{tg} 30^o = \dfrac{1}{\sqrt{3}}$;

   (d) $\operatorname{cotg}(-1050^o) = \operatorname{cotg}(-3.360^o + 30^o) = \operatorname{cotg} 30^o = \sqrt{3}$.

8. $\operatorname{cotg} 1020^o = \operatorname{cotg}(3.360^o - 60^o) = \operatorname{cotg}(-60^o) = -\operatorname{cotg} 60^o = -\dfrac{1}{\sqrt{3}}$.

9. (a) –

(b) −

(c) −

(d) +

10. Como $\operatorname{sen}\alpha < \cos\alpha$, segue que α pertence ao terceiro quadrante. Assim:

    (a) $\operatorname{sen}\alpha = -\sqrt{1-\cos^2\alpha} = -\sqrt{1-\left(-\frac{1}{5}\right)^2} = -\frac{\sqrt{24}}{5}$

    (b) $\operatorname{tg}\alpha = \frac{\operatorname{sen}\alpha}{\cos\alpha} = \frac{-\frac{\sqrt{24}}{5}}{-\frac{1}{5}} = \sqrt{24}.$

    (c) $\operatorname{cotg}\alpha = \frac{1}{\operatorname{tg}\alpha} = \frac{1}{\sqrt{24}}.$

11. α pode estar no segundo ou quarto quadrante, mas como $\operatorname{sen}\alpha > \cos\alpha$, segue que α pertence ao segundo quadrante. Assim:

    (a) $\tan\alpha = \frac{1}{\operatorname{cotg}\alpha} = \frac{1}{-\dfrac{8}{15}} = -\frac{15}{8}.$

    (b) $\cos\alpha = -\sqrt{\frac{1}{1+\operatorname{tg}^2\alpha}} = -\sqrt{\frac{1}{1+\left(-\frac{15}{8}\right)^2}} = -\frac{8}{17}.$

    (c) $\operatorname{sen}\alpha = \sqrt{1-\cos^2\alpha} = \sqrt{1-\left(-\frac{8}{17}\right)^2} = \frac{15}{17}.$

12. $\cos^4\alpha + \operatorname{sen}^2\alpha\cos^2\alpha = \cos^2\alpha = \frac{1}{1+\tan^2\alpha} = \frac{1}{10}.$

13. De $\operatorname{tg}\alpha - \operatorname{cotg}\alpha = 3$, $\dfrac{\operatorname{sen}\alpha}{\cos\alpha} - \dfrac{\cos\alpha}{\operatorname{sen}\alpha} = 3$, segue $\operatorname{sen}^2\alpha - \cos^2\alpha = 3\operatorname{sen}\alpha\cos\alpha$. Elevando ao quadrado, temos $\operatorname{sen}^4\alpha + \cos^4\alpha = 11\operatorname{sen}^2\alpha\cos^2\alpha$.
Agora,

$$\begin{aligned}\operatorname{tg}^2\alpha + \operatorname{cotg}^2\alpha &= \frac{\operatorname{sen}^2\alpha}{\cos^2\alpha} + \frac{\cos^2\alpha}{\operatorname{sen}^2\alpha} = \\ &= \frac{\operatorname{sen}^4\alpha + \cos^4\alpha}{\cos^2\alpha\operatorname{sen}^2\alpha} = \\ &= \frac{11\operatorname{sen}^2\alpha\cos^2\alpha}{\operatorname{sen}^2\alpha\cos^2\alpha} = 11.\end{aligned}$$

14. Como $\alpha \in [5, 6]$, segue que α pertence ao quarto quadrante, onde a $\tan\alpha < 0$.
Dividimos a equação $\operatorname{sen}^2\alpha - 2\cos^2\alpha = \operatorname{sen}\alpha\cos\alpha$ por $\cos^2\alpha$, obtemos

$$\operatorname{tg}^2\alpha - 2 = \operatorname{tg}\alpha.$$

Escrevendo $\tan\alpha = t$, na equação anterior , obtemos uma equação quadrática : $t^2 - t - 2 = 0$, que possui duas raízes, $t_1 = 24$, e $t_2 = -1$. Segue daqui que $\operatorname{tg}\alpha = -1$

15. (a) $1 = (\operatorname{sen}^2\alpha + \cos^2\alpha)^2 = \operatorname{sen}^4\alpha + 2\operatorname{sen}^2\alpha\operatorname{sen}^2\alpha + \cos^4\alpha$.

 (b) 2

 (c) $\operatorname{sen}^4\alpha - \cos^4\alpha + \cos^2\alpha = (\operatorname{sen}^2\alpha + \cos^2\alpha)(\operatorname{sen}^2\alpha - \cos^2\alpha) + \cos^2\alpha = \operatorname{sen}^2\alpha - \cos^2\alpha + \cos^2\alpha = \operatorname{sen}^2\alpha$.

 (d) 1

 (e) $\left(\dfrac{1}{\operatorname{sen}\alpha + \operatorname{cotg}\alpha}\right)\left(\dfrac{1}{\operatorname{sen}\alpha - \operatorname{cotg}\alpha}\right) = \left(\dfrac{1+\cos\alpha}{\operatorname{sen}\alpha}\right)\left(\dfrac{1-\cos\alpha}{\operatorname{sen}\alpha}\right) = \dfrac{1-\cos^2\alpha}{\operatorname{sen}\alpha} = \operatorname{sen}\alpha$.

(f) -1.

(g) Primeiro, observe que $\operatorname{sen}^6\alpha+\cos^6\alpha = 1-3\operatorname{sen}^2\alpha\cos^2\alpha$ e $\operatorname{sen}^4\alpha+\cos^4\alpha = 1-2\operatorname{sen}^2\alpha\cos^2\alpha$. Substituindo em M, obtemos finalmente: $M=-1$.

16. (a)

$$\begin{aligned}
\frac{\operatorname{tg}\alpha+\operatorname{cotg}\beta}{\operatorname{cotg}\alpha+\operatorname{tg}\beta} &= \frac{\frac{\operatorname{sen}\alpha}{\cos\alpha}+\frac{\cos\beta}{\operatorname{sen}\beta}}{\frac{\cos\alpha}{\operatorname{sen}\alpha}+\frac{\operatorname{sen}\beta}{\cos\beta}} = \\
&= \frac{\frac{\operatorname{sen}\alpha\operatorname{sen}\beta+\cos\alpha\cos\beta}{\cos\alpha\operatorname{sen}\beta}}{\frac{\cos\alpha\cos\beta+\operatorname{sen}\alpha\operatorname{sen}\beta}{\operatorname{sen}\alpha\cos\beta}} = \\
&= \frac{\operatorname{sen}\alpha\cos\beta}{\cos\alpha\operatorname{sen}\beta} = \frac{\frac{\operatorname{sen}\alpha}{\cos\alpha}}{\frac{\operatorname{sen}\beta}{\cos\beta}} = \frac{\operatorname{tg}\alpha}{\operatorname{tg}\beta}.
\end{aligned}$$

(b) $(\operatorname{sen}\alpha+\operatorname{tg}\alpha)(\cos\alpha+\operatorname{cotg}\alpha) = (\operatorname{sen}\alpha+\frac{\operatorname{sen}\alpha}{\cos\alpha})(\cos\alpha+\frac{\cos\alpha}{\operatorname{sen}\alpha}) = (1+\cos\alpha)(1+\operatorname{sen}\alpha)$.

(c)

$$\begin{aligned}
\frac{\operatorname{tg}\alpha\operatorname{sen}\alpha}{\operatorname{tg}\alpha+\operatorname{sen}\alpha} &= \frac{\frac{\operatorname{sen}^2\alpha}{\cos\beta}}{\frac{\operatorname{sen}\alpha+\operatorname{sen}\alpha\cos\alpha}{\cos\alpha}} = \\
&= \frac{(1+\cos\alpha)(1-\cos\alpha)}{\operatorname{sen}\alpha(1+\cos\alpha)} = \\
&= \frac{\operatorname{tg}\alpha\cancel{(1+\cos\alpha)}(1-\cos\alpha)}{\operatorname{tg}\alpha\operatorname{sen}\alpha\cancel{(1+\cos\alpha)}} = \\
&= \frac{\operatorname{tg}\alpha-\operatorname{sen}\alpha}{\operatorname{tg}\alpha\operatorname{sen}\alpha}.
\end{aligned}$$

(d)

$$\begin{aligned}
&\operatorname{sen}\alpha+\cos\alpha\operatorname{cotg}\alpha+\operatorname{sen}\alpha\operatorname{tg}\alpha+\cos\alpha = \\
&= \operatorname{sen}\alpha+\frac{\cos^2\alpha}{\operatorname{sen}\alpha}+\frac{\operatorname{sen}^2\alpha}{\cos\alpha}+\cos\alpha = \\
&= \frac{\operatorname{sen}^2\alpha+\cos^2\alpha}{\operatorname{sen}\alpha}+\frac{\operatorname{sen}^2\alpha+\cos^2\alpha}{\cos\alpha} = \\
&= \frac{1}{\operatorname{sen}\alpha}+\frac{1}{\cos\alpha}.
\end{aligned}$$

17. (a)

$$\begin{aligned}
&3\,\mathrm{sen}\,\tfrac{\pi}{2} + 4\cos\tfrac{2\pi}{3} + 6\,\mathrm{sen}\,\tfrac{13\pi}{6} = \\
&= 3\,\mathrm{sen}\,\tfrac{\pi}{2} + 4\cos(\pi - \tfrac{\pi}{3}) + 6\,\mathrm{sen}(2\pi + \tfrac{\pi}{6}) = \\
&= 3\,\mathrm{sen}\,\tfrac{\pi}{2} - 4\cos\tfrac{\pi}{3} + 6\,\mathrm{sen}\,\tfrac{\pi}{6} = 3.1 - 4.\frac{1}{2} + 6.\frac{1}{2} = \\
&= 4.
\end{aligned}$$

(b)

$$\begin{aligned}
&2\tan\pi - \frac{1}{2}\,\mathrm{sen}(-\frac{3\pi}{2}) + \frac{1}{2}\cos\pi = \\
&= 2\tan\pi + \frac{1}{2}\,\mathrm{sen}(\frac{3\pi}{2}) + \frac{1}{2}\cos\pi = \\
&= 2.0 - \frac{1}{2} - \frac{1}{2} = \\
&= -1.
\end{aligned}$$

18. Basta escrever $\mathrm{cotg}\,16\alpha = \dfrac{1 - \mathrm{tg}^2\,8\alpha}{2\,\mathrm{tg}\,8\alpha}$ e começar a reduzir a partir dos termos $8\tan 8\alpha + 16\,\mathrm{cotg}\,16\alpha$ até chegar ao primeiro termo.

19.

$$\begin{aligned}
&(\cos\alpha - \cos\beta)^2 + (\mathrm{sen}\,\alpha - \mathrm{sen}\,\beta)^2 \\
&= \cos^2\alpha - 2\cos\alpha\cos\beta + \cos^2\beta + \mathrm{sen}^2\,\alpha - 2\,\mathrm{sen}\,\alpha\,\mathrm{sen}\,\beta + \mathrm{sen}^2\,\beta \\
&= 2 - 2\cos(\alpha - \beta) = 2\left(1 - [1 - 2\,\mathrm{sen}^2\,\tfrac{\alpha-\beta}{2}]\right) \\
&= 2\,\mathrm{sen}^2\,\tfrac{\alpha-\beta}{2}.
\end{aligned}$$

20. (a) $\mathrm{sen}\,135^o = \mathrm{sen}(180^o - 45^o) = \mathrm{sen}\,45^o = \dfrac{\sqrt{2}}{2}$;

(b) $\cos 105^o = \cos(60^o - 45^o) = \cos 60^o \cos 45^o + \mathrm{sen}\,60^o\,\mathrm{sen}\,45^o = \dfrac{\sqrt{2}+\sqrt{6}}{4}$;

(c) $\tan 15^o = \dfrac{\operatorname{sen} 15^o}{\cos 15^o} = \dfrac{\operatorname{sen}(45^o - 30^o)}{\cos(45^o - 30^o)} = \dfrac{\sqrt{6}-\sqrt{2}}{\sqrt{6}+\sqrt{2}};$

(d) $\operatorname{sen} 22^o30' = \sqrt{\dfrac{1-\cos 45^o}{2}} = \dfrac{\sqrt{2-\sqrt{2}}}{2};$

(e) $\tan 22^o30' = \dfrac{\operatorname{sen} 22^o30'}{\cos 22^o30'} = \dfrac{\sqrt{\frac{1-\cos 45^o}{2}}}{\sqrt{\frac{1+\cos 45^o}{2}}} = \dfrac{\sqrt{2-\sqrt{2}}}{\sqrt{2+\sqrt{2}}}.$

21. Primeiro calculemos $\tan\alpha$:

$$\begin{aligned}
\tan\alpha &= \frac{2\operatorname{tg}\frac{\alpha}{2}}{1-\operatorname{tg}^2\frac{\alpha}{2}} = \frac{2.\dfrac{7}{8}}{1-\left(\dfrac{7}{8}\right)^2} = \\
&= \frac{\dfrac{7}{4}}{1-\dfrac{49}{64}} = \\
&= \frac{112}{115}.
\end{aligned}$$

Agora $\operatorname{sen}\alpha$:

$$\begin{aligned}
\operatorname{sen}\alpha &= \frac{2\operatorname{tg}\frac{\alpha}{2}}{\operatorname{tg}^2\frac{\alpha}{2}+1} = \frac{2.\dfrac{7}{8}}{1+\dfrac{49}{64}} = \\
&= \frac{112}{113}.
\end{aligned}$$

Finalmente, $\cos\alpha$:

$$\begin{aligned}
\cos\alpha &= \frac{1-\operatorname{tg}^2\frac{\alpha}{2}}{\operatorname{tg}^2\frac{\alpha}{2}+1} = \frac{1-\dfrac{49}{64}}{1+\dfrac{49}{64}} = \\
&= \frac{15}{113}.
\end{aligned}$$

22. Escreva $\operatorname{cotg} 16\alpha = \dfrac{1}{\operatorname{tg} 16\alpha} = \dfrac{1 - ta^2 8\alpha}{2 \operatorname{tg} 8\alpha}$ e depois vai simplificando, até chegaar a $\operatorname{tg}\alpha$.

23. (a) $\dfrac{8}{\sqrt{3}} \operatorname{sen} 70^o$

(b) $8 \cos 8\alpha \cos^3 \alpha$.

24. (a)

$$\frac{m^2 \operatorname{sen} 450^o + n^2 \cos 540^o}{m \operatorname{tg}(-45^o) + n \operatorname{cotg} 45^o} = \frac{m^2 \operatorname{sen} 90^o + n^2 \cos 180^o}{-m+n} = \\ = \frac{m^2 - n^2}{-m+n} = -m-n.$$

(b)

$$\left[\cos\left(-\tfrac{\pi}{6}\right) - \operatorname{sen}\left(-\tfrac{\pi}{4}\right)\right]\left[\operatorname{tg}\tfrac{\pi}{3} - 2\cos\tfrac{\pi}{4}\right] = \\ = \left(\frac{\sqrt{3}}{2} + \frac{\sqrt{2}}{2}\right)\left(\sqrt{3} - 2\frac{\sqrt{2}}{2}\right) = \\ = \frac{1}{2}.$$

25. (a) $x^3 \cos(-405^o) + x^2 \operatorname{tg} 900^o - x \cos 765^o = x^3 \cos 45^o + x^2 \operatorname{tg} 180^o - x \cos 45^o 0 = \dfrac{\sqrt{2}}{2}(x^3 - x) =$
$\dfrac{\sqrt{2}}{2} x(x-1)(x+1) = 0,$
donde $x = 0,\ x = 1,\ x = -1$

(b) $40x^4 \operatorname{sen} \frac{13\pi}{6} - x^3 \cos 6\pi + x^2 \operatorname{cotg}\left(-\frac{13\pi}{4}\right) + \operatorname{sen} 7\pi = 40x^4 \operatorname{sen}\frac{\pi}{6} - x^3 \cos 6\pi - x^2 \operatorname{cotg}\left(\frac{\pi}{4}\right) + \operatorname{sen} 7\pi = 20x^4 - x^3 - x^2 = x^2(20x^2 - x - 1) = x^2(4x-1)(5x+1) = 0,$
donde $x = 0,\ x = \dfrac{1}{4},\ x = -\dfrac{1}{5}$.

26. (a) Seja $\arccos\frac{3}{5} = \alpha$, donde $\cos\alpha = \frac{3}{5}$. Assim

$$\operatorname{sen}(\arccos\frac{3}{5}) = \operatorname{sen}\alpha = \sqrt{1 - \left(\frac{3}{5}\right)^2} = \frac{4}{5};$$

(b) Seja $\arctan x = \alpha$, donde $\tan\alpha = x$.

$$\cos\alpha = \frac{1}{1 + \tan^2\alpha} = \frac{1}{\sqrt{1+x^2}};$$

(c) Seja $\arccos x = \alpha$, donde $\cos\alpha = x$

$$\cos\alpha = \frac{\sqrt{1-\cos^2\alpha}}{\cos\alpha} = \frac{\sqrt{1-x^2}}{x};$$

(d) $2x\sqrt{1-x^2}$;

(e) Seja $\arccos\frac{1}{2} = \alpha$, donde $\cos\alpha = \frac{1}{2}$. Assim

$$\operatorname{sen}(\frac{1}{2}\arccos\frac{1}{2}) = \operatorname{sen}\frac{\alpha}{2} = \sqrt{\frac{1-\cos\alpha}{2}} = \sqrt{\frac{1-\frac{1}{2}}{2}} = \frac{1}{2};$$

(f) $\dfrac{11\sqrt{5}}{25}$;

(g) 1;

(h) 0;

(i) $\dfrac{29}{25}$;

(j) Sejam $\operatorname{arcsen}\frac{12}{13} = \alpha$ e $\operatorname{arcsen}\frac{5}{13} = \beta$, donde $\operatorname{sen}\alpha = \frac{12}{13}$, $\cos\alpha = \frac{5}{13}$, $\operatorname{sen}\beta = \frac{5}{13}$ e $\cos\beta = \frac{12}{13}$. Assim,

$$\begin{aligned}\operatorname{sen}\left(\operatorname{arcsen}\tfrac{12}{13} + \operatorname{arcsen}\tfrac{5}{13}\right) &= \operatorname{sen}(\alpha+\beta) = \\ &= \operatorname{sen}\alpha\cos\beta + \operatorname{sen}\beta\cos\alpha = \\ &= \tfrac{12}{13}\tfrac{12}{13} + \tfrac{5}{13}\tfrac{5}{13} = \\ &= \tfrac{144}{169} + \tfrac{25}{169} = 1.\end{aligned}$$

Capítulo 7

Equações e Inequações Trigonométricas

Diz-se que uma equação ou inequação é uma equação ou inequação trigonométrica se ela contém variável independente sob o sinal de uma função trigonométrica. Neste capítulo vamos considerar alguns métodos de resolução de equações e inequações trigonométricas.

7.1 Equações Trigonométricas

Uma equação contendo a variável independente sob o sinal de uma função trigonométrica é chamada de equação trigonométrica. As equações trigonométricas mais simples são as equações:

$$\operatorname{sen} x = a, \quad \cos x = a, \operatorname{tg} x = b, \ \operatorname{cotg} x = b$$

em que $-1 \leq a \leq 1$ e $b \in \mathbb{R}$ para terem sentido.

Exemplo 7.1 *Resolver a seguinte equação* $\operatorname{sen} x = \dfrac{1}{2}$.

Observa-se facilmente que no intervalo $[0, 2\pi]$, apenas há dois ângulos, onde a função seno atinge o valor $\frac{1}{2}$:

$$\operatorname{sen} \frac{\pi}{6} = \frac{1}{2} \quad \text{e} \quad \operatorname{sen} \frac{5\pi}{6} = \frac{1}{2}.$$

Por isso, as soluções são,

$$x_1 = \frac{\pi}{6} + 2k\pi \quad \text{e} \quad x_2 = \frac{5\pi}{6} + 2k\pi, \quad k \in \mathbb{Z}.$$

Exemplo 7.2 *Resolver a seguinte equação* $\operatorname{tg} x = \frac{\sqrt{3}}{3}$.

Observa-se facilmente que no intervalo $[0, \pi]$, apenas há dois ângulos, onde a função tangente atinge o valor $\frac{\sqrt{3}}{3}$:

$$\operatorname{tg} \frac{\pi}{6} = \frac{\sqrt{3}}{3} \quad \text{e} \quad \operatorname{sen} \frac{7\pi}{6} = \frac{\sqrt{3}}{3}.$$

Por isso, as soluções são,

$$x_1 = \frac{\pi}{6} + 2k\pi \quad \text{e} \quad x_2 = \frac{7\pi}{6} + 2k\pi, \quad k \in \mathbb{Z}.$$

ou

$$x = \frac{\pi}{6} + k\pi.$$

Exemplo 7.3 $5 \operatorname{cotg} 2x + 3 = 0$.

Temos $\operatorname{cotg} 2x = -\frac{3}{5}$, donde $2x = \operatorname{arccotg}\left(-\frac{3}{5}\right)$. Finalmente

$$x = -\frac{1}{2} \operatorname{arccotg}\left(\frac{3}{5}\right) + \frac{k\pi}{2}, \quad k \in \mathbb{Z}.$$

Exemplo 7.4 *Encontrar todas as soluções da equação* $\operatorname{sen} x + \cos x = 1$.

Vamos usar aqui as fórmulas $\cos 2x = 1 - 2\operatorname{sen}^2 x$ e $\operatorname{sen} 2x = 2 \operatorname{sen} x \cos x$. Reescrevendo a equação $\operatorname{sen} x + \cos x = 1$ na seguinte forma

$$\begin{aligned}
\operatorname{sen} x + \cos x - 1 &= 0 \\
\operatorname{sen} x - 2\operatorname{sen}^2 \tfrac{x}{2} &= 0 \\
2\operatorname{sen} \tfrac{x}{2} \cos \tfrac{x}{2} - 2\operatorname{sen}^2 \tfrac{x}{2} &= 0 \\
2\operatorname{sen} \tfrac{x}{2} \left(\cos \tfrac{x}{2} - \operatorname{sen} \tfrac{x}{2}\right) &= 0.
\end{aligned}$$

Donde, $\operatorname{sen}\frac{x}{2} = 0$ e $\cos\frac{x}{2} - \operatorname{sen}\frac{x}{2} = 0$.
Resolvendo estas equações, obtemos

$$\frac{x}{2} = k\pi, \quad x_1 = 2k\pi.$$

e

$$\frac{x}{2} = \frac{\pi}{4} + k\pi, \quad x_2 = \frac{\pi}{2} + 2k\pi, k \in \mathbb{Z}.$$

Mostremos outro método para resolver a equação:

$$\begin{aligned} \frac{\sqrt{2}}{2}\operatorname{sen} x + \frac{\sqrt{2}}{2}\cos x &= \frac{\sqrt{2}}{2} \\ \operatorname{sen}\left(\frac{\pi}{4} + x\right) &= \operatorname{sen}\frac{\pi}{4} \text{ ou } \operatorname{sen}\frac{3\pi}{4}. \end{aligned}$$

Donde $\frac{\pi}{4} + x = \frac{\pi}{4} + 2k\pi, \quad x_1 = 2k\pi.$
e
$\frac{\pi}{4} + x = \frac{3\pi}{4} + 2k\pi, \quad x_2 = \frac{\pi}{2} + 2k\pi, \quad k \in \mathbb{Z}.$

Exemplo 7.5 *Resolver* $2\operatorname{sen} 3x \operatorname{sen} 5x = \cos 2x$.

Usando a fórmula $\operatorname{sen}\alpha \operatorname{sen}\beta = \dfrac{\cos(\alpha-\beta) - \cos(\alpha+\beta)}{2}$, obtemos

$$\begin{aligned} 2\operatorname{sen} 5x \operatorname{sen} 7x &= \cos 2x \\ 2\frac{\cos 2x - \cos 12x}{2} &= \cos 2x \\ \cos 12x &= 0, \end{aligned}$$

donde $12x = \frac{\pi}{2} + k\pi$. Finalmente, $x = \frac{\pi}{24} + \frac{k\pi}{12}$.

Exemplo 7.6 *Resolver a equação* $\operatorname{sen} 6x - \operatorname{sen} 3x = 0$.

Escrevendo $\operatorname{sen} 6x = 2\operatorname{sen} 3x \cos 3x$ e substituindo na equação, obtemos

$$\begin{aligned} \operatorname{sen} 6x - \operatorname{sen} 3x &= 0 \\ 2\operatorname{sen} 3x \cos 3x - \operatorname{sen} 3x &= 0 \\ \operatorname{sen} 3x\,(2\cos 3x - 1) &= 0 \end{aligned}$$

donde,

$$\operatorname{sen} 3x = 0,\ 3x = k\pi,\ x = \frac{k\pi}{3},\quad k \in \mathbb{Z}$$

e

$$\begin{aligned} 2\cos 3x - 1 = 0:\ \ 3x &= \frac{\pi}{3} + 2k\pi, \quad x = \frac{\pi}{9} + \frac{2k\pi}{3}, \\ 3x &= \frac{5\pi}{3} + 2k\pi, \quad x = \frac{5\pi}{9} + \frac{2k\pi}{3}\ \ k \in \mathbb{Z}. \end{aligned}$$

Exemplo 7.7 *Resolver a equação* $2\operatorname{sen}^2 x - 5\operatorname{sen} x + 4 = 0$.

Escrevendo $\operatorname{sen} x = t$, obtemos

$$\begin{aligned} 2\operatorname{sen}^2 x - 5\operatorname{sen} x + 4 &= 0 \\ 2t^2 - 5t + 4 &= 0 \\ (2t-1)(t-4) &= 0 \end{aligned}$$

donde $t = \frac{1}{2}$ e $t = 4$. Apenas serve a primeira raiz. Assim,

$$\operatorname{sen} x = \frac{1}{2},\ x = \frac{\pi}{6} + 2k\pi, \quad \text{e} \quad x = \frac{5\pi}{6} + 2k\pi,\ k \in \mathbb{Z}.$$

Exemplo 7.8 *Resolver a equação* $\operatorname{tg}^2 x - 2\operatorname{tg} x = 3$.

Escrevendo $\operatorname{tg} x = t$, obtemos

$$\begin{aligned} \operatorname{tg}^2 x - 2\operatorname{tg} x &= 3 \\ t^2 - 2t - 3 &= 0 \\ (t-3)(t+1) &= 0 \end{aligned}$$

donde $t = 3$ e $t = -1$.
Da primeira raiz

$$\operatorname{tg} x = 3, \quad x = \operatorname{arctg} 3 + k\pi,\ k \in \mathbb{Z}.$$

da segunda raiz

$$\operatorname{tg} x = -1,\ x = -\frac{\pi}{4} + m\pi, \quad m \in \mathbb{Z}.$$

Exemplo 7.9 *Resolver a equação* $3\operatorname{sen} x + 3\cos x = 2$.

Reescrevendo a equação, obtemos

$$\begin{aligned}
3\operatorname{sen} x + 3\cos x &= 2\\
\operatorname{sen} x + \cos x &= \frac{2}{3}\\
\sqrt{2}\left(\frac{1}{\sqrt{2}}\operatorname{sen} x + \frac{1}{\sqrt{2}}\cos x\right) &= \frac{2}{3}\\
\frac{1}{\sqrt{2}}\operatorname{sen} x + \frac{1}{\sqrt{2}}\cos x &= \frac{\sqrt{2}}{3}\\
\cos\frac{\pi}{4}\operatorname{sen} x + \operatorname{sen}\frac{\pi}{4}\cos x &= \frac{\sqrt{2}}{3}\\
\operatorname{sen}\left(x + \frac{\pi}{4}\right) &= \frac{\sqrt{2}}{3}
\end{aligned}$$

donde, $x + \frac{\pi}{4} = \operatorname{arcsen}\frac{\sqrt{2}}{3} + k\pi$. Finalmente

$$x = \operatorname{arcsen}\frac{\sqrt{2}}{3} - \frac{\pi}{4} + k\pi,\ k \in \mathbb{Z}.$$

Exemplo 7.10 *Resolva a equação*

$$\operatorname{sen} 720^o - x\operatorname{cotg}^2 30^o + 18\operatorname{sen} 30^o = 0.$$

Primeiro calculamos as funções trigonométricas numéricas:

$$\operatorname{sen} 720^o = 0,\quad \operatorname{cotg} 30^o = \sqrt{3}\ \text{ e }\ \operatorname{sen} 30^o = \frac{1}{2}$$

e substituindo na equação, obtemos

$$\operatorname{sen} 720^o - x\operatorname{cotg}^2 30^o + 18\operatorname{sen} 30^o = -3x + 9 = 0,$$

donde $x = 3$.

7.2 Inequações Trigonométricas

Primeiramente vamos entender desigualdades trigonométricas, envolvendo apenas, senos, cossenos, tangentes e cotangentes.

1. Inequação com a Função Seno

1. $\operatorname{sen} x \geq b$
   Se $b > 1$, então $x = \emptyset$.
   Se $b < -1$, então $x \in \mathbb{R}$.
   Se $b = 1$, então $x = \dfrac{\pi}{2} + 2k\pi,\ k \in \mathbb{Z}$.
   Se $b = -1$, então $x = \dfrac{3\pi}{2} + 2k\pi,\ k \in \mathbb{Z}$.
   Se $-1 \leq b \leq 1$, então $x \in [\beta + 2k\pi,\ \pi - \beta + 2k\pi],\ k \in \mathbb{Z}$, em que $\beta = \operatorname{arcsen} b$.

2. $\operatorname{sen} x > b$
   Se $b > 1$, então $x = \emptyset$.
   Se $b < -1$, então $x \in \mathbb{R}$.
   Se $b = 1$, então $x = \emptyset$.
   Se $b = -1$, então $x \neq \dfrac{3\pi}{2} + 2k\pi,\ k \in \mathbb{Z}$.
   Se $-1 \leq b \leq 1$, então $x \in [\beta + 2k\pi,\ \pi - \beta + 2k\pi],\ k \in \mathbb{Z}$, em que $\beta = \operatorname{arcsen} b$.

3. $\operatorname{sen} x \leq b$
   Se $b > 1$, então $x \in \mathbb{R}$.
   Se $b < -1$, então $x = \emptyset$.
   Se $b = 1$, então $x \in \mathbb{R}$.
   Se $b = -1$, então $x = \dfrac{3\pi}{2} + 2k\pi,\ k \in \mathbb{Z}$.
   Se $-1 \leq b \leq 1$, então $x \in [-\pi - \beta + 2k\pi,\ \beta + 2k\pi],\ k \in \mathbb{Z}$, em que $\beta = \operatorname{arcsen} b$.

4. $\operatorname{sen} x < b$

Se $b > 1$, então $x \in \mathbb{R}$.
Se $b < -1$, então $x = \emptyset$.
Se $b = 1$, então $x \neq \dfrac{\pi}{2} + 2k\pi,\ k \in \mathbb{Z}$.
Se $b = -1$, então $x = \emptyset$.
Se $-1 \leq b \leq 1$,então $x \in [-\pi - \beta + 2k\pi,\ \beta + 2k\pi],\ k \in \mathbb{Z}$, em que $\beta = \operatorname{arcsen} b$.

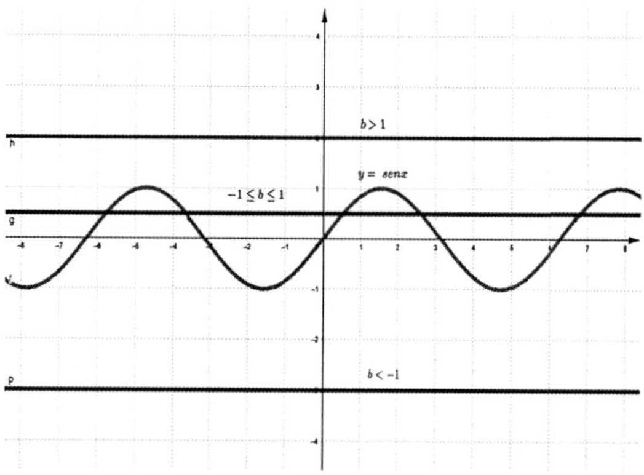

Figura 7.1: Inequações com $\operatorname{sen} x$

2. Inequação com a Função Cosseno

1. $\cos x \geq b$
   Se $b > 1$, então $x = \emptyset$.
   Se $b < -1$, então $x \in \mathbb{R}$.
   Se $b = 1$, então $x = 2k\pi,\ k \in \mathbb{Z}$.
   Se $b = -1$, então $x \in \mathbb{R}$.
   Se $-1 \leq b \leq 1$, então $x \in [-\beta + 2k\pi,\ \beta + 2k\pi],\ k \in \mathbb{Z}$, em que $\beta = \arccos b$.

2. $\cos x > b$
   Se $b > 1$, então $x = \emptyset$.
   Se $b < -1$, então $x \in \mathbb{R}$.
   Se $b = 1$, então $x = \emptyset$.

Se $b = -1$, então $x \neq (2k+1)\pi,\ k \in \mathbb{Z}$.
Se $-1 \leq b \leq 1$, então $x \in [-\beta + 2k\pi,\ \beta + 2k\pi],\ k \in \mathbb{Z}$, em que $\beta = \arccos b$.

3. $\cos x \leq b$
   Se $b > 1$, então $x \in \mathbb{R}$.
   Se $b < -1$, então $x = \emptyset$.
   Se $b = 1$, então $x \in \mathbb{R}$.
   Se $b = -1$, então $x = (2k+1)\pi,\ k \in \mathbb{Z}$.
   Se $-1 \leq b \leq 1$, então $x \in [\beta + 2k\pi,\ 2\pi - \beta + 2k\pi],\ k \in \mathbb{Z}$, em que $\beta = \text{arcsen}\, b$.

4. $\cos x < b$
   Se $b > 1$, então $x \in \mathbb{R}$.
   Se $b < -1$, então $x = \emptyset$.
   Se $b = 1$, então $x \neq 2k\pi,\ k \in \mathbb{Z}$.
   Se $b = -1$, então $x = \emptyset$.
   Se $-1 \leq b \leq 1$, então $x \in [\beta + 2k\pi,\ 2\pi - \beta + 2k\pi],\ k \in \mathbb{Z}$, em que $\beta = \text{arcsen}\, b$.

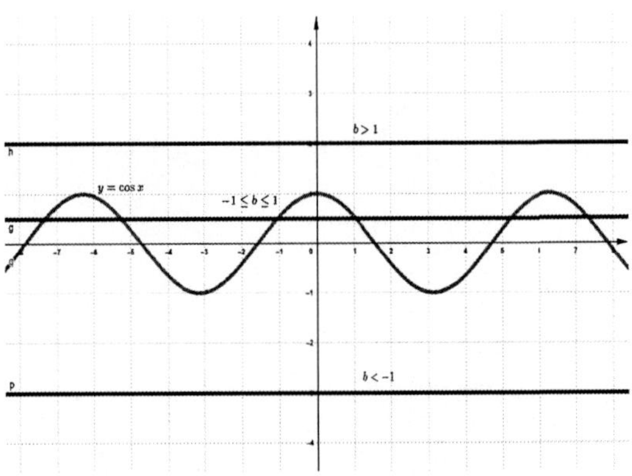

Figura 7.2: Inequações com $\cos x$

3. Inequação com a Função Tangente

1. $\operatorname{tg} x \geq b$

$$x \in [\beta + k\pi,\ \frac{\pi}{2} + k\pi),\ k \in \mathbb{Z},\quad \text{em}\ \ \text{que}\ \beta = \operatorname{arctg} b.$$

2. $\operatorname{tg} x > b$

$$x \in \left(\beta + k\pi,\ \frac{\pi}{2} + k\pi\right),\ k \in \mathbb{Z},\quad \text{em}\ \ \text{que}\ \beta = \operatorname{arctg} b.$$

3. $\operatorname{tg} x \leq b$

$$x \in (-\frac{\pi}{2} + k\pi, \beta + k\pi],\ k \in \mathbb{Z},\quad \text{em}\ \ \text{que}\ \beta = \operatorname{arctg} b.$$

4. $\operatorname{tg} x < b$

$$x \in \left(-\frac{\pi}{2} + k\pi, \beta + k\pi\right),\ k \in \mathbb{Z},\quad \text{em}\ \ \text{que}\ \beta = \operatorname{arctg} b.$$

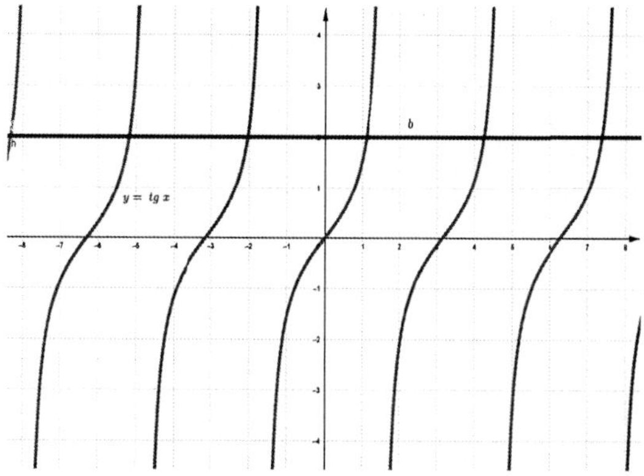

Figura 7.3: Inequações com $\operatorname{tg} x$

4. Inequação com a Função Cotangente

1. $\operatorname{cotg} x \geq b$

$$x \in (k\pi,\ \beta + k\pi],\ k \in \mathbb{Z}, \quad \text{em que } \beta = \operatorname{arccotg} b.$$

2. $\operatorname{cotg} x > b$

$$x \in (k\pi,\ \beta + k\pi)\,,\ k \in \mathbb{Z}, \quad \text{em que } \beta = \operatorname{arccotg} b.$$

3. $\operatorname{cotg} x \leq b$

$$x \in (-\pi + k\pi, \beta + k\pi],\ k \in \mathbb{Z}, \quad \text{em que } \beta = \operatorname{arccotg} b.$$

4. $\operatorname{cotg} x < b$

$$x \in (-\pi + k\pi, \beta + k\pi)\,,\ k \in \mathbb{Z}, \quad \text{em que } \beta = \operatorname{arccotg} b.$$

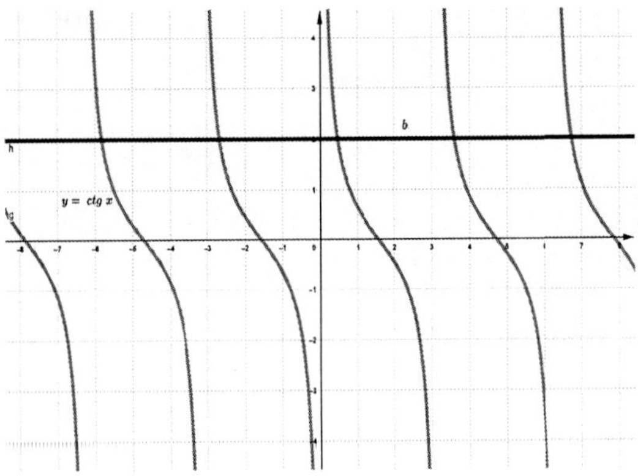

Figura 7.4: Inequações com $\operatorname{cotg} x$

Exemplo 7.11 *Resolver* $\cos x > \dfrac{1}{2}$.

Observamos que $\cos\left(\pm\frac{\pi}{3}\right) = \dfrac{1}{2}$, por isso no intervalo, $\left(-\frac{\pi}{3}, \frac{\pi}{3}\right)$, a função $\cos x > \dfrac{1}{2}$. Como a função $\cos x$ é 2π periódica, finalmente, obtemos

$$x \in \left(-\frac{\pi}{3} + 2k\pi, \frac{\pi}{3} + 2k\pi\right), \quad k \in \mathbb{Z}.$$

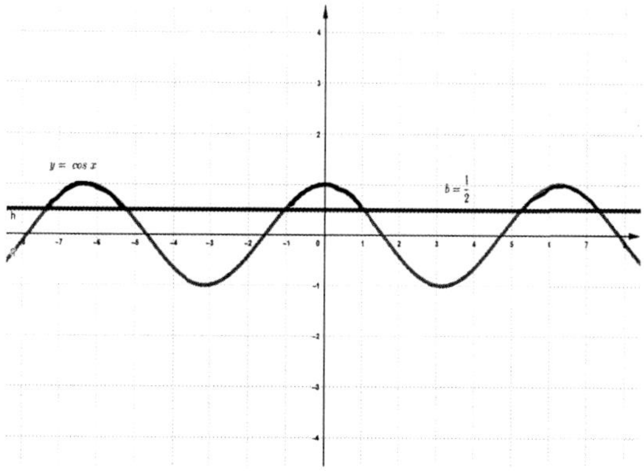

Figura 7.5: $\cos x > \dfrac{1}{2}$

Exemplo 7.12 *Resolver* $\operatorname{sen} x \leq \dfrac{\sqrt{3}}{2}$.

Observamos que $\operatorname{sen}\left(\frac{\pi}{3}\right) = \operatorname{sen}\left(-\frac{4\pi}{3}\right) = \dfrac{\sqrt{3}}{2}$, por isso no intervalo, $\left[-\frac{4\pi}{3}, \frac{\pi}{3}\right]$, a função $\operatorname{sen} x \leq \dfrac{\sqrt{3}}{2}$. Como a função $\operatorname{sen} x$ é 2π periódica, finalmente, obtemos

$$x \in \left[-\frac{4\pi}{3} + 2k\pi, \frac{\pi}{3} + 2k\pi\right), \quad k \in \mathbb{Z}.$$

Exemplo 7.13 *Resolver a inequação*

$$2\cos^2 x - 5\cos x + 2 \geq 0.$$

Escrevendo $\cos x = t$, e substituindo na equação, temos

$$\begin{aligned} 2\cos^2 x - 5\cos x + 2 &\geq 0 \\ 2t^2 - 5t + 2 &\geq 0 \\ ((2t-1)(t-2) &\geq 0, \end{aligned}$$

donde $t \leq \dfrac{1}{2}$ e $t \geq 2$, ou seja $\cos x \leq \dfrac{1}{2}$ e $\cos x \geq 2$. Veja que a equação $\cos x \geq 2$ não tem solução. Resta apenas resolver a equação $\cos x \leq \frac{1}{2}$. É fácil ver que $\cos x = \frac{1}{2}$, quando $x = \frac{\pi}{3}$ e $x = \frac{5\pi}{3}$, por isso,

$$x \in \left[\frac{\pi}{3} + 2k\pi, \frac{5\pi}{3} + 2k\pi\right], \quad k \in \mathbb{Z}.$$

7.3 Exercícios do Capítulo 7

1. Resolva as seguintes equações trigonométricas

   (a) $\cos x^2 = 1$;

   (b) $\operatorname{tg}^2 x - \operatorname{tg} x = 2$;

   (c) $\operatorname{sen} 2x = 2\cos x$;

   (d) $\operatorname{sen} x + \cos x = 1$;

   (e) $ta^2 x = \operatorname{tg} x$;

   (f) $\cos^2 x + 11 = 1\cos x$;

   (g) $\cos 2x = 2\operatorname{sen} x + \cos^2 x + 1$;

   (h) $\operatorname{sen}^3 x + \cos^3 x = 1$;

   (i) $3\operatorname{sen}^2 x - \cos^2 x = 0$;

   (j) $\sqrt{1 + \operatorname{sen} 2x} - \sqrt{1 - \operatorname{sen} 2x} = 1$;

   (k) $\operatorname{tg} x + \operatorname{cotg} x = 2\cos\left(x - \frac{\pi}{4}\right)$;

   (l) $\operatorname{sen} 2x \cos 2x = \frac{1}{4}$;

   (m) $4\operatorname{sen}^2 \frac{x}{5} - 5\operatorname{sen} \frac{2x}{5} + 6\cos^2 \frac{x}{5} = 6$.

2. Resolva as seguintes inequações trigonométricas

(a) $\operatorname{sen} x > \frac{1}{2}$;

(b) $\cos 2x > -\sqrt{3}$;

(c) $2\cos x - 1 > 0$;

(d) $\cos x \leq -1$;

(e) $2\operatorname{sen} x \geq -\sqrt{3}$;

(f) $\operatorname{sen} x \geq 1$;

(g) $\cos x < 1$;

(h) $4\operatorname{sen}^2 x - 3 < 0$;

(i) $\cos x \geq \cos^2 x$;

(j) $3\operatorname{tg}^2 x - 3 < 0$;

(k) $\cos^2 \frac{x}{2} - \operatorname{sen}^2 \frac{x}{2} \geq -\frac{\sqrt{3}}{2}$.

Respostas do Capítulo 7

1. (a) $x = \sqrt{2k\pi}, k \in \mathbb{Z}, k \geq 0$;

   (b) $x = -\frac{\pi}{4} + k\pi,\ x = \operatorname{arctg} 2 + m\pi,\ k, m \in \mathbb{Z}$;

   (c) $x = \frac{\pi}{2} + k\pi$;

(d) $x = (-1)^k \frac{\pi}{4} - \frac{\pi}{4} + k\pi;$

(e) $\operatorname{tg} x(\operatorname{tg} x - 1) = 0.\ \ x = k\pi,\ \ x = \frac{\pi}{4} + m\pi, \quad k, m \in \mathbb{Z};$

(f) $x = 2k\pi,\ k \in \mathbb{Z};$

(g) $x = \frac{3\pi}{2} + 2k\pi;$

(h) $x = 2k\pi, k \in \mathbb{Z},\ x = \frac{\pi}{4} + 2m\pi,\ m \in \mathbb{Z};$

(i) $\operatorname{tg} x = \pm\frac{\sqrt{3}}{3}$, donde
$x_1 = \frac{\pi}{6} + 2k\pi, \quad x_2 = \frac{5\pi}{6} + 2k\pi,\ k \in \mathbb{Z};$

(j) $x = \frac{\pi}{3} + m\pi,\ m \in\in \mathbb{Z},\ x = \frac{\pi}{6} + k\pi,\ k \in\in \mathbb{Z};$

(k) $x = \frac{\pi}{4} + 2m\pi,\ m \in\in \mathbb{Z};$

(l)

$$\begin{aligned} \operatorname{sen} 2x \cos 2x &= \frac{1}{4} \\ \operatorname{sen} 4x = &= \frac{1}{2}. \end{aligned}$$

Donde $x_1 = \frac{\pi}{12} + \frac{k\pi}{2},\ x_2 = \frac{5\pi}{12} + \frac{k\pi}{2},\ k \in \mathbb{Z};$

(m) Divida por $\cos^2 \frac{x}{5}$ e escreva $t = \operatorname{tg} \frac{x}{5}$. $\quad x = 5k\pi - 5 \operatorname{arctg} 5 + 5s\pi, \quad k, s \in \mathbb{Z}.$

2. (a) $x \in \left(\frac{\pi}{6} + k\pi, \frac{5\pi}{6} + k\pi\right);$

(b) $x \in \mathbb{R};$

(c) $x \in \left(\frac{\pi}{3} + 2k\pi, -\frac{\pi}{3} + 2k\pi\right)$;

(d) $x = (2k + 1)\pi, k \in \mathbb{Z}$;

(e) $x \in \left[-\frac{\pi}{3} + 2k\pi, -\frac{4\pi}{3} + 2k\pi\right)$;

(f) $x = \frac{\pi}{2} + 2k\pi$;

(g) $x \in \mathbb{R} \setminus \{2k\pi\}$;

(h) $x \in \left(-\frac{3\pi}{2} + \frac{12k\pi}{5}, \frac{6\pi}{20} + \frac{12k\pi}{5}\right)$, $k \in\in \mathbb{Z}$;

(i) $x \in \left[-\frac{\pi}{2} + 2k\pi, \frac{\pi}{2} + 2k\pi\right]$, $k \in\in \mathbb{Z}$;

(j) $x \in \left(-\frac{\pi}{4} + k\pi, \frac{\pi}{4} + k\pi\right)$, $k \in\in \mathbb{Z}$;

(k) $x \in [\frac{\pi}{12} + \frac{k\pi}{3}, \frac{\pi}{6} + \frac{k\pi}{3})$.

Capítulo 8

Números Complexos

8.1 Introdução

Historicamente os números complexos apareceram na matemática no século XVI como raízes de equações quadráticas com discriminante negativo. No início, tais raízes foram descartadas como "impossíveis", "imaginárias" e sua aparência foi considerado um sinal da falta de solução para problemas envolvendo equações quadráticas. No entanto, descobriu-se mais tarde que, embora as raízes imaginárias não expressem magnitudes, uma vez que não podem ser comparadas entre si, mas as quatro operações algébricas com números reais podem ser executadas neles, e as propriedades inerentes a estas operações são preservadas.

Consideremos a simples equação quadrática da forma

$$x^2 + 1 = 0, \tag{8.1}$$

que como sabemos não possui solução no campo dos números reais, pois não existe um número real, cujo quadrado mais 1 seja igual a 0. A pergunta que surge naturalmente é a seguinte: como resolver esta equação?

É necessário estender o sistema dos números reais para um sistema "maior" de números que contenha os números reais e onde possamos resolver equações da forma (8.1).

Vamos construir este novo sistema como uma relação biunívoca com os pontos do plano cartesiano.

8.2 Definição de Número Complexo

O par de números da forma (x, y), onde x e y são números reais chama-se número complexo se para eles estão definidos a igualdade e as operações de soma e multiplicação da seguinte forma:

1. Dois números complexos (x_1, y_1) e (x_2, y_2) são iguais, se e somente se, quando

$$x_1 = x_2 \text{ e } y_1 = y_2.$$

2. A soma de dois números complexos (x_1, y_1) e (x_2, y_2) é outro número complexo

$$(x_1 + x_2, y_1 + y_2).$$

3. O produto de dois números complexos (x_1, y_1) e (x_2, y_2) é outro número complexo

$$(x_1x_2 - y_1y_2, x_1y_2 + x_2y_1).$$

Resumindo, para denotar a igualdade, soma e produto de dois números complexos usamos a notação:

$$\left.\begin{array}{l} (x_1, y_1) = (x_2, y_2), \iff x_1 = x_2 \text{ e } y_1 = y_2; \\ (x_1, y_1) + (x_2, y_2) = (x_1 + x_2, y_1 + y_2); \\ (x_1, y_1).(x_2, y_2) = (x_1x_2 - y_1y_2, x_1y_2 + x_2y_1). \end{array}\right\} \quad (8.2)$$

Em particular, da fórmula (8.2), observa-se que as operações definidas acima com números complexos da forma $(x, 0)$, isto é,

$$(x_1, 0) + (x_2, 0) = (x_1 + x_2, 0), \quad (x_1, 0).(x_2, 0) = (x_1x_2, 0)$$

correspondem com as mesmas operações que realizamos nos números reais. Por este motivo os números complexos da forma $(x, 0)$ identificam-se com os números reais x.

O número complexo $(0, 1)$ denotado por i chama-se unidade imaginária, termo inventado por Descartes para indicar a raiz quadrada de -1.

De fato, usando o produto de dois números complexos, definidos em (8.2), observamos que

$$i^2 = i.i = (0, 1).(0, 1) = (-1, 0) = -1,$$

donde segue $i = \sqrt{-1}$.
Da fórmula (8.2) também podemos notar que um número complexo da forma $(0, y)$ pode ser representado por iy, ou seja, $(0, y) = (0, 1)(y, 0) = iy$, portanto

$$(x, y) = (x, 0) + (0, y) = x + iy$$

Desta forma, cada número complexo (x, y) pode ser escrito na forma $x + iy$, cuja nomenclatura denota a **forma algébrica do número complexo**.
O número complexo da forma iy chama-se imaginário puro. Em particular, o número 0, isto é, o número complexo $(0, 0)$, é único, pois ele é real e imaginário ao mesmo tempo.

Agora, voltando nossa atenção para a equação que introduzimos acima (8.1), $x^2 + 1 = 0$ para $x \in \mathbb{R}$, vimos que não existe solução em $\mathbb{R}$, mas procurando solução complexa, vemos facilmente que i é solução da equação, pois:

$$i^2 + 1 = -1 + 1 = 0.$$

Na forma algébrica de um número complexo $z = a + bi$, a representa a parte real de z e b a parte imaginária de z, cujas notações são dadas por

$$a = Re(z), \quad b = Im(z).$$

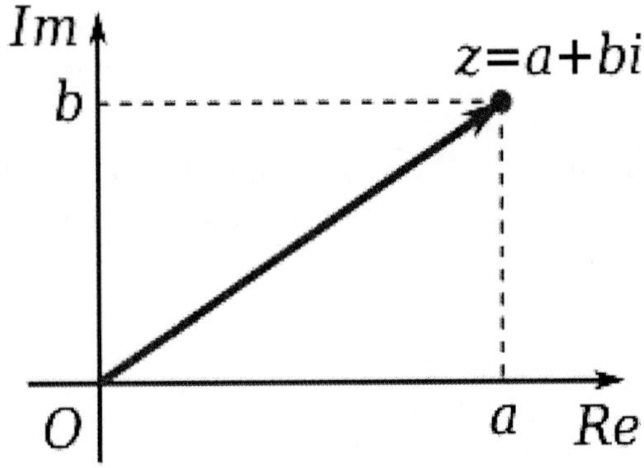

Figura 8.1: Número complexo $z = a + bi$

Exemplo 8.1 *Dados os números complexos* $z_1 = 2 + 5i$ *e* $z_2 = 3i$. *Observa-se que*

$$2 = Re(z_1), \quad e \quad 5 = Im(z_1)$$

e

$$0 = Re(z_2), \quad e \quad 3 = Im(z_2).$$

8.3 Interpretação Geométrica dos Números Complexos

Suponhamos que no plano esteja definido o sistema retângular de coordenadas. O número complexo $z = a + ib$ (forma algébrica) representa-se como um ponto do plano com coordenadas (a, b). Observa-se que esta representação é única, isto é, a cada ponto (a, b) do plano corresponde o número complexo $z = a + ib$ e a cada número complexo $z = a + ib$ corresponde um ponto (a, b) do plano. Este plano complexo denomina-se plano de Gauss[1]-Argand[2]. O plano de Gauss-Argand vai permitir representar geometricamente números complexos.

[1] Johann Carl Friedrich Gauss, eminente matemático alemão(1777-1855)
[2] J.R. Argand, matemático francês (1768-1822)

Figura 8.2: Johann Carl F. Gauss e Jean Robert Argand

Essa representação nos permitirá desenvolver várias propriedeades importantes de um número complexo, tais como módulo de um número complexo, conjugado de um número complexo, entre outros.

Exemplo 8.2 *Localize os pontos* $z_1 = 2 + 3i$, $z_2 = -2 + 4i$ *e* $z_3 = -1 + i$ *no plano complexo.*

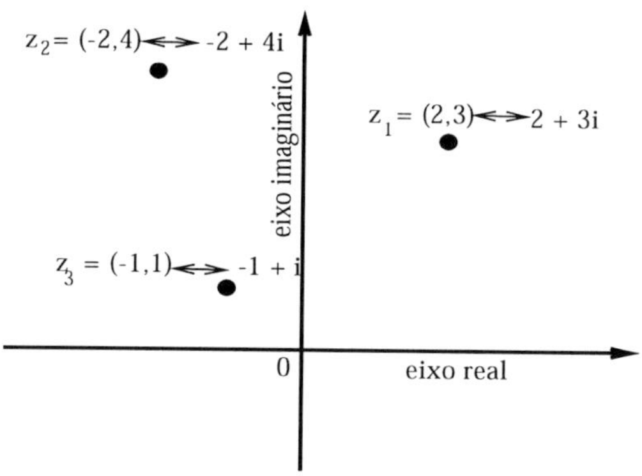

Figura 8.3: Localização dos pontos z_1, z_2 e z_3

Com relação ao ponto $z_1 = 2 + 3i$, vemos que, $Re(z_1) = 2$ e $Im(z_1) = 3$, concluímos que ele pertence ao primeiro quadrante do plano complexo. Com relação aos pontos $z_2 = -2+4i$ e $z_3 = -1+i$, ambos têm parte real negativa e parte imaginária positiva, por isso estes pontos estão no segundo quadrante do plano complexo.

Definição 8.1 *O número complexo $x - iy$ chama-se conjugado do número complexo $z = x + iy$ e denotado por $\overline{z}$:*

$$\overline{z} = \overline{x + iy} = x - iy.$$

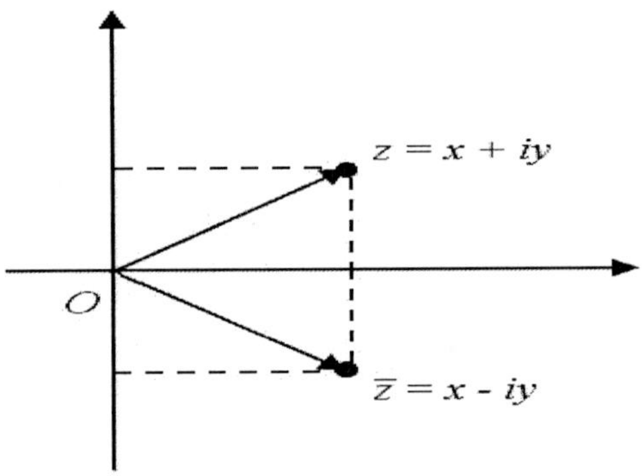

Figura 8.4: Representação geométrica de $\overline{z}$-conjugado do z

Exemplo 8.3 *Escreva o conjugado do número complexo $z = 3+2i$, em que $3 = Re(z)$ e $2 = Im(z)$.*

Rapidamente, pela Definição 8.1, o conjugado do número $z = 3+2i$, é

$$\overline{z} = 3 - 2i$$

Propriedades da Conjugação

Consideremos os números complexos quaisquer $z = x + iy$, $x, y \in \mathbb{R}, z_1, z_2$. A operação de conjugação goza das seguintes propriedades:

1. $\overline{(\overline{z})} = z$,

2. $\overline{z_1 + z_2} = \overline{z_1} + \overline{z_2}$,

3. $\overline{z_1.z_2} = \overline{z_1}.\overline{z_2}$,

4. $z + \overline{z} = 2x$,

5. $z - \overline{z} = 2iy$.

Todas estas propriedades são facilmente demonstradas seguindo apenas a Definição 8.1, por isso vamos apenas mostrar a propriedade 1:
Seja $z = x + iy$, então $\overline{z} = \overline{x + iy} = x - iy$. Assim

$$\overline{(\overline{z})} = \overline{(x - iy)} = x + iy = z.$$

Definição 8.2 *O número $\sqrt{a^2 + b^2}$ chama-se módulo do número complexo $z = a + ib$ e denota-se por $|z|$:*

$$|z| = |a + ib| = \sqrt{a^2 + b^2}. \tag{8.3}$$

Daqui é fácil ver que

$$|z| = |\overline{z}| \text{ e } z.\overline{z} = x^2 + y^2.$$

Segue de (8.3) que $|z| = 0$ se e somente se, $z = 0$, por este motivo $|z| \geq 0$.

Exemplo 8.4 *Seja $z = 4 + 3i$. Por (8.3), obtemos*

$$|z| = \sqrt{4^2 + 3^2} = 5.$$

Segue da figura 8.5, que o ponto z pode ser identificado pelo vetor z, donde o módulo ou comprimento $|z|$ do vetor z satisfaz as desigualdades

$$|Re(z)| \leq |z|, \qquad |Im(z)| \leq |z|.$$

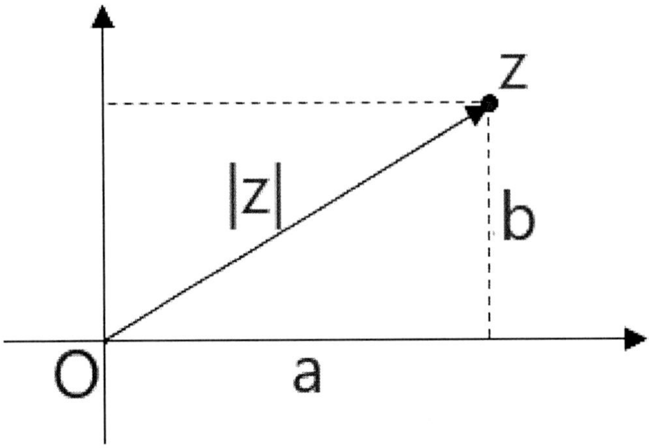

Figura 8.5: Módulo do número complexo $z = a + ib$

8.4 Propriedades das Operações da Soma e Multiplicação

Sejam z_1, z_2, z_3 três números complexos arbitrários. As operações de soma e multiplicação satisfazem as seguintes propriedades:

- Comutatividade: $z_1 + z_2 = z_2 + z_1, \quad z_1 z_2 = z_2.z_1$;

- Associatividade: $(z_1 + z_2) + z_3 = z_1 + (z_2 + z_3), \quad (z_1 z_2).z_3 = z_1(z_2.z_3)$;

- Distribuitividade: $z_1(z_2 + z_3) = z_1 z_2 + z_1 z_3$.

A demonstração destas propriedades é muito simples e baseia-se na comutatividade, associatividade e distribuitividade dos números reais.

Observa-se que os números 0(neutro) e 1(unidade), satisfazem

$$z + 0 = z, \quad 1.z = z, \quad \text{para qualquer} \quad z.$$

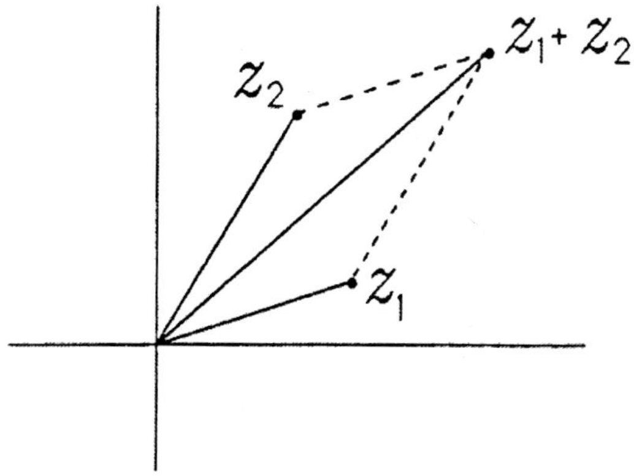

Figura 8.6: Adição dos vetores z_1 e z_2

Exemplo 8.5 *Sejam* $z_1 = 2 + 3i, \quad z_2 = 4 - 3i, \quad z_3 = -2 + 5i$ *Calcule*

$$z_1 + z_2 + z_3 \text{ e } z_1 z_2 z_3.$$

$$\begin{aligned} z_1 + z_2 + z_3 &= (2 + 4 - 2) + i\,(3 - 3 + 5) \\ &= 4 + 5i \end{aligned}$$

$$\begin{aligned} z_1 z_2 z_3 &= (z_1 z_2) z_3 \\ &= (17 + 6i)\,(-2 + 5i) \\ &= -64 + 73i \end{aligned}$$

Observação 8.1 *Como um número complexo pode ser representado por um vetor bidimensional no plano de Argand, podemos usar a lei do paralelogramo para adição de vetores como equivalente a adição de números complexos.*

Exemplo 8.6 *Sejam* $z_1 = 2 + 3i$ *e* $z_2 = -3 + i$. *Use a lei do paralelolgramo para somar* $z_1 + z_2$.

Substração de Números Complexos

Primeiramente vamos definir um número complexo negativo.

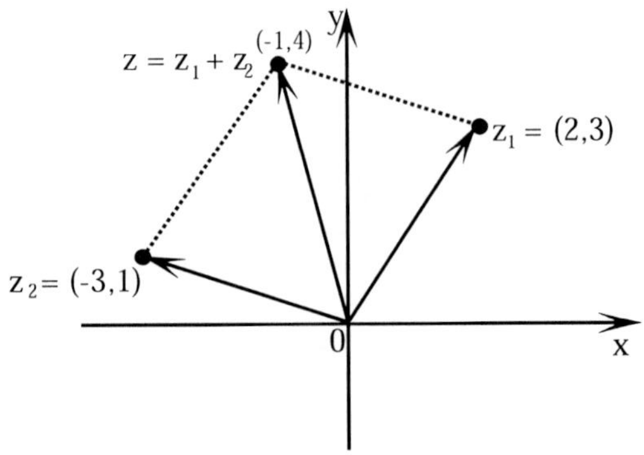

Figura 8.7: Soma dos vetores $z_1 = 2 + 3i$ e $z_2 = -3 + i$

Definição 8.3 *Seja $z = x + iy$ um número complexo. Define-se o número complexo negativo de z como sendo:*

$$-z = -x - iy.$$

De tal forma que $z + (-z) = 0$.

No conjunto dos números complexos a operação de soma possui uma operação inversa chamada de substração, isto é, para quaisquer números complexos z_1 e z_2 existe um único número complexo z tal que

$$z + z_2 = z_1.$$

Este número chama-se diferença dos números z_1 e z_2 e denota-se por $z_1 - z_2$.

Exemplo 8.7 *Sejam como no exemplo anterior, $z_1 = 2+3i$, $z_2 = 4 - 3i$, $z_3 = -2 + 5i$ Calcule*

$$z_1 - z_2 - z_3$$

Primeiramente observamos que $-z_2 = -4 + 3i$ e $-z_3 = 2 - 5i$. Agora pela definição de adição de números complexos, definidas em (8.2), somam-s as partes real e imaginária por separado. Assim,

$$\begin{aligned} z_1 - z_2 - z_3 &= (2 - 4 + 2) + i\,(3 + 3 - 5) \\ &= i \end{aligned}$$

Exemplo 8.8 *Sejam,* $z_1 = 2 - i, \quad z_2 = -2 + 3i$. *Calcule*

$$2z_1 - 3z_2$$

Primeiramente calculemos $2z_1$ e $3z_2$:

$$2z_1 = 2(2 - i) = 4 - 2i, \quad 3z_2 = 3(-2 + 3i) = -6 + 9i.$$

Agora calculemos $2z_1 - 3z_2$

$$\begin{aligned} 2z_1 - 3z_2 &= 4 - 2i - (-6 + 9i) = \\ &= 4 - 2i + 6 - 9i = (4 + 6) + (-2 - 9)\,i = \\ &= 10 - 11i. \end{aligned}$$

Das definições acima, podemos observar que z e $-z$ são simétricos com relação a origem 0 e os pontos z e $\overline{z}$ são simétricos com relação ao eixo real.

Divisão de Números Complexos

A operação de multiplicação possui uma operação inversa chamada de divisão, isto é, para quaisquer números complexos z_1 e z_2 existe um único número complexo z tal que

$$z.z_2 = z_1, \quad \text{desde que } z_2 \neq 0. \tag{8.4}$$

Multipliquemos a equação (8.4) por $\overline{z}_2$, temos $z.z_2.\overline{z}_2 = z_1.\overline{z}_2$, donde,

$$z|z_2|^2 = z_1.\overline{z}_2, \quad |z_2| \neq 0.$$

Desta forma

$$z = \frac{z_1}{z_2} = \frac{z_1\overline{z}_2}{z_2\overline{z}_2} = \frac{z_1\overline{z_2}}{|z_2|^2}, \quad z_2 \neq 0.$$

Exemplo 8.9 *Sejam* $z_1 = 3 - 2i$ *e* $z_2 = 4 + 3i$. *Calcule* $\dfrac{z_1}{z_2}$.

$$\begin{aligned}\frac{z_1}{z_2} &= \frac{3-2i}{4+3i} = \frac{(3-2i)(4-3i)}{(4+3i)(4-3i)} = \frac{12-9i-8i+6i^2}{4^2+3^2} = \\ &= \frac{6-17i}{25} = \frac{6}{25} - \frac{17}{25}i.\end{aligned}$$

Exemplo 8.10 *Sejam* $z_1 = 1 + 4i$ *e* $z_2 = 2 - 3i$. *Calcule* $\dfrac{z_1}{z_2}$.

$$\begin{aligned}\frac{z_1}{z_2} &= \frac{1+4i}{2-3i} = \frac{(1+4i)(2+3i)}{(2-3i)(2+3i)} = \\ &= \frac{-10+11i}{13} = -\frac{10}{13} + \frac{11}{13}i.\end{aligned}$$

Doravante vamos denotar o conjunto dos números complexos por $\mathbb{C}$.

Algumas Curvas com Números Complexos

Vamos fornecer uma interpretação geométrica de algumas simples equações complexas.

Exemplo 8.11 *Defina e desenhe no plano complexo a curva definida pelas seguintes equações, isto é, encontrar o lugar geométrico dos seguintes pontos, ligados pelas seguintes relações:*

1. $Re(z^2) = a, \ a \in \mathbb{R}$;

2. $|z| = 2$;

3. $|z - 3 + i| = 3$;

4. $arg(z) = \dfrac{\pi}{6}$.

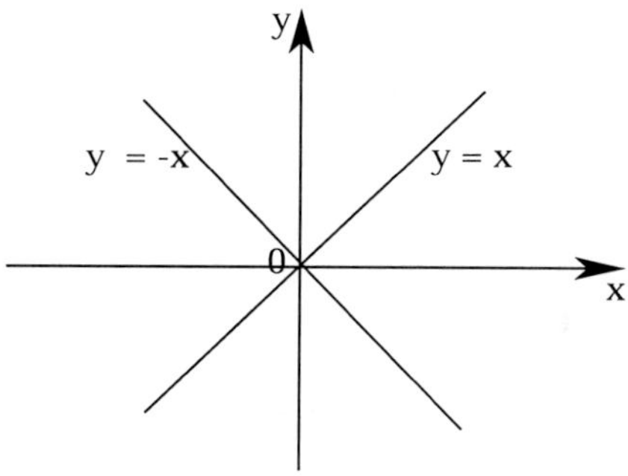

Figura 8.8: Retas $y = \pm x$

1. Seja $z = x + iy$, donde $z^2 = x^2 - y^2 + 2ixy$. Como $Re(z^2) = a$, segue que $x^2 - y^2 = a$.
   Se $a = 0$, temos $y = \pm x$, equação de duas retas.

   Se $a > 0$, temos $x^2 - y^2 = a$, equação da hipérbole com eixo imaginário $0y$.

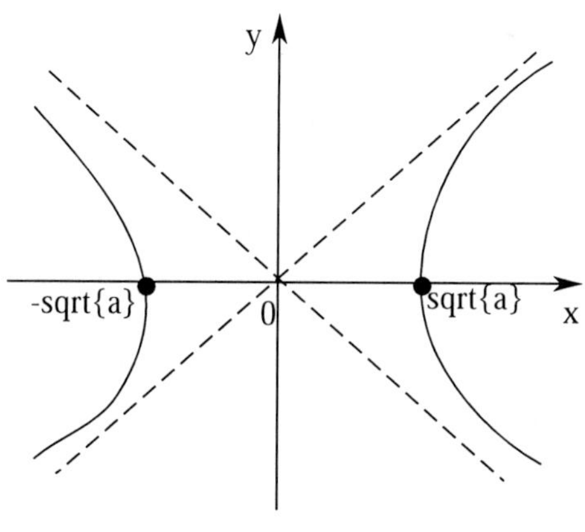

Figura 8.9: Hipérbole com eixo imaginário $0y$

Se $a < 0$, temos $x^2 - y^2 = a$, equação da hipérbole com eixo imaginário $0x$.

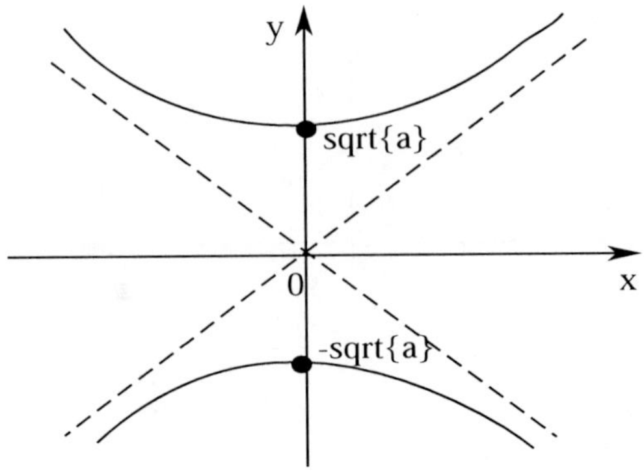

Figura 8.10: Hipérbole com eixo imaginário $0x$

2. Por definição $|z|$ representa a distância desde a origem de coordenadas até o ponto z igual a 2. Por isto, a curva é a circunferência com centro na origem de coordenadas e raio 2.

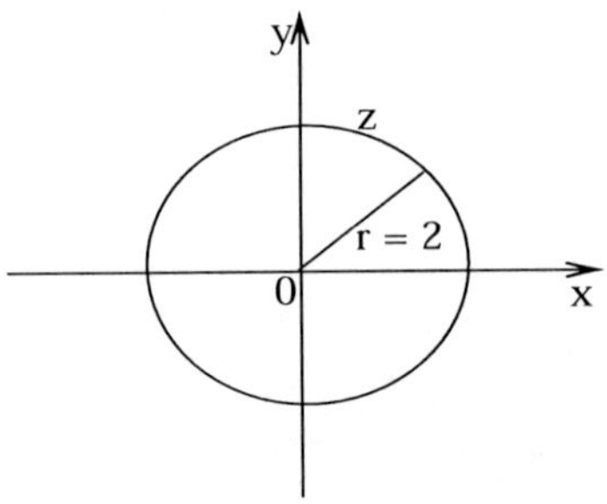

Figura 8.11: Circunferência com centro na origem de coordenadas e raio 2: $|z| = 2$

3. Como $|z_1 - z_2|$ representa a distância entre os pontos z_1 e z_2, então a igualdade $|z - 3 + i| = |z - (3 - i)| = 3$ indica que os pontos z estão do ponto $3 - i$ a uma distância de 3.

   Por isto a curva procurada deve ser a circunferência com centro no ponto $3 - i$ e raio 3.

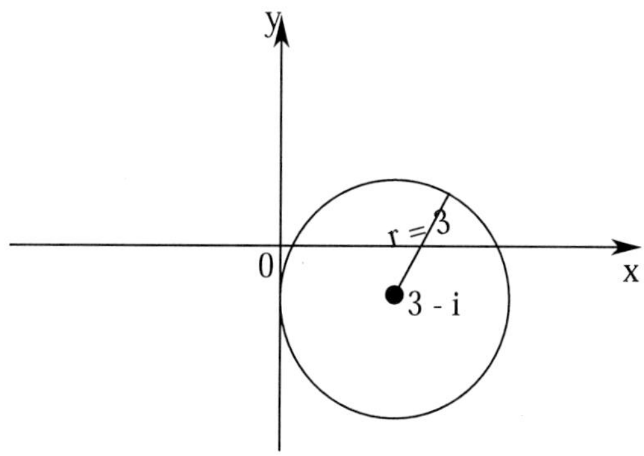

Figura 8.12: Circunferência com centro no ponto $3 - i$ e raio 3: $|z - (3 - i)| = 3$

4. A equação $arg(z) = \frac{\pi}{6}$ satisfazem todos os pontos que se encontram na semirreta com origem no centro de coordenadas e que formam com o eixo real um ângulo de $\frac{\pi}{6}$.

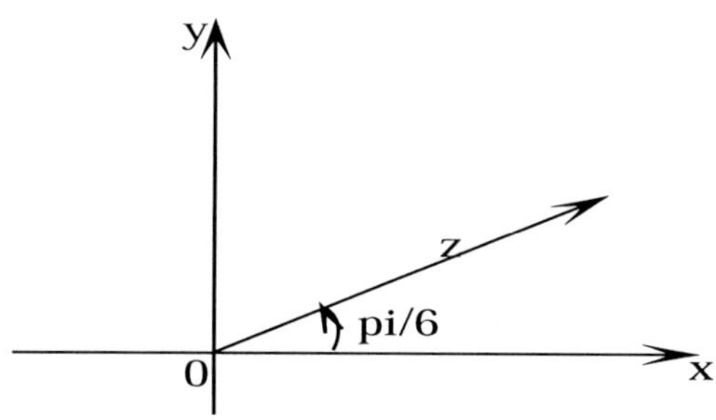

Figura 8.13: $arg(z) = \frac{\pi}{6}$

Para finalizar esta seção, vamos enunciar a seguinte afirmação, cuja demonstração não apresenta grande dificuldade e deixamos como exercício.

Proposição 8.1 (Desigualdade Triangular) *Para quaisquer números complexos z_1 e z_2, valem as desigualdades:*

$$\big||z_1| - |z_2|\big| \leq |z_1 + z_2| \leq |z_1| + |z_2|.$$

8.5 Forma Trigonométrica de um Número Complexo

Veremos agora que um número complexo $z = x + iy$, não somente pode ser definido pelas coordenadas retangulares x e y, mas também pelas coordenadas polares r e φ, onde $r = |z| = \sqrt{x^2 + y^2}$ é a distância da origem $(0, 0)$ do sistema de coordenadas até o ponto z e φ é o ângulo entre o eixo real e o vetor z considerado no sentido positivo a partir do eixo real. Este ângulo chama-se argumento do número complexo $z(z \neq 0)$e denota-se por $\varphi = arg\ z$. Da figura

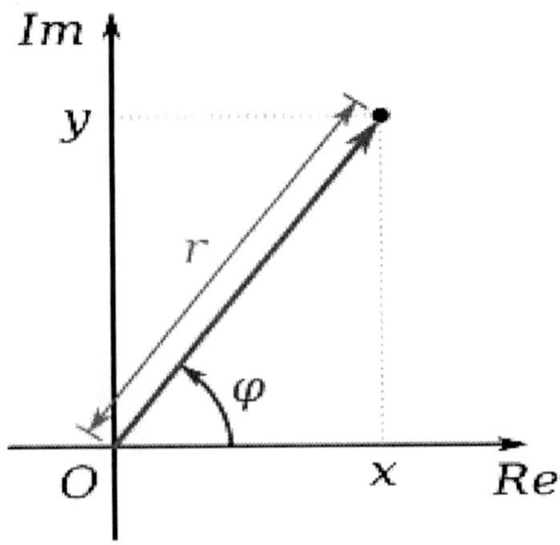

Figura 8.14: Coordenadas polares

acima vemos que

$$x = r\cos\varphi, \quad y = r\,\mathrm{sen}\,\varphi. \tag{8.5}$$

Desta forma, qualquer número complexo pode ser escrito na seguinte forma:

$$z = x + iy = r\cos\varphi + ir\,\mathrm{sen}\,\varphi = r(\cos\varphi + i\,\mathrm{sen}\,\varphi),$$

chamada de forma trigonométrica do número complexo z.

Da fórmula (8.5) obtemos

$$r^2 = x^2 + y^2, \quad \cos\varphi = \frac{x}{r} = \frac{x}{\sqrt{x^2+y^2}}, \quad \mathrm{sen}\,\varphi = \frac{y}{r} = \frac{y}{\sqrt{x^2+y^2}}.$$

Notemos que o sistema (8.5) possui infinitas soluções, pois as funções cos e sen são funções periódicas de período 2π, assim todas as soluções estão contidas nos ângulos $\varphi = \varphi_o + 2k\pi,\ k \in \mathbb{Z}$, onde $\varphi_o \in [0, 2\pi)$ é uma das soluções do sistema (8.5) e chama-se valor principal do argumento φ. Quando $z = 0$ o argumento não está definido.

Exemplo 8.12 *Escrevamos na forma trigonométrica o número* $z = -\frac{1}{2} - i\frac{\sqrt{3}}{2}$.

Temos $r = |z| = \sqrt{\frac{1}{4} + \frac{3}{4}} = 1$, $\cos\varphi = -\frac{1}{2}$, $\mathrm{sen}\,\varphi = -\frac{\sqrt{3}}{2}$. Como $x = -\frac{1}{2}$ e $y = -\frac{\sqrt{3}}{2}$, então o ponto z está no terceiro quadrante, ou seja $\varphi_o = \frac{4\pi}{3}$ e $\varphi = \frac{4\pi}{3} + 2k\pi$. desta forma,

$$z = -\frac{1}{2} - i\frac{\sqrt{3}}{2} = \cos\frac{4\pi}{3} + i\,\mathrm{sen}\,\frac{4\pi}{3}.$$

Exemplo 8.13 *Escrevamos na forma trigonométrica o número* $z = 2i$.

Temos $r = |z| = \sqrt{0^2 + 2^2} = 2$, $\cos\varphi = \frac{0}{2} = 0$, $\mathrm{sen}\,\varphi = \frac{2}{2} = 1$. Como $x = 0$ e $y = 2$, então o ponto z está no eixo positivo das ordenadas. Donde segue daqui que $\varphi_o = \frac{\pi}{2}$ e $\varphi = \frac{2\pi}{2} + 2k\pi$. Desta forma,

$$z = 2i = 2\left(\cos\frac{\pi}{2} + i\,\mathrm{sen}\,\frac{\pi}{2}\right).$$

Exemplo 8.14 *Escrevamos na forma trigonométrica o número* $z = -4$.

Temos $r = |z| = \sqrt{(-4)^2 + 0^2} = 4$, $\cos\varphi = \dfrac{-4}{4} = -1$, $\operatorname{sen}\varphi = \dfrac{0}{4} = 0$. Como $x = -4$ e $y = 0$, então o ponto z está no eixo negativo das abscissas. Donde segue daqui que $\varphi_o = \pi$ e $\varphi = pi + 2k\pi$. Desta forma,

$$z = -4 = 4\left(\cos\pi + i\operatorname{sen}\pi\right).$$

8.6 Fórmula de Moivre

A representação de números complexos na sua forma trigonométrica é muito útil e prático quando realizamos operações de multiplicação, divisão, potência e extração de raízes.

Consideremos o produto dos números complexos $z_1 = r_1(\cos\varphi_1 + i\operatorname{sen}\varphi_1)$ e $z_2 = r_2(\cos\varphi_2 + i\operatorname{sen}\varphi_2)$,

$$\begin{aligned} z_1 z_2 &= r_1(\cos\varphi_1 + i\operatorname{sen}\varphi_1)r_2(\cos\varphi_2 + i\operatorname{sen}\varphi_2) = \\ &= r_1 r_2\left[(\cos\varphi_1\cos\varphi_2 - \operatorname{sen}\varphi_1\operatorname{sen}\varphi_2) + i(\operatorname{sen}\varphi_1\cos\varphi_2 + \cos\varphi_1\operatorname{sen}\varphi_2)\right] \\ &= r_1 r_2\left[\cos(\varphi_1+\varphi_2) + i\operatorname{sen}(\varphi_1+\varphi_2)\right]. \end{aligned} \tag{8.6}$$

Em particular se $z = r(\cos\varphi + i\operatorname{sen}\varphi)$, então $z^2 = r^2(\cos 2\varphi + i\operatorname{sen} 2\varphi)$.

Da fórmula (8.6) segue a fórmula de Moivre[3] [1].

Teorema 8.1 (Moivre) *Seja* $z = x+iy = r(\cos\varphi+i\operatorname{sen}\varphi)$, *então*

$$z^n = \left[r(\cos\varphi + i\operatorname{sen}\varphi)\right]^n = r^n(\cos n\varphi + i\operatorname{sen} n\varphi),\ \ n \in \mathbb{N}. \tag{8.7}$$

Em particular, se $r = 1$ a fórmula (8.7) fica

$$z^n = \left[(\cos\varphi + i\operatorname{sen}\varphi)\right]^n = (\cos n\varphi + i\operatorname{sen} n\varphi). \tag{8.8}$$

[3] Abraham de Moivre, matemático francês, conhecido pela fórmula de Moivre (1667-1754)

Figura 8.15: Abraham de Moivre

O Teorema de Moivre, também é válido se $n \in \mathbb{Z}$ e $n \in \mathbb{Q}$. Mostremos por exemplo, a validade da fórmula (8.7) para $n \in \mathbb{Z}$. Denotemos por $-n$ um inteiro negativo, ou seja $-n < 0$. Assim,

$$\begin{aligned} z^{-n} &= [r(\cos\varphi + i \operatorname{sen}\varphi)]^{-n} = \frac{1}{[r(\cos\varphi + i \operatorname{sen}\varphi)]^{n}} = \\ &= \frac{1}{r^n(\cos n\varphi + i \operatorname{sen} n\varphi)} = \\ &= \frac{1}{r^n(\cos n\varphi + i \operatorname{sen} n\varphi)} . \frac{\cos(-n\varphi) + i \operatorname{sen}(-n\varphi)}{\cos(-n\varphi) + i \operatorname{sen}(-n\varphi)} = \\ &= \frac{1}{r^n} \frac{\cos(-n\varphi) + i \operatorname{sen}(-n\varphi)}{\cos^2 n\varphi + \operatorname{sen}^2 n\varphi} = \\ &= \frac{1}{r^n} \left(\cos(-n\varphi) + i \operatorname{sen}(-n\varphi)\right) = \\ &= r^{-n}(\cos(-n\varphi) + i \operatorname{sen}(-n\varphi)). \end{aligned} \tag{8.9}$$

Para o caso de $n \in \mathbb{Q}$, a fórmula de Moivre é estudada na seguinte seção, raízes de números complexos.

Exemplo 8.15 *Usemos a fórmula de Moivre para calcular o produto* $(1 + i\sqrt{3})^4(1 - i)^3$.

Primeiramente, escrevemos os números complexos $z_1 = 1 + i\sqrt{3}$ e $z_2 = 1 - i$, na sua forma trigonométrica:

$$z_1 = 2\left(\cos\frac{\pi}{3} + i\,\text{sen}\,\frac{\pi}{3}\right) \quad \text{e} \quad z_2 = \sqrt{2}\left(\cos\left(-\frac{\pi}{4}\right) + i\,\text{sen}\left(-\frac{\pi}{4}\right)\right).$$

Assim, pela fórmula (8.7), temos

$$\begin{aligned}
(1+i\sqrt{3})^4(1-i)^3 &= \left[2(\cos\tfrac{\pi}{3} + i\,\text{sen}\,\tfrac{\pi}{3})\right]^4 \left[\sqrt{2}(\cos\left(-\tfrac{\pi}{4}\right) + i\,\text{sen}\left(-\tfrac{\pi}{4}\right))\right]^3 \\
&= 16(\cos\tfrac{4\pi}{3} + i\,\text{sen}\,\tfrac{4\pi}{3})\sqrt{8}(\cos\left(-\tfrac{3\pi}{4}\right) + i\,\text{sen}\left(-\tfrac{3\pi}{4}\right)) = \\
&= 16(-\frac{1}{2} - i\frac{\sqrt{3}}{2})\sqrt{8}(-\frac{\sqrt{2}}{2} + i\frac{\sqrt{2}}{2}) = \\
&= 16\left(1 + \sqrt{3} + i(\sqrt{3} - 1)\right).
\end{aligned}$$

Exemplo 8.16 *Calcule o produto z_1z_2, onde $z_1 = \sqrt[3]{2}(\cos 15^o + i\,\text{sen}\,15^o)$ e $z_2 = \sqrt[3]{32}(\cos 45^o + i\,\text{sen}\,45^o)$.*

$$\begin{aligned}
z_1z_2 &= \sqrt[3]{2}\sqrt[3]{32}\,(\cos(15^o + 45^o) + i\,\text{sen}(15^o + 45^o) = \\
&= 4\,(\cos 60^o + \text{sen}\,60^o) = \\
&= 4\left(\frac{1}{2} + i\frac{\sqrt{3}}{2}\right) = 2 + i2\sqrt{3}.
\end{aligned}$$

Exemplo 8.17 *Calcule $\left(\sqrt[5]{2}(\cos 25^o + i\,\text{sen}\,25^o)\right)^5$.*

Pela fórmula de Moivre, temos

$$\left(\sqrt[5]{2}(\cos 25^o + i\,\text{sen}\,25^o)\right)^5 = 2\,(\cos 125^o + i\,\text{sen}\,125^o).$$

Exemplo 8.18 *Calcule $\left(8 - i8\sqrt{3}\right)^{-5}$.*

Primeiramente, vamos escrever o número complexo $8 - i8\sqrt{3}$ em forma trigonométrica. Calculemos r e φ.

$$\begin{aligned}
&r = \sqrt{8^2 + (-8\sqrt{3})^2} = \sqrt{256} = 16 \\
&\cos\varphi = \frac{8}{16} = \frac{1}{2}, \quad \text{sen}\,\varphi = \frac{-8\sqrt{3}}{16} = -\frac{\sqrt{3}}{2},
\end{aligned}$$

donde segue que $\varphi \in IV$ quadrante, por isso, $\varphi = 300^o = \dfrac{5\pi}{3}$.
Pela fórmula de Moivre para $n \in \mathbb{Z}$ (8.9), temos

$$\begin{aligned}
\left(8 - i8\sqrt{3}\right)^{-5} &= \left(16(\cos\frac{5\pi}{3} + i\operatorname{sen}\frac{5\pi}{3})\right)^{-5} = \\
&= \frac{1}{16^5}\left(\cos(-5\frac{5\pi}{3}) + i\operatorname{sen}(-5\frac{5\pi}{3})\right) = \\
&= \frac{1}{16^5}\left(\cos(\frac{25\pi}{3}) - i\operatorname{sen}(\frac{25\pi}{3})\right) = \\
&\frac{1}{16^5}\left(\cos(8\pi + \frac{\pi}{3}) - i\operatorname{sen}(8\pi + \frac{\pi}{3})\right) = \\
&= \frac{1}{16^5}\left(\cos\frac{\pi}{3} - i\operatorname{sen}\frac{\pi}{3}\right) = \\
&= \frac{1}{16^5}\left(\frac{1}{2} - i\frac{\sqrt{3}}{2}\right) = \\
&= \frac{1}{216^5}\left(1 - \sqrt{3}\right).
\end{aligned}$$

8.6.1 Multiplicação pelo Número Imaginário Puro i

Mostremos que qualquer número complexo ao ser multiplicado pelo número imaginário puro i, gira um ângulo de $\dfrac{\pi}{2}$. Consideremos o número complexo $z = x + iy = r(\cos\varphi + i\operatorname{sen}\varphi)$. Escrevemos o número i na forma trigonométrica:

$$i = \cos\frac{\pi}{2} + i\operatorname{sen}\frac{\pi}{2}.$$

Assim,

$$\begin{aligned}
z.i &= r(\cos\varphi + i\operatorname{sen}\varphi).\left(\cos\tfrac{\pi}{2} + i\operatorname{sen}\tfrac{\pi}{2}\right) = \\
&= r\left(\cos(\varphi + \tfrac{\pi}{2}) + i\operatorname{sen}(\varphi + \tfrac{\pi}{2})\right).
\end{aligned}$$

Ou seja, o numero complexo obtido $z.i$, tem o mesmo módulo que o número z, mas, seu argumento difere em $\frac{\pi}{2}$ que do número z. Isto significa que iz obtém-se de z, girando um ângulo de $\frac{\pi}{2}$ em sentido anti-horário.

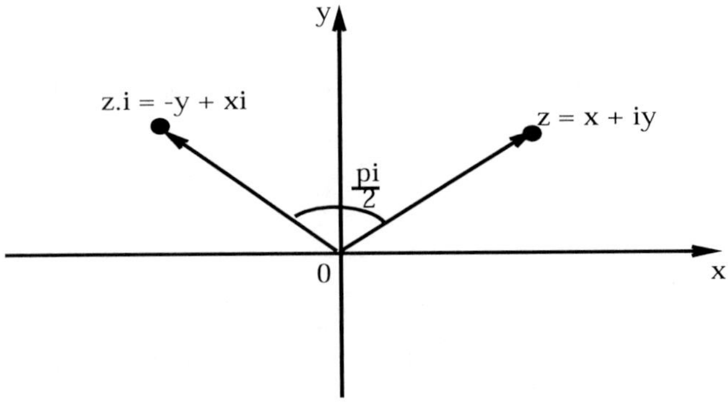

Figura 8.16: Multiplicação de z por i

Exemplo 8.19 *Mostre que os argumentos dos números complexos* $z_1 = \sqrt{3} + i$ *e* $z_2 = -1 + \sqrt{3}i$ *diferem em* $\dfrac{\pi}{2}$ *ou que o número* z_2 *obtém-se de* z_1 *girando-o um ângulo de* 90°.

Primeiramente vamos escrever z_1 e z_2 na forma trigonométrica:

$$\begin{aligned} z_1 &= \sqrt{3} + i = 2\left(\cos\tfrac{\pi}{6} + i\,\text{sen}\,\tfrac{\pi}{6}\right) \\ z_2 &= -1 + \sqrt{3}i = 2\left(\cos\tfrac{2\pi}{3} + i\,\text{sen}\,\tfrac{2\pi}{3}\right). \end{aligned}$$

Daqui é fácil ver que z_2 obtém-se de z_1 multiplicado pelo imaginário puro i:

$$\begin{aligned} z_1.i &= 2(\cos\tfrac{\pi}{6} + i\,\text{sen}\,\tfrac{\pi}{6})\left(\cos\tfrac{\pi}{2} + i\,\text{sen}\,\tfrac{\pi}{2}\right) = \\ &= 2\left(\cos(\tfrac{\pi}{6} + \tfrac{\pi}{2}) + i\,\text{sen}(\tfrac{\pi}{6} + \tfrac{\pi}{2})\right) = \\ &= 2\left(\cos\tfrac{2\pi}{3} + i\,\text{sen}\,\tfrac{2\pi}{3}\right) = \\ &= z_2. \end{aligned}$$

8.6.2 Divisão de Números Complexos dados em Forma Trigonométrica

Como a divisão de dois números complexos é a operação inversa da multiplicação, então é muito fácil deduzir a seguinte regra: Sejam

$z_1 = r_1(\cos\varphi_1 + i\,\text{sen}\,\varphi_1)$ e $z_2 = r_2(\cos\varphi_2 + i\,\text{sen}\,\varphi_2)$, então

$$\frac{z_1}{z_2} = \frac{r_1}{r_2}\left[\cos(\varphi_1 - \varphi_2) + i\,\text{sen}(\varphi_1 - \varphi_2)\right].$$

De fato,

$$\begin{aligned}
\frac{z_1}{z_2} &= \frac{r_1(\cos\varphi_1 + i\,\text{sen}\,\varphi_1)}{r_2(\cos\varphi_2 + i\,\text{sen}\,\varphi_2)} = \\
&= \frac{r_1}{r_2}\frac{(\cos\varphi_1 + i\,\text{sen}\,\varphi_1)(\cos\varphi_2 - i\,\text{sen}\,\varphi_2)}{(\cos\varphi_2 + i\,\text{sen}\,\varphi_2)(\cos\varphi_2 - i\,\text{sen}\,\varphi_2)} = \\
&= \frac{r_1}{r_2}\frac{\cos\varphi_1\cos\varphi_2 + \text{sen}\,\varphi_1\,\text{sen}\,\varphi_2 + i(\text{sen}\,\varphi_1\cos\varphi_2 - \text{sen}\,\varphi_2\cos\varphi_1)}{\cos^2\varphi_2 + \text{sen}^2\varphi_2} \\
&= \frac{r_1}{r_2}\left[\cos(\varphi_1 - \varphi_2) + i\,\text{sen}(\varphi_1 - \varphi_2)\right].
\end{aligned}$$

Exemplo 8.20 *Calcule a divisão de z_1 com z_2, onde $z_1 = 4(\cos 70^o + i\,\text{sen}\,70^o)$ e $z_2 = 2(\cos 40^o + i\,\text{sen}\,40^o)$.*

$$\begin{aligned}
\frac{z_1}{z_2} &= \frac{4(\cos 70^o + i\,\text{sen}\,70^o)}{2(\cos 40^o + i\,\text{sen}\,40^o)} = \\
&= 2\left[\cos 30^o + i\,\text{sen}\,30^o\right] = 2\left[\frac{\sqrt{3}}{2} + i\frac{1}{2}\right] \\
&= \sqrt{3} + i.
\end{aligned}$$

Em muitos casos, quando dividimos dois números complexos, não é necesário escrever os números complexos nas suas formas trigonométricas, como foi indicado nesta seção, basta fazer os cálculos diretamente, usando o conjugado do divisor, tal como no Exemplo 8.21.

Exemplo 8.21 *Calcule* $\dfrac{3+2i}{4-3i}$.

$$\begin{aligned}
\frac{3+2i}{4-3i} &= \frac{(3+2i)(4+3i)}{(4-3i)(4+3i)} = \frac{12+9i+8i-6}{16+9} = \frac{6+17i}{25} = \\
&= \frac{6}{25} + \frac{17}{25}i.
\end{aligned}$$

Exemplo 8.22 *Calcule* $\left(\dfrac{1+i}{1-i}\right)^{2002}$.

$$\begin{aligned}\left(\frac{1+i}{1-i}\right)^{2002} &= \left(\frac{(1+i)(1+i)}{(1-i)(1+i)}\right)^{2002} = \left(\frac{2i}{2}\right)^{2002} = \\ &= i^{2022} = i^{2000}.i^2 = \\ &= 1.(-1) = -1.\end{aligned}$$

Lema 8.1 *Para qualquer número complexo $z = a + bi \neq 0$, existe um número complexo z_1, tal que $zz_1 = 1$*

Prova: Sabemos que $z\overline{z} = (a+bi)(a-bi) = a^2+b^2$. Consideremos o número complexo

$$z_1 = \frac{a-bi}{a^2+b^2} = \frac{a}{a^2+b^2} - \frac{b}{a^2+b^2}i.$$

Agora, verifiquemos que $zz_1 = 1$. De fato,

$$zz_1 = (a+bi)\frac{a-bi}{a^2+b^2} = \frac{a^2+b^2}{a^2+b^2} = 1. \qquad \blacksquare$$

Exemplo 8.23 *Encontre o número complexo z_1, tal que $zz_1 = 1$, onde $z = 3 - 4i$.*

Pela fórmula do lema anterior,

$$z_1 = \frac{3}{3^2+(-4)^2} - \frac{(-4)}{3^2+(-4)^2}i = \frac{3}{25} + \frac{4}{25}i.$$

8.7 Raiz de um Número Complexo

A n-ésima raiz do número complexo $z = r(\cos\varphi + i \operatorname{sen}\varphi)$ é o número

$$\sqrt[n]{r}(\cos\varphi + i \operatorname{sen}\varphi)^{1/n} = \rho(\cos\xi + i \operatorname{sen}\xi),$$

se

$$\rho^n(\cos n\xi + i \operatorname{sen} n\xi) = r(\cos\varphi + i \operatorname{sen}\varphi).$$

Donde obtemos expressões para ρ e ξ: $\rho^n = r$, $n\xi = \varphi + 2k\pi$, ou seja,

$$\rho = \sqrt[n]{r}, \quad \xi = \frac{\varphi + 2k\pi}{n}.$$

Definitivamente obtemos a fórmula

$$\sqrt[n]{r(\cos\varphi + i\,\mathrm{sen}\,\varphi)} = \sqrt[n]{r}\left(\cos\frac{\varphi + 2k\pi}{n} + i\,\mathrm{sen}\,\frac{\varphi + 2k\pi}{n}\right), \tag{8.10}$$

em que $k = 0, 1, 2, \ldots, n-1$.

Desta forma, se $z \neq 0$, então obtemos n diferentes raízes, pois para valores de k maiores que $n-1$, os argumentos serão diferentes dos obtidos num valor de 2π, que é o período das funções seno e cosseno.

Exemplo 8.24 *Determinar todas as raízes cúbicas de i, ou seja, determine todos os valores de $\sqrt[3]{i}$.*

Como o módulo de i é igual a 1 e o valor do argumento é $\frac{\pi}{2}$, temos

$$\sqrt[3]{i} = \sqrt[3]{\cos\frac{\pi}{2} + i\,\mathrm{sen}\,\frac{\pi}{2}} = \cos\frac{\frac{\pi}{2} + 2k\pi}{3} + i\sin\frac{\frac{\pi}{2} + 2k\pi}{3}, \quad (k = 0, 1, 2).$$

Assim, obtemos os 3 valores:

$$\begin{aligned}
\cos\tfrac{\pi}{6} + i\,\mathrm{sen}\,\tfrac{\pi}{6} &= \frac{\sqrt{3}}{2} + \frac{1}{2}i, & k &= 0;\\
\cos\tfrac{5\pi}{6} + i\,\mathrm{sen}\,\tfrac{5\pi}{6} &= -\frac{\sqrt{3}}{2} + \frac{1}{2}i, & k &= 1;\\
\cos\tfrac{9\pi}{6} + i\,\mathrm{sen}\,\tfrac{9\pi}{6} &= -i, & k &= 2.
\end{aligned}$$

Exemplo 8.25 *Definir todos os valores de $\sqrt[n]{1}$, ou seja todas as raízes n-ésimas da unidade.*

Como o módulo de 1 é igual a 1 e o valor do argumento é 0, temos

$$\sqrt[n]{1} = \sqrt[n]{\cos 0 + i\,\mathrm{sen}\,0} = \cos\frac{2k\pi}{n} + i\,\mathrm{sen}\,\frac{2k\pi}{n}, \quad (k = 0, 1, 2, \ldots, n-1).$$

Se $k = 1$, obtemos o valor da raiz

$$\varepsilon = \cos\frac{2\pi}{n} + i\,\mathrm{sen}\,\frac{2\pi}{n},$$

isto é, todas as raízes da equação $z^n = 1$ obtém-se de

$$\varepsilon^k = \cos\frac{2k\pi}{n} + i\,\mathrm{sen}\,\frac{2k\pi}{n}, \quad (k = 0, 1, 2, \ldots, n-1). \tag{8.11}$$

Teorema 8.2 *A soma das n raízes de um número complexo $z^n = r$ é zero.*

Prova: De fato, as n raízes da equação $z^n = r$ são dadas pelas fórmulas $\sqrt[n]{r}\varepsilon^k$, $k = 0, 1, 2, \ldots n-1$, e ε^k definido por (8.11), assim:

- $z_o = \sqrt[n]{r}$
- $z_1 = \sqrt[n]{r}\varepsilon = \sqrt[n]{r}(\cos\dfrac{2\pi}{n} + i\,\text{sen}\,\dfrac{2\pi}{n})$
- $z_2 = \sqrt[n]{r}\varepsilon^2 = \sqrt[n]{r}(\cos\dfrac{4\pi}{n} + i\,\text{sen}\,\dfrac{4\pi}{n})$
- $z_3 = \sqrt[n]{r}\varepsilon^3 = \sqrt[n]{r}(\cos\dfrac{6\pi}{n} + i\,\text{sen}\,\dfrac{6\pi}{n})$

  $\vdots$
- $z_{n-1} = \sqrt[n]{r}\varepsilon^{n-1} = \sqrt[n]{r}(\cos\dfrac{2(n-1)\pi}{n} + i\,\text{sen}\,\dfrac{2(n-1)\pi}{n})$.

É fácil ver que as n raízes $z_o, z_1, \ldots, z_{n-1}$ formam uma progressão geométrica com razão $q = \varepsilon = \cos\dfrac{2\pi}{n} + i\,\text{sen}\,\dfrac{2\pi}{n}$.

Seja $S_n = z_o + z_1 + z_2 + \ldots + z_{n-1}$ a soma das n raízes de z obtidas acima, e considerando que :
$\varepsilon^n = \left(\cos\dfrac{2\pi}{n} + i\sin\dfrac{2\pi}{n}\right)^n = \left(\cos\dfrac{2n\pi}{n} + i\,\text{sen}\,\dfrac{2n\pi}{n}\right) = 1$, então

$$
\begin{aligned}
S_n &= \frac{z_o - \sqrt[n]{r}\varepsilon^{n-1}q}{1-q} = \frac{z_o - \sqrt[n]{r}\varepsilon^{n-1}\varepsilon}{1-q} = \\
&= \frac{z_o - \sqrt[n]{r}\varepsilon^{n}}{1-q} = \frac{\sqrt[n]{r} - \sqrt[n]{r}\varepsilon^{n}}{1-\varepsilon} = \\
&= \sqrt[n]{r}\frac{1-\varepsilon^n}{1-\varepsilon} = \sqrt[n]{r}\frac{1-1}{1-\varepsilon} = \\
&= 0.
\end{aligned}
$$

■

Observação 8.2 *Cada uma das n raízes de um número complexo tem o mesmo módulo $\sqrt[n]{r}$ e se encontram localizadas no círculo de raio $\sqrt[n]{r}$ de centro na origem de coordenadas. Duas raízes adjacentes estão separadas por um ângulo $\dfrac{2\pi}{n}$.*

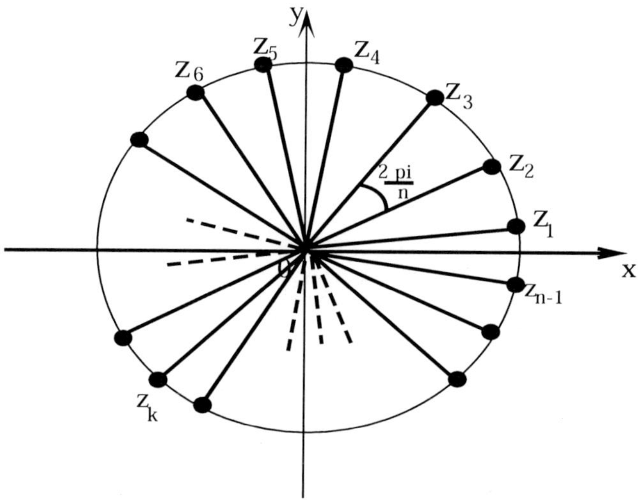

Figura 8.17: Raízes n-ésimas no círculo de raio $\sqrt[n]{r}$

Exemplo 8.26 *Resolva a seguinte equação $z^8 - 1 = 0$*

Na verdade precisamos encontrar $\sqrt[8]{1}$, ou seja, todas as raízes oitavas de 1. Observamos que 1 podemos escrevê-lo na seguinte forma trigonométrica:

$$1 = \cos 0^o + i\,\mathrm{sen}\,0^o.$$

Assim, usando a fórmula (8.11), obtemos as 8 raízes da unidade:

$$\sqrt[8]{1} = \cos\frac{2k\pi}{8} + i\,\mathrm{sen}\,\frac{2k\pi}{8}, \quad (k = 0, 1, 2, \ldots, n-1):$$

1. $k = 0$:

$$z_1 = \cos\frac{0}{8} + i\,\mathrm{sen}\,\frac{0}{8} = 1;$$

2. $k = 1:$

$$z_2 = \cos\frac{2\pi}{8} + i\operatorname{sen}\frac{2\pi}{8} = \cos\frac{\pi}{4} + i\operatorname{sen}\frac{\pi}{4} = \frac{\sqrt{2}}{2} + i\frac{\sqrt{2}}{2};$$

3. $k = 2:$

$$z_3 = \cos\frac{4\pi}{8} + i\operatorname{sen}\frac{4\pi}{8} = \cos\frac{\pi}{2} + i\operatorname{sen}\frac{\pi}{2} = i;$$

4. $k = 3:$

$$z_4 = \cos\frac{6\pi}{8} + i\operatorname{sen}\frac{6\pi}{8} = \cos\frac{3\pi}{4} + i\operatorname{sen}\frac{3\pi}{4} = -\frac{\sqrt{2}}{2} + i\frac{\sqrt{2}}{2};$$

5. $k = 4:$

$$z_5 = \cos\frac{8\pi}{8} + i\operatorname{sen}\frac{8\pi}{8} = \cos\pi + i\operatorname{sen}\pi = -1;$$

6. $k = 5:$

$$z_6 = \cos\frac{10\pi}{8} + i\operatorname{sen}\frac{10\pi}{8} = \cos\frac{5\pi}{4} + i\operatorname{sen}\frac{5\pi}{4} = -\frac{\sqrt{2}}{2} - i\frac{\sqrt{2}}{2};$$

7. $k = 6:$

$$z_7 = \cos\frac{12\pi}{8} + i\operatorname{sen}\frac{12\pi}{8} = \cos\frac{3\pi}{2} + i\operatorname{sen}\frac{3\pi}{2} = -i;$$

8. $k = 7:$

$$z_8 = \cos\frac{14\pi}{8} + i\operatorname{sen}\frac{14\pi}{8} = \cos\frac{7\pi}{4} + i\operatorname{sen}\frac{7\pi}{4} = \frac{\sqrt{2}}{2} - i\frac{\sqrt{2}}{2}.$$

É de fácil verificação que a soma destas 8 raízes é zero:

$$\begin{aligned}
&z_1 + z_2 + z_3 + z_4 + z_5 + z_6 + z_7 + z_8 = \\
&= 1 + \left(\frac{\sqrt{2}}{2} + i\frac{\sqrt{2}}{2}\right) + i + \left(-\frac{\sqrt{2}}{2} + i\frac{\sqrt{2}}{2}\right) + \\
&+(-1) + \left(-\frac{\sqrt{2}}{2} - i\frac{\sqrt{2}}{2}\right) + (-i) + \left(\frac{\sqrt{2}}{2} - i\frac{\sqrt{2}}{2}\right) = \\
&= 0
\end{aligned}$$

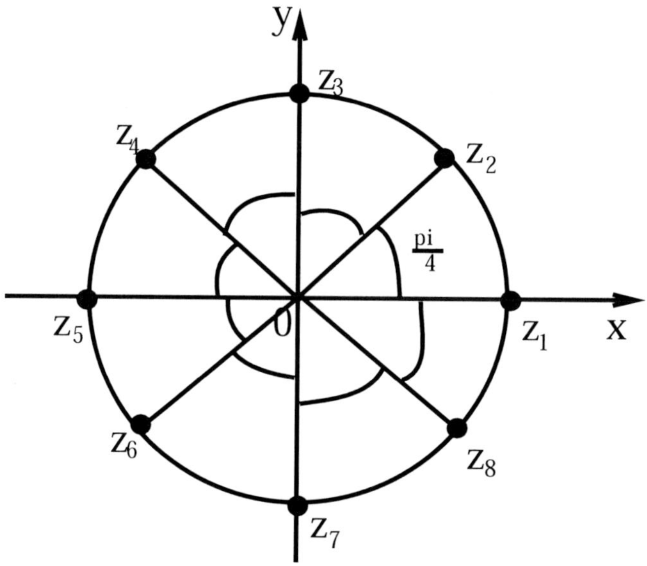

Figura 8.18: Raízes 8-ésimas no círculo de raio 1

Estas 8 raízes de 1 estão localizadas no círculo de raio 1 e separadas por ângulos de $\frac{\pi}{4}$.

Exemplo 8.27 *Calcule*

$$\sqrt[4]{-4-4\sqrt{3}i}.$$

Primeiramente, escrevemos o número complexo $-4-4\sqrt{3}i$ na sua forma trigonométrica:

$$-4-4\sqrt{3}i = 8\left(\cos\frac{4\pi}{3} + i\,\mathrm{sen}\,\frac{4\pi}{3}\right).$$

Agora, usando novamente a fórmula (8.11), obtemos as 4 raízes do número complexo $-4-4\sqrt{3}i$:

$$\sqrt[4]{-4-4\sqrt{3}i} = \sqrt[4]{8}\left(\cos\frac{\frac{4\pi}{3}+2k\pi}{4} + i\,\mathrm{sen}\,\frac{\frac{4\pi}{3}+2k\pi}{4}\right), \quad (k=0,1,2,3):$$

1. $k = 0$:

$$\begin{aligned} z_1 &= \sqrt[4]{8}\left(\cos\frac{\frac{4\pi}{3}}{4} + i\,\text{sen}\,\frac{\frac{4\pi}{3}}{4}\right) = \\ &= \sqrt[4]{8}\left(\cos\frac{\pi}{3} + i\,\text{sen}\,\frac{\pi}{3}\right) = \sqrt[4]{8}\left(\frac{1}{2} + i\frac{\sqrt{3}}{2}\right); \end{aligned}$$

2. $k = 1$:

$$\begin{aligned} z_2 &= \sqrt[4]{8}\left(\cos\frac{\frac{10\pi}{3}}{4} + i\,\text{sen}\,\frac{\frac{10\pi}{3}}{4}\right) = \\ &= \sqrt[4]{8}\left(\cos\frac{5\pi}{6} + i\,\text{sen}\,\frac{5\pi}{6}\right) = \sqrt[4]{8}\left(-\frac{\sqrt{3}}{2} + i\frac{1}{2}\right); \end{aligned}$$

3. $k = 2$:

$$\begin{aligned} z_3 &= \sqrt[4]{8}\left(\cos\frac{\frac{16\pi}{3}}{4} + i\,\text{sen}\,\frac{\frac{16\pi}{3}}{4}\right) = \\ &= \sqrt[4]{8}\left(\cos\frac{4\pi}{3} + i\,\text{sen}\,\frac{4\pi}{3}\right) = \sqrt[4]{8}\left(-\frac{1}{2} - i\frac{\sqrt{3}}{2}\right); \end{aligned}$$

4. $k = 3$:

$$\begin{aligned} z_4 &= \sqrt[4]{8}\left(\cos\frac{\frac{22\pi}{3}}{4} + i\,\text{sen}\,\frac{\frac{22\pi}{3}}{4}\right) = \\ &= \sqrt[4]{8}\left(\cos\frac{11\pi}{6} + i\,\text{sen}\,\frac{11\pi}{6}\right) = \sqrt[4]{8}\left(\frac{\sqrt{3}}{2} - i\frac{1}{2}\right). \end{aligned}$$

É fácil verificar que a soma destas 4 raízes é zero:

$$z_1 + z_2 + z_3 + z_4 = 0.$$

8.8 Exercícios do Capítulo 8

1. Realiza as seguintes operações:

   (a) $(-2+5i)+(3-2i)$;

   (b) $(-3+3i)-(1+5i)$;

   (c) $(3-4i)-(3+4i)$;

   (d) $(1-2i)(3+2i)$;

   (e) $(2-3i)(1+4i)$;

   (f) $\dfrac{7-4i}{3+2i}$;

   (g) $\dfrac{2+3i}{1-i}$;

   (h) $\dfrac{1+i}{1-i}$.

2. Se $z=-1+2i$ e $w=2+i$. Calcule:

   (a) $4z+2w$;

   (b) $z+\overline{w}$;

   (c) $2\overline{z}-\overline{w}$;

   (d) $\overline{z}w$;

   (e) $z\overline{w}$;

(f) $\dfrac{z}{w}$;

(g) $z^2 - w^2$;

(h) $\overline{(z-w)} - \overline{(z+w)}$.

3. Escreva em forma trigonométrica os seguintes números:

(a) $1 + i$;

(b) $1 - i$;

(c) $-1 + i$;

(d) $1 + \sqrt{3}i$;

(e) $1 - \sqrt{3}i$;

(f) -5;

(g) $3i$;

(h) $3 + 4i$;

(i) $\dfrac{4}{1+i}$.

4. Calcule:

(a) $(1 + i)^6$;

(b) $(1 - i)^{12}$;

(c) i^{97};

(d) $(1+i)^{24}$;

(e) $(1+i\sqrt{3})^6$;

(f) $\dfrac{i^{322}-1}{i^{304}+1}$.

5. Demonstre que $\sqrt[4]{i}$ possui os seguintes quatro valores:

$$\pm\left(\sqrt{2+\sqrt{2}}+i\sqrt{2-\sqrt{2}}\right), \quad \pm\left(\sqrt{2-\sqrt{2}}+i\sqrt{2+\sqrt{2}}\right).$$

6. Encontre os valores das seguintes raízes:

(a) $\sqrt[3]{1}$;

(b) $\sqrt{1-i}$;

(c) $\sqrt[6]{-8}$;

(d) $\sqrt[4]{-3+3i}$.

---

7. Determine os números complexos z, que satisfazem as seguintes condições:

$$\left|\frac{z-2i}{z-8i}\right| = \frac{5}{3}, \quad \left|\frac{z-4}{z-8}\right| = 1.$$

---

8. Demonstre a igualdade

$$\frac{|a+b|}{\left|1+\frac{\bar{b}}{a}\right|} = a \quad (a > 0;\ b \in \mathbb{C}\ e\ \ b \neq a).$$

---

9. Estabelecer quando é possível $Re\ (z_1 z_2) = (Re\ z_1)(Re\ z_2)$.

---

10. Escreva $\cos 3x$ e $\operatorname{sen} 3x$ através de $\cos x$ e $\operatorname{sen} x$.

---

11. Escreva $\cos^4 x$ e $\cos^6 x$ como combinação de polinômios trigonométricos de ângulos múltiplos de Primeiro grau.

---

12. Encontre as raízes da equação

$$z^5 = 1 + i.$$

---

13. Demonstre a igualdade

$$|z_1 + z_2|^2 + |z_1 - z_2|^2 = 2(|z_1|^2 + |z_2|^2).$$

---

14. Esclareça o sentido geométrico das seguintes relações:

    (a) $|z| = Re\ z + 1$;

(b) $Re\ z + Im\ z < 1$;

(c) $|z-1| \geq 2|z-i|$;

(d) $-\dfrac{\pi}{4} < arg z < \dfrac{\pi}{4}$.

---

15. Para $z = 1 + i$, encontre w de tal forma que a parte real dos seguintes números sejam iguais a zero

$$a) z + w; \quad b) z.w; \quad c) \frac{z}{w}; \quad d) \frac{w}{z}.$$

---

16. Resolva a equação $az + b\overline{z} = c, \quad (a, b, c \in \mathbb{C})$ e $|a| \neq |b|$.

Respostas do Capítulo 8

1. (a) $1 + 3i$;

   (b) $-4 - 2i$;

   (c) $-8i$;

   (d) $7 - 4i$;

   (e) $14 - 11i$;

   (f) $-\dfrac{14}{25} - \dfrac{23}{25}i$;

(g) $-\dfrac{1}{2} + \dfrac{5}{2}i$;

(h) i.

2. (a) $10i$;

(b) $1 + i$;

(c) $-4 - 5i$;

(d) $-5i$;

(e) $5i$;

(f) i;

(g) $-6 - 8i$;

(h) $-4 + 2i$.

3. (a) $\sqrt{2}\left(\cos\frac{\pi}{4} + i\,\mathrm{sen}\,\frac{\pi}{4}\right)$;

(b) $\sqrt{2}\left(\cos\frac{7\pi}{4} + i\,\mathrm{sen}\,\frac{7\pi}{4}\right)$;

(c) $\sqrt{2}\left(\cos\frac{3\pi}{4} + i\,\mathrm{sen}\,\frac{3\pi}{4}\right)$;

(d) $2\left(\cos\frac{\pi}{3} + i\,\mathrm{sen}\,\frac{\pi}{3}\right)$;

(e) $2\left(\cos\frac{5\pi}{3} + i\,\mathrm{sen}\,\frac{5\pi}{3}\right)$;

(f) $5\,(\cos\pi + i\,\mathrm{sen}\,\pi)$;

(g) $3\left(\cos\frac{\pi}{2} + i\,\mathrm{sen}\,\frac{\pi}{2}\right)$;

(h) $5\left(\cos(\mathrm{arctg}\,\frac{4}{3}) + i\,\mathrm{sen}(\mathrm{arctg}\,\frac{4}{3})\right)$;

(i) $\dfrac{4}{1+i} = 2(1-i) = 2\sqrt{2}\left(\cos\dfrac{7\pi}{4} + i\,\mathrm{sen}\,\dfrac{7\pi}{4}\right)$.

4. (a) $-8i$;

(b) $(1-i)^{12} = (-2i)^6 = 2^6 i^2 = -64$;

(c) i;

(d) $(1+i)^{24} = \left[(1+i)^6\right]^4 = 4096$;

(e) $(1 + i\sqrt{3})^6 = \left[2\left(\cos\frac{\pi}{3} + i\,\mathrm{sen}\,\frac{\pi}{3}\right)\right]^6 = 2^6\,(\cos 2\pi + i\,\mathrm{sen}\,2\pi) = 64$;

(f) i;

(g) -1.

5. Escreva $\sqrt[4]{i}$ na seguinte forma:

$$\sqrt[4]{\left(\cos\frac{\pi}{2} + i\,\mathrm{sen}\,\frac{\pi}{2}\right)} = \left(\cos\frac{\frac{\pi}{2}+2k\pi}{4} + i\,\mathrm{sen}\,\frac{\frac{\pi}{2}+2k\pi}{4}\right),$$

$k = 0, 1, 2, 3$, donde obtemos os quatro valores:

$$\pm\left(\sqrt{2+\sqrt{2}} + i\sqrt{2-\sqrt{2}}\right),\quad \pm\left(\sqrt{2-\sqrt{2}} + i\sqrt{2+\sqrt{2}}\right).$$

6. (a) $\sqrt[3]{1} = \cos \frac{2k\pi}{3} + i \operatorname{sen} \frac{2k\pi}{3}$, $k = 0, 1, 2$. Donde obtemos três raízes
$1, \ -\frac{1}{2} \pm \frac{\sqrt{3}}{2}$.

(b) $\sqrt{1-i} = \sqrt{\sqrt{2}\left(\cos \frac{3\pi}{4} + i \operatorname{sen} \frac{3\pi}{4}\right)} = \sqrt[4]{2}\left(\cos \frac{\frac{3\pi}{4}+2k\pi}{2} + i \operatorname{sen} \cos \frac{\frac{3\pi}{4}+2k\pi}{2}\right)$, $k = 0, 1.$;
Donde obtemos duas raízes:

$$\pm\frac{\sqrt{2}}{2}\left(\sqrt{\sqrt{2}+1} - i\sqrt{\sqrt{2}-1}\right).$$

(c) $\sqrt[6]{-8} = \sqrt[6]{8(-1)} = \sqrt{2}\sqrt[6]{\cos \pi + i \operatorname{sen} \pi} = \sqrt{2}\left(\cos \frac{\pi+2k\pi}{6} + i \operatorname{sen} \cos \frac{\pi+2k\pi}{6}\right)$, $k = 0, 1, 2, 3, 4, 5$
Donde obtemos 6 raízes:

$$\pm\frac{\sqrt{2}}{2}\left(\sqrt{3}+i\right), \quad \pm\frac{\sqrt{2}}{2}\left(\sqrt{3}-i\right), \quad \pm\sqrt{2}i.$$

(d) $\sqrt[4]{-3+3i} = \sqrt[8]{2}\sqrt[4]{3}\left[\cos \frac{\frac{3\pi}{4}+2k\pi}{4} + i \operatorname{sen} \frac{\frac{3\pi}{4}+2k\pi}{4}\right]$, $k = 0, 1, 2, 3$.

7. $z_1 = 6 + 17i$, $z_2 = 6 + 8i$.

8. Como $a > 0$, temos

$$\frac{|a+b|}{a} = \left|\frac{a+b}{a}\right| = \left|1 + \frac{b}{a}\right| = \left|1 + \frac{\bar{b}}{a}\right|,$$

donde segue a igualdade.

9. Seja $z_1 = r_1(\cos \varphi_1 + i \operatorname{sen} \varphi_1)$ e $z_2 = r_2(\cos \varphi_2 + i \operatorname{sen} \varphi_2)$.
$Re\ (z_1 z_2) = (Re\ z_1)(Re\ z_2)$, quando $\operatorname{sen} \varphi_1 \operatorname{sen} \varphi_2 = 0$, ou seja quando um dos $z_i, i = 1, 2$ é real.

10. Pela fórmula de Moivre: $\cos 3x + i \operatorname{sen} 3x = (\cos x + i \operatorname{sen} x)^3$. Desenvolvendo a parte direita da igualdade, temos

$$(\cos x + i \operatorname{sen} x)^3 = \cos^3 x + 3i \cos^2 x \operatorname{sen} x - 3 \cos x \operatorname{sen}^2 x - i \operatorname{sen}^3 x$$

por isso,

$$\cos 3x = \cos^3 x - 3 \cos x \operatorname{sen}^2 x \ \text{ e } \ \operatorname{sen} 3x = 3 \cos^2 x \operatorname{sen} x - \operatorname{sen}^3 x.$$

11. Escrendo $z = \cos x + i \operatorname{sen} x$ e $\overline{z} = \cos x - i \operatorname{sen} x$, temos

$$\begin{aligned} \cos^4 x &= \left(\tfrac{z+\overline{z}}{2}\right)^4 = \tfrac{1}{16}\left[z^4 + 4z\overline{z}(z^2 + \overline{z^2}) + 6z^2\overline{z^2} + \overline{z^4}\right] = \\ &= \frac{\cos 4x}{8} + \frac{\cos 2x}{2} + \frac{3}{8}. \end{aligned}$$

Com relação a $\cos^6 x$, temos

$$\begin{aligned} \cos^6 x &= \left(\tfrac{z+\overline{z}}{2}\right)^6 = \\ &= \tfrac{1}{64}\Big[\left(z^6 + \overline{z^6}\right) + 6\left(z^5\overline{z} + z\overline{z^5}\right) + 15(z^4\overline{z^2} + \\ &+ z^2\overline{z^4}) + 20z^3\overline{z^3}\Big] = \\ &= \frac{\cos 6x}{32} + \frac{3 \cos 5x \cos x + 3 \operatorname{sen} 5x \operatorname{sen} x}{16} + \\ &+ \frac{15 \cos 4x \cos 2x + 15 \operatorname{sen} 4x \operatorname{sen} 2x}{16} + \frac{5}{16}. \end{aligned}$$

12.

$$z = \sqrt[10]{2}\left(\cos \frac{\frac{\pi}{4} + 2k\pi}{5} + i \operatorname{sen} \frac{\frac{\pi}{4} + 2k\pi}{5}\right), \quad k = 0, 1, 2, 3, 4.$$

13. Sabendo que $|z|^2 = z\overline{z}$, podemos escrever:

$$\begin{aligned} |z_1 + z_2|^2 &= (z_1 + z_2)(\overline{z_1 + z_2}) = z_1\overline{z_1} + z_1\overline{z_2} + z_2\overline{z_1} + z_2\overline{z_2} \\ &= |z_1|^2 + z_1\overline{z_2} + z_2\overline{z_1} + |z_2|^2 \\ |z_1 - z_2|^2 &= |z_1|^2 - z_1\overline{z_2} - z_2\overline{z_1} + |z_2|^2. \end{aligned}$$

Somando estas duas últimas igualdades, obtemos

$$|z_1 + z_2|^2 + |z_1 - z_2|^2 = 2(|z_1|^2 + |z_2|^2).$$

14. Sentido geométrico das seguintes relações:

    (a) Parábola, cuja equação é $y^2 = 2x + 1$.

    (b) $y < 1 - x$;

    (c) O círculo de raio $\dfrac{2\sqrt{2}}{3}$ e centro no ponto $z = -\dfrac{1}{3} + i\dfrac{4}{3}$:

$$\left(x + \frac{1}{3}\right)^2 + \left(x - \frac{4}{3}\right)^2 \leq \frac{8}{9}.$$

    (d) O conjunto, ângulo limitado pelas retas $\varphi = -\dfrac{\pi}{4}$ e $\varphi = \dfrac{\pi}{4}$, em que estes raios não pertencem ao conjunto.

15. Dado $z = 1 + i$, encontramos os números complexos w, tais que $Re(w) = 0$:

$$\begin{aligned} a)\ & w = -1 + ib,\ b \in \mathbb{R} \\ b)\ & w = a + ia,\ a \in \mathbb{R} \\ c)\ & w = a - ia,\ a \in \mathbb{R} \\ d)\ & w = a - ia,\ a \in \mathbb{R}. \end{aligned}$$

16. $z = \dfrac{\overline{a}c - b\overline{c}}{|a|^2 - |b|^2}$.

Referências Bibliográficas

[1] A.G. Kurosh, *Curso de Álgebra Superior*(ruso), Nauka, Moscou, 1971.

[2] B. B. Zaitzev, B.B, Rizhkov, M.I. Zkanabi, *Matemática Elementar*, Editora Nauka, 1974

[3] E.L. Lima, P.C. Pinto Carvalho, E. Wagner, A. de Oliveira Morgado *A Matemática do Ensino Médio* vol. 1 e 2, Sociedade Brasileira de Matemática, 2016 e 2022.

[4] E.L. Lima, *Logaritmos*, Sociedade Brasileira de Matemática, 2019.

[5] L. D. Kudriatzev, *Análise Matemática, vol I(em russo)*, High School, Moscow, 1973.

[6] A. I. Markusevivh, *Um Curso Introdutório da Teoria das Funções Analíticas*(russo), GITTL, Moscou, 1957.

[7] B.T. Vasconcelos Freire, C.A. Gomes da Silva, D.A. zavaleta Villanueva, *Combinatória no Tabuleiro de Xadrez* Ciência Moderna, 2020.

[8] A. A. Neto, *Progressões e Logaritmos-Noções de Matemática* vol. 2, Editora Moderna, 2001.

[9] J.STEWART, *Cálculo*, vol. 1, 6ta Edição, 2009.

[10] S.M. Nikolsky, *Curso de Análise Matemática, Vol I*, MIR, Moscou 1975.

[11] Zill Denis G. e I. Shanahan Patrick *Functions of complex variables*, Jones and Bartlett Publishers, Canadá 2003.

[12] B.B. Vavilov, I.I. Melnikov, I.I. Olexnik *Exercícios de Matemática. Princípios de Análise*, editora Nauka, 1990.

[13] SILVA, Bruno Pereira da. *Construção dos Números Reais por Sequências de Cauchy e Cortes de Dedekind.* Dissertação (Mestrado) - João Pessoa, 2018.

ANOTAÇÕES

Impressão e acabamento
Gráfica da Editora Ciência Moderna Ltda.
Tel: (21) 2201-6662